中国腐蚀状况及控制战略研究丛书
"十三五"国家重点出版物出版规划项目

海洋环境腐蚀过程
阴极溶解氧还原反应

张　盾　吴佳佳　编著

科学出版社
北　京

内 容 简 介

本书以在海洋环境腐蚀中扮演重要角色的溶解氧还原反应为研究对象，在就该电化学反应的动力学特点、机理与模型、常用研究方法等进行初步介绍后，重点阐述钢铁材料和典型有色金属材料上该电化学反应的路径与特点、海洋微生物膜对该电化学反应的影响，并对海洋环境中该电化学反应的有效利用进行概述。

本书可供从事腐蚀与防护、电分析化学等领域研究和应用人员阅读、参考。

图书在版编目（CIP）数据

海洋环境腐蚀过程阴极溶解氧还原反应/张盾，吴佳佳编著. —北京：科学出版社，2016.6

（中国腐蚀状况及控制战略研究丛书）

ISBN 978-7-03-048373-7

Ⅰ. ①海…　Ⅱ. ①张…　②吴…　Ⅲ. 海洋工程–水工材料–海水腐蚀–研究　Ⅳ. ①P754.5　②P755.3

中国版本图书馆 CIP 数据核字（2016）第 115159 号

责任编辑：李明楠　李丽娇 / 责任校对：贾伟娟
责任印制：张　伟 / 封面设计：铭轩堂

科学出版社 出版
北京东黄城根北街 16 号
邮政编码：100717
http：//www.sciencep.com

北京中石油彩色印刷有限责任公司印刷
科学出版社发行　各地新华书店经销
*
2016 年 6 月第　一　版　开本：720×1000　B5
2016 年 6 月第一次印刷　印张：13 1/8
字数：265 000

定价：88.00 元

（如有印装质量问题，我社负责调换）

“中国腐蚀状况及控制战略研究”丛书
顾问委员会

“中国腐蚀状况及控制战略研究”丛书
总编辑委员会

丛 书 序

腐蚀是材料表面或界面之间发生化学、电化学或其他反应造成材料本身损坏或恶化的现象，从而导致材料的破坏和设施功能的失效，会引起工程设施的结构损伤，缩短使用寿命，还可能导致油气等危险品泄漏，引发灾难性事故，污染环境，对人民生命财产安全造成重大威胁。

由于材料，特别是金属材料的广泛应用，腐蚀问题几乎涉及各行各业。因而腐蚀防护关系到一个国家或地区的众多行业和部门，如基础设施工程、传统及新兴能源设备、交通运输工具、工业装备和给排水系统等。各类设施的腐蚀安全问题直接关系到国家经济的发展，是共性问题，是公益性问题。有学者提出，腐蚀像地震、火灾、污染一样危害严重。腐蚀防护的安全责任重于泰山！

我国在腐蚀防护领域的发展水平总体上仍落后于发达国家，它不仅表现在防腐蚀技术方面，更表现在防腐蚀意识和有关的法律法规方面。例如，对于很多国外的房屋，政府主管部门依法要求业主定期维护，最简单的方法就是在房屋表面进行刷漆防蚀处理。既可以由房屋拥有者，也可以由业主出资委托专业维护人员来进行防护工作。由于防护得当，许多使用上百年的房屋依然完好、美观。反观我国的现状，首先是人们的腐蚀防护意识淡薄，对腐蚀的危害认识不清，从设计到维护都缺乏对腐蚀安全问题的考虑；其次是国家和各地区缺乏与维护相关的法律与机制，缺少腐蚀防护方面的监督与投资。这些原因就导致了我国在腐蚀防护领域的发展总体上相对落后的局面。

中国工程院“我国腐蚀状况及控制战略研究”重大咨询项目工作的开展是当务之急，在我国经济快速发展的阶段显得尤为重要。借此机会，可以摸清我国腐蚀问题究竟造成了多少损失，我国的设计师、工程师和非专业人士对腐蚀防护了解多少，如何通过技术规程和相关法规来加强腐蚀防护意识。

项目组将提交完整的调查报告并公布科学的调查结果，提出切实可行的防腐蚀方案和措施。这将有效地促进我国在腐蚀防护领域的发展，不仅有利于提高人们的腐蚀防护意识，也有利于防腐技术的进步，并从国家层面上把腐蚀防护工作的地位提升到一个新的高度。另外，中国工程院是我国最高的工程咨询机构，没有直属的科研单位，因此可以比较超脱和客观地对我国的工程技术问题进行评估。把这样一个项目交给中国工程院，是值得国家和民众信任的。

这套丛书的出版发行，是该重大咨询项目的一个重点。据我所知，国内很多领域的知名专家学者都参与到丛书的写作与出版工作中，因此这套丛书可以说涉及了我国生产制造领域的各个方面，应该是针对我国腐蚀防护工作的一套非常全面的丛书。我相信它能够为各领域的防腐蚀工作者提供参考，用理论和实例指导我国的腐蚀防护工作，同时我也希望腐蚀防护专业的研究生甚至本科生都可以阅读这套丛书，这是开阔视野的好机会，因为丛书中提供的案例是在教科书上难以学到的。因此，这套丛书的出版是利国利民、利于我国可持续发展的大事情，我衷心希望它能得到业内人士的认可，并为我国的腐蚀防护工作取得长足发展贡献力量。

徐匡迪

2015 年 9 月

丛书前言

众所周知，腐蚀问题是世界各国共同面临的问题，凡是使用材料的地方，都不同程度地存在腐蚀问题。腐蚀过程主要是金属的氧化溶解，一旦发生便不可逆转。据统计估算，全世界每 90 秒钟就有一吨钢铁变成铁锈。腐蚀悄无声息地进行着破坏，不仅会缩短构筑物的使用寿命，还会增加维修和维护的成本，造成停工损失，甚至会引起建筑物结构坍塌、有毒介质泄漏或火灾、爆炸等重大事故。

腐蚀引起的损失是巨大的，对人力、物力和自然资源都会造成不必要的浪费，不利于经济的可持续发展。震惊世界的"11·22"黄岛中石化输油管道爆炸事故造成损失 7.5 亿元人民币，但是把防腐蚀工作做好可能只需要 100 万元，同时避免灾难的发生。针对腐蚀问题的危害性和普遍性，世界上很多国家都对各自的腐蚀问题做过调查，结果显示，腐蚀问题所造成的经济损失是触目惊心的，腐蚀每年造成损失远远大于自然灾害和其他各类事故造成损失的总和。我国腐蚀防护技术的发展起步较晚，目前迫切需要进行全面的腐蚀调查研究，摸清我国的腐蚀状况，掌握材料的腐蚀数据和有关规律，提出有效的腐蚀防护策略和建议。随着我国经济社会的快速发展和"一带一路"战略的实施，国家将加大对基础设施、交通运输、能源、生产制造及水资源利用等领域的投入，这更需要我们充分及时地了解材料的腐蚀状况，保证重大设施的耐久性和安全性，避免事故的发生。

为此，中国工程院设立"我国腐蚀状况及控制战略研究"重大咨询项目，这是一件利国利民的大事。该项目的开展，有助于提高人们的腐蚀防护意识，为中央、地方政府及企业提供可行的意见和建议，为国家制定相关的政策、法规，为行业制定相关标准及规范提供科学依据，为我国腐蚀防护技术和产业发展提供技术支持和理论指导。

这套丛书包括了公路桥梁、港口码头、水利工程、建筑、能源、火电、船舶、轨道交通、汽车、海上平台及装备、海底管道等多个行业腐蚀防护领域专家学者的研究工作经验、成果以及实地考察的经典案例，是全面总结与记录目前我国各领域腐蚀防护技术水平和发展现状的宝贵资料。这套丛书的出版是该项目的一个重点，也是向腐蚀防护领域的从业者推广项目成果的最佳方式。我相信，这套丛书能够积极地影响和指导我国的腐蚀防护工作和未来的人才培养，促进腐蚀与防护科研成果的产业化，通过腐蚀防护技术的进步，推动我国在能源、交通、制造业等支柱产业上的长足发展。我也希望广大读者能够通过这套丛书，进一步关注我国腐蚀防护技术的发展，更好地了解和认识我国各个行业存在的腐蚀问题和防腐策略。

在此，非常感谢中国工程院的立项支持以及中国科学院海洋研究所等各课题承担单位在各个方面的协作，也衷心地感谢这套丛书的所有作者的辛勤工作以及科学出版社领导和相关工作人员的共同努力，这套丛书的顺利出版离不开每一位参与者的贡献与支持。

侯保荣

2015 年 9 月

序

海洋强国、21 世纪海上丝绸之路等国家战略的提出，彰显了国家对蓝色海洋开发利用的规划。港口码头、跨海大桥、海洋石油平台等工程设施的安全服役是实现海洋开发利用的重要保证，而海洋的腐蚀苛刻性给这些设施的耐久性和稳定性带来了巨大挑战。因此，海洋环境腐蚀防护工作责任重大。

腐蚀防护工作的开展需根植于腐蚀机理，因而海洋环境腐蚀机理的研究至关重要。海洋环境腐蚀在本质上是电化学腐蚀，对绝大多数工程金属材料来讲，阴极反应为溶解氧还原反应。虽然溶解氧还原反应在海洋环境腐蚀中具有重要作用，但由于其是一个涉及氧的溶解扩散与吸附、多电子还原、产物脱附与扩散等过程的复杂反应，且反应路径对材料的化学组成、微观结构等敏感，专注海洋环境中的溶解氧还原反应的研究报道并不多。本书作者围绕海洋环境中溶解氧还原反应开展了大量研究工作，包括不同钢铁材料在典型海洋环境介质中溶解氧还原反应的路径与反应动力学、不同处理方法对钢铁材料上溶解氧还原反应的影响、海洋腐蚀微生物对溶解氧还原反应的影响等。这些研究结果对人们深入认识海洋环境腐蚀机理具有重要的参考价值和意义。

本书的思路流畅，从海洋环境腐蚀电化学过程概述引出溶解氧还原反应，到溶解氧还原反应常用研究方法原理与应用实例，再到钢铁材料和典型有色金属材料上的溶解氧还原反应及海洋微生物对该电化学反应的影响，最后到海洋环境溶解氧还原反应的利用，一气呵成。在第 3～6 章中，作者对每一分类的研究报道理解深刻，因而使读者对相关研究的现状有清晰的认识。与此同时，书中的理论基础全面、研究数据详实。此外，在第 6 章中，作者给出了海洋环境溶解氧还原反应的利用，转害为利，拓宽了该书的读者范围。

相信此书的出版，将会使得人们对海洋环境中溶解氧还原反应有更为全面的认识，对丰富海洋环境腐蚀机理研究具有重要意义。

侯保荣

2016 年 4 月

前　言

波澜壮阔的海洋作为生命的母体与摇篮，孕育了万千生命。三四十亿年前，原始海洋出现了原始生命——古细菌，而随着生命的演化，蓝细菌的登场带来了氧气，氧气的出现使得地球慢慢成为生命的伊甸园。目前，地球上绝大多数生物，尤其是人和高等动物，需要以氧为氧化剂从有机物的氧化中获取能量来维持生命，因此，氧气对生命至关重要。而对非生命体来讲，氧气可能有毒害性，如钢铁材料的吸氧腐蚀。

由于海水呈弱碱性且溶解有相当量的氧，除电位很负的镁及其合金外，几乎所有的工程金属材料在海水中的电化学腐蚀都属于吸氧腐蚀，即阴极反应为溶解氧还原反应。鉴于溶解氧还原反应在海洋环境腐蚀中的重要性，非常有必要对该电化学反应进行深入研究，以深化海洋腐蚀机理认识，为海洋工程设施的腐蚀防护提供依据。目前，溶解氧还原反应的研究主要集中于新能源领域，而在腐蚀领域的研究报道不多。作者团队围绕海洋环境腐蚀溶解氧还原反应开展了大量工作，为了让更多的同行或对海洋环境腐蚀感兴趣的人们对该电化学反应有更深的认识，我们对已获得的有关海洋环境腐蚀溶解氧还原反应的研究结果进行了整理，展现在这本专著中。

本书共 6 章。第 1 章首先概述海洋环境腐蚀引出溶解氧还原反应，并从反应动力学、机理与模型等方面对溶解氧还原反应进行初步介绍；第 2 章主要介绍溶解氧还原反应的常用研究方法，在阐述研究方法的工作原理后给出应用实例；第 3 章和第 4 章分别介绍钢铁材料和典型有色金属材料上的溶解氧还原反应，钢铁材料按纯铁、碳钢、低合金钢和合金钢四部分进行介绍，典型有色金属材料主要涉及铜、铝、锌、镍及其合金；第 5 章介绍海洋微生物膜对溶解氧还原反应的影响，按照先天然海洋微生物膜后典型单菌株的顺序，单菌株中尤其突出了铁细菌和硫酸盐还原菌的作用；在介绍了溶解氧还原反应对海洋工程材料的破坏作用后，在最后一章（第 6 章）中介绍海洋环境中溶解氧还原反应的有效利用，这部分主要包括海水金属空气电池和沉积物微生物燃料电池。

本书中涉及的研究结果是在国家重点基础研究发展计划、国家自然科学基金、中国科学院“百人计划”、山东省自然科学基金、青岛市自然科学基金等项目课题的资助下完成的，在此表示诚挚谢意。特别感谢匡飞博士、陈士强博士、孙蓉硕士、李永娟硕士、刘怀群硕士对溶解氧还原反应研究的贡献。感谢中国工程院重大咨询项目对本书出版的资助。

科学研究是不断发展的，由于作者的知识水平和现阶段学术认知所限，本书难免存在不足之处，欢迎读者批评指正。

张　盾　吴佳佳

2016 年 5 月

目　　录

第 1 章　海洋环境腐蚀电化学过程

海洋作为资源宝库与安全屏障对我国经济发展和国防建设具有重要战略意义，而其腐蚀环境苛刻性严重威胁各种海洋工程基础设施、船舶等的安全使用，因而金属材料在海洋环境中的腐蚀与防护研究至关重要。腐蚀是材料在环境作用下引起的破坏或变质，从热力学角度来看，这是一个吉布斯自由能降低的过程，因而可自发进行。按照反应机理的不同，腐蚀可划分为化学腐蚀和电化学腐蚀两大类。就化学腐蚀而言，金属与氧化剂在同一位点进行电子传递发生反应；而电化学腐蚀的氧化过程（阳极反应）和还原过程（阴极反应）在不同的位点等量进行，海洋环境腐蚀本质上是电化学腐蚀过程。电化学腐蚀遵从电化学反应的基本规律，其速率与界面状态密切相关，而界面状态除与金属材料特性有关外，还受环境因素的影响。在本章中，我们首先从海洋环境因素与腐蚀特征、海洋环境腐蚀常见类型及常用防护方法出发就海洋环境腐蚀进行概述，紧接着围绕海洋环境腐蚀的电化学本质从电化学反应基础、海洋环境腐蚀阳极反应和阴极反应进行介绍。由于本书以溶解氧还原反应为中心，所以在本章中就该电化学反应的基础进行了较为详细的论述，主要包括基本反应方程式与标准电位、反应动力学、反应机理与模型等。

1.1　海洋环境腐蚀概述

1.1.1　海洋环境因素与腐蚀特征

与其他腐蚀环境相比，海洋环境的腐蚀性强。海水不仅是盐度为 3.2%～3.7%、pH 为 8～8.2 的天然强电解质溶液，更是一个含有悬浮泥沙、溶解气体、生物及腐败的有机物的复杂体系。影响海水腐蚀的环境因素可划分为三类：化学因素、物理因素和生物因素（表 1-1）[1]，不同环境因素的影响常常是相互关联的，其对不同金属材料腐蚀的影响不同。与此同时，当同一金属材料处于同一海域的不同部位时，由于腐蚀环境的差异也会导致腐蚀速率不同。

表 1-1　海水腐蚀影响因素[1]

化学因素	物理因素	生物因素
溶解的气体	海水流速	生物污着：
氧	空气泡	硬壳类

续表

化学因素	物理因素	生物因素
二氧化碳 化学平衡 盐度 pH 碳酸盐溶解度	悬浮泥沙 温度 压力	非硬壳类 游动和非游动类 植物生命活动： 产生氧 消耗二氧化碳 产生碳化氢 动物生命活动： 消耗氧 产生二氧化碳

海洋腐蚀环境一般划分为海洋大气区、浪花飞溅区、海洋潮差区、海水全浸区和海底泥土区五个区带。从图 1-1 中可以看出，钢铁材料在海洋环境中的腐蚀存在两个明显的腐蚀峰值。第一个峰值发生在平均高潮线以上的浪花飞溅区，这是钢铁设施腐蚀最严重的区域，也是最严峻的海洋腐蚀环境。在浪花飞溅区，海水飞溅、干湿交替频率高、海盐粒子量大、氧供应充分，光照和浪花冲击使得腐蚀产物层剥离，使得腐蚀最为剧烈，碳钢的年平均腐蚀速率可达 0.2～0.5mm。第二个峰值通常发生在平均低潮线以下 0.5～1.0m 处，这与该区域溶解氧含量高、流速较大、水温较高、海生物繁殖快等密切相关，碳钢的年平均腐蚀率为 0.1～0.3mm。不同区带的典型环境条件与腐蚀特征总结于表 1-2 中。

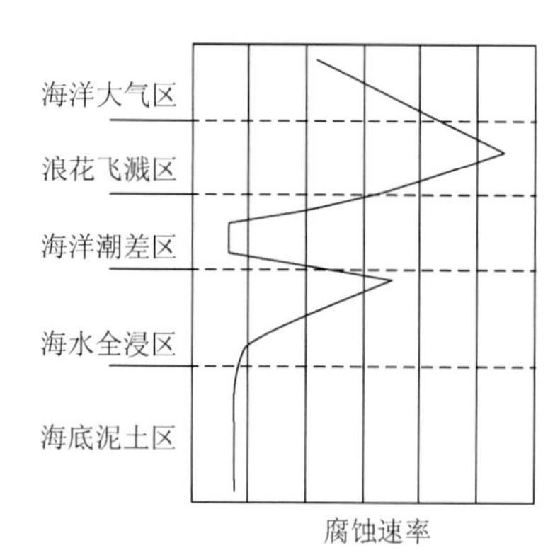

图 1-1 钢铁材料在海洋环境中不同区带的腐蚀速率图[2]

表 1-2 海洋环境不同区带的环境条件与腐蚀特征

腐蚀区带	环境条件	腐蚀特征
海洋大气区	含有大量海盐颗粒，影响因素有高度、风速、降雨量、温度、辐照等	海盐粒子的存在加速腐蚀，腐蚀速率随大气层离海面高度的增加而减小、随离海岸的距离的增大而减小
浪花飞溅区	海水飞溅、干湿交替、海盐粒子量大、供氧充分	腐蚀剧烈，且因光照和升温而加剧
海洋潮差区	周期浸没、供氧充足	因氧浓差电池的形成作为阴极受到保护，腐蚀速率小
海水全浸区	常年海水浸泡，影响因素有溶解氧、流速、水温、盐度、pH、污染物、生物因素等	腐蚀速率随海水深度变化
海底泥土区	含氧量低、温度低	腐蚀速率较小，微生物影响大

影响金属材料在海水环境中腐蚀的化学因素中，最重要的是溶解氧。由于海水呈弱碱性，除电极电位很负的镁及其合金外，目前所有的工程金属材料在海水中的腐蚀都属于氧去极化腐蚀，即溶解氧是海水腐蚀的去极化剂。对碳钢、低合金钢等在海水中不发生钝化的金属，海水中含氧量增加，会加速阴极去极化过程，使金属腐蚀速率增加；对那些依靠表面钝化膜提高耐蚀性的金属，如铝、不锈钢等，含氧量增加有利于钝化膜的形成和修补，使钝化膜的稳定性提高，点蚀和缝隙腐蚀的倾向性减小。

海水的盐度分布取决于海区的地理、水文、气象等因素。在不同海区、不同纬度、不同海水深度，海水盐度会在一个不大的范围内波动。水中含盐量直接影响到水的电导率和含氧量，随着水中含盐量的增加，水的电导率增加而含氧量降低，所以，将在某一含盐量存在一个腐蚀速率峰值。

一般说来，海水 pH 的升高有利于抑制海水对钢的腐蚀。海水的 pH 主要影响钙质水垢沉积，从而影响海水的腐蚀性。pH 升高，使得钙沉积层容易形成，海水腐蚀性减弱。在施加阴极保护时，这种沉积层起到了非常重要的作用。

流速和温度是影响金属材料在海水中腐蚀速率的重要物理因素。海水的流速及波浪都会对腐蚀产生影响。当流速很小时，腐蚀阴极过程受溶解氧的扩散控制，随流速的增加，溶解氧扩散加速，腐蚀速率增大；流速的进一步增加，供氧充分，阴极过程受溶解氧的电化学还原控制，腐蚀速率相对稳定；当流速超过某一临界值时，金属表面的腐蚀产物膜被冲刷，腐蚀速率急剧增加。在水轮机叶片、螺旋桨推进器等装置中，由于高速运动形成流体空泡，进而产生高压冲击波造成空泡腐蚀。海水温度升高，溶解氧的扩散速度加快，这将促进腐蚀过程进行；同时，海水中氧的溶解度降低，促进保护性钙质水垢生成，这又会减缓金属材料在海水中的腐蚀。温度升高的另一效果是促进海洋生物的繁殖和覆盖导致缺氧，或减轻腐蚀（非钝化金属），或引起点蚀、缝隙腐蚀和局部腐蚀（钝化金属）。

海洋环境中存在着多种动物、植物和微生物，与海水腐蚀关系较大的是附着生物。最常见的附着生物有两种：硬壳生物（软体动物、藤壶、珊瑚虫等）和非硬壳动物（海藻、水螅等）。海生物对腐蚀的影响很复杂，包括通过其形成的非完整均匀附着膜造成氧浓差电池、改变海水介质的局部微环境造成酸性条件、穿透或剥落破坏金属表面的保护层和涂层等。在海底泥土中缺氧的条件下，厌氧细菌（主要是硫酸盐还原菌）是导致金属腐蚀的主要原因。

1.1.2　海洋环境腐蚀常见类型

由于海洋腐蚀环境的苛刻性，金属材料在其中均会受到不同程度的腐蚀，且由于材料性质的不同表现出不同的腐蚀形式。一般可将腐蚀形式划分为全面腐蚀和局部腐蚀，局部腐蚀又可分为点蚀、缝隙腐蚀、晶间腐蚀、电偶腐蚀、应力腐蚀、氢脆等。

1. 全面腐蚀

全面腐蚀又称均匀腐蚀，是指金属材料与腐蚀介质互相接触的部位均匀地遭到腐蚀损坏的现象。这种腐蚀形态只有少数的碳钢、低合金钢在全浸腐蚀条件时出现。全面腐蚀的危险性相对而言较小，是一种可预测的海洋腐蚀形态，根据腐蚀速率和预期材料寿命，在工程设计上预留腐蚀余量即可。

2. 局部腐蚀

局部腐蚀是指在与腐蚀环境接触的整个金属表面上，某些区域发生优先集中腐蚀。局部腐蚀主要是由于材料存在表面电化学不均一，形成局部腐蚀原电池而引发的。局部腐蚀虽然平均重量损失较小，但由于腐蚀损失主要集中于某些区域，其危险性大。下面是几种常见的局部腐蚀形态。

1）点蚀

点蚀又称小孔腐蚀，其突出特点为材料的大部分表面不腐蚀或轻微腐蚀，而在局部区域产生于表面向内扩展的点坑。通常在金属材料的表面缺陷处容易引起点蚀发生，这些缺陷包括非金属夹杂、盐粒及污染物的局部沉积、保护膜破裂、成分偏析、晶界及晶格缺陷等。对钝性材料（如不锈钢、铝合金）来讲，在海洋环境中由于大量氯离子的存在，极易在钝化膜缺陷处发生点蚀。

2）缝隙腐蚀

缝隙腐蚀是由于金属表面与其他金属或非金属表面形成缝隙，缝隙中电解质溶液的溶解氧含量低于缝隙外的，进而形成氧浓差电池，导致缝隙部位发生严重的局部腐蚀。海洋环境中金属构件中的铆接或镙钉接头等都不可避免地存在着缝隙，因而缝隙腐蚀是海洋环境腐蚀的一种重要腐蚀形式。

3）晶间腐蚀

晶间腐蚀是一种比较特殊的局部选择性腐蚀，通常腐蚀沿晶界向合金的内部发展，从而使晶粒间的结合力大幅降低，失去了原有的机械强度。由于产生晶间腐蚀后，从表面上看金属材料仍有金属光泽，几乎看不到腐蚀，所以其危害性很大。这种腐蚀主要发生于各种合金材料中，如铜合金、铝合金、镍基合金、镁合金等。

4）电偶腐蚀

又称接触腐蚀，是指不同腐蚀电位的两种金属在电解质溶液中相互接触时产生电位差，由此构成宏观腐蚀电池而引起的腐蚀。电偶腐蚀主要发生在不同金属接触及邻近区域，对其他区域影响较小，腐蚀速率不均匀分布，距离接触区域越远受到的影响越小。影响电偶腐蚀的因素众多，主要包括电极电位差、极化性、介质性质及其导电性、温度、pH、面积比等。在海洋工程技术中，采用不同金属或合金来制造结构物是不可避免的，因此在海洋环境中发生电偶腐蚀的情况较普遍。电偶腐蚀可被有效利用，即通常所说的牺牲阳极保护。

5）应力腐蚀

应力腐蚀是由残余或外加应力和腐蚀联合作用导致的腐蚀损伤。影响应力腐蚀的因素包括金属及合金成分与组织结构、应力大小、介质的种类及浓度、温度等。应力腐蚀往往会发生没有形变先兆的突然断裂，容易造成严重事故，其危险性较大。置于海水中的奥氏体不锈钢、高强度钢、铝合金等都存在应力腐蚀现象。

6）氢脆

氢脆是由于氢和应力的共同作用而导致金属材料产生脆性断裂的现象。氢脆的影响因素主要包括氢含量、温度、应变速率、金属材料的强度、成分与组织结构等。处于海洋环境中的高强度钢和超高强度钢，在阴极保护下，可能存在过保护问题，部分氢向钢内部扩散。经一段孕育期后，在钢内产生裂纹，裂纹逐步扩展，最后突然产生氢致延滞断裂。

7）空泡腐蚀

空泡腐蚀简称空蚀，在一定温度环境条件下，材料因腐蚀介质局部压力变化导致空泡形成和溃灭而产生破坏。空泡腐蚀一般认为是一种疲劳破坏，形貌一般呈海绵状和蜂窝状，有时产生针孔和麻点。在海洋环境中，船舶的螺旋桨与泵轴等过流部位是空泡腐蚀发生的重点区域。

8）冲刷腐蚀

冲刷腐蚀是金属表面与腐蚀性流体之间由于高速相对运动而产生的金属损坏现象，是冲刷磨损和电化学腐蚀交互作用的结果。冲刷腐蚀常发生在近海及海洋工程等领域的各种管道及过流部位上，在弯头、肘管、三通、泵、阀、叶轮、搅拌器、换热器的进口和出口等改变流体方向、速度和增大紊流的部位比较严重。冲刷腐蚀的表面一般呈现沟槽、凹谷、马蹄等形状，表面光亮、无腐蚀产物积存，且与流向有明显的依赖关系。

1.1.3 海洋环境腐蚀常用防护方法

在海洋环境中，为了保证金属构筑物的安全使用，除合理选材与结构优化设计外，还需采取有效的腐蚀防护措施。常用的腐蚀防护方法可划分为两类：表面覆盖层防护和电化学防护。表面覆盖层防护通过在金属材料表面构筑保护层隔离腐蚀环境的方式实现，按照覆盖层的性质可进一步划分为金属覆盖层、非金属保护层和化学转换膜。金属覆盖层可通过电镀、热浸镀、喷涂等方式获得，非金属保护层主要包括有机涂层、非金属包覆层等，化学转换膜主要指通过化学或电化学作用在被保护金属材料表面形成磷酸盐、铬酸盐膜层。电化学防护包括阳极保护法和阴极保护法，阳极保护法是将被保护的金属作为阳极，使之发生阳极钝化，从而由活化态转变为钝化态，从而减缓腐蚀；阴极保护法通过牺牲阳极或外加电流的方式使得被保护金属成为阴极，使得金属的阳极溶解速率减小，从而降低腐蚀速率。在海水环境中，由于大量腐蚀性氯离子的存在，阳极保护方法一般不适用。

1. 金属覆盖层

根据腐蚀介质中覆盖层金属与基体材料的电位差别，可将金属覆盖层划分为阳极覆盖层和阴极覆盖层，前者覆盖层金属的电位比基体金属的负，后者则正。钢铁是实际工程中应用最广泛的金属材料，其阳极覆盖层一般指锌、铝，当覆盖层未出现破损时，它可以起到物理隔离作用；当覆盖层溶解出现局部破损后，它又能起到牺牲阳极保护作用。阴极覆盖层，如钢上镀锡、铬、镍等，只有在完好时才能起到保护作用。在海洋环境中，阳极覆盖层经常被使用。

金属覆盖层的制备方法主要包括电镀、化学镀、热浸镀、喷涂、化学气相沉积、物理气相沉积等。热浸镀、热喷涂制备锌铝覆盖层由于具有制造成本低、镀层厚等优点，在实际应用中占有相当比例。

2. 非金属保护层

涂料是非金属保护层的典型代表，涂料保护是船舶和海洋结构腐蚀控制的首要手段。海洋防腐涂料的用量大，每万吨船舶需要使用 4 万～5 万升涂料，涂料及其施工的成本在造船中占 10%～15%。海洋防腐涂料按涂层体系，一般由底漆、中涂漆和面漆组成。底漆一般为富锌底漆（有机：环氧富锌；无机：硅酸乙酯），是防腐最重要的部分，锌在涂层损坏时可以提供阴极保护作用。中涂漆以环氧类涂料为主，要求有足够的防渗透能力，无溶剂及改性厚膜型环氧涂料是我国海洋防腐工程中最为常见的中涂类型，其中以玻璃鳞片涂料的效果为最好。海洋环境由于光照辐射强烈、腐蚀环境苛刻，面漆需要采用耐侯性和耐蚀性都优秀的树脂，目前以聚氨脂树脂为主[3]。

在非金属包覆层保护方法中，复层矿脂包覆防腐技术由于具有黏着性能优良、表面处理要求低、可以带水施工、施工工艺简单、防蚀膏和防蚀带结合为有机的整体、防冲击性能良好等优势而受到重视。复层矿脂包覆防护体系由矿脂防蚀膏、矿脂防蚀带、密封缓冲层和防护保护罩组成，其中矿脂防蚀膏和矿脂防蚀带是核心部分，所含的缓蚀成分能够有效地阻止腐蚀性介质对钢结构的侵蚀；密封缓冲层和防护保护罩具有良好的耐冲击性能，不仅能够隔离腐蚀性介质，还能抵御机械损伤对钢结构的破坏。中国科学院海洋研究所侯保荣院士带领团队已经将该防护技术成功用于南海码头、渤海井组平台、海上风电、滨海电场设施的示范工程中。

3. 化学转换膜

化学转化膜法又称化学氧化法，是使金属材料表面与处理液发生化学反应，生成一层保护性钝化层。化学转换膜法一般用于铝、镁合金的腐蚀防护，对在海洋环境中广泛使用的钢铁材料来讲，其有效性只能维持较短时间，因而其应用受到限制。

4. 电化学阴极保护

电化学阴极保护的实现方式有两种：牺牲阳极和外加电流。牺牲阳极阴极保护利用电位更负的金属（锌、镁、铝及其合金）作为阳极与被保护金属构筑物互相连接，形成宏观腐蚀电池，通过阳极的不断溶解给被保护金属构筑物提供保护电流，使其处于阴极极化而受到保护。外加电流阴极保护是将外加直流电源的负极接在被保护金属构筑物上，正极接在附加惰性电极上，使被保护金属构件通入所需的保护电流，获得阴极极化而受到保护。电化学阴极保护法技术可靠，是海洋构筑物的有效腐蚀防护手段之一，但其通常仅适用于金属构筑物水下部位的防护。

如 1.1.1 节所述海洋环境腐蚀呈现明显的区带特征，因此需要根据每个区带的腐蚀特征合理选择防护方法。在海洋大气区，目前世界各国采用最多的是涂刷防腐涂料，也有使用热喷涂铝覆盖层的实例。在腐蚀最严重的浪花飞溅区，复层包覆技术有着不可比拟的优势。在海洋潮差区，选用重防腐涂料加阴极保护联合技术，可以弥补无水时阴极保护不能发挥作用的劣势。在海水全浸区和海底泥土区，可以单独采用阴极保护，也可以实施涂料和阴极保护联合防腐。总之，上述的腐蚀防护方法为减缓、防止金属构筑物在海洋环境中的腐蚀做出了较大贡献。具体采用哪一种或几种方法取决于构筑物的工况条件、保护效果的可靠性、经济性和管理成本等诸多因素。

1.2　海洋环境腐蚀电化学反应

1.2.1　电化学反应基础

1. 电极反应

电极反应是指在电极系统中伴随着两个非同类导体之间的电荷转移而在两相界面上发生的化学反应。以浸泡在除氧的 $CuSO_4$ 水溶液中一金属 Cu 片为例，金属 Cu 为电子导体，$CuSO_4$ 的水溶液为离子导体，这两种导体构成一电极系统。当两相之间发生电荷转移时，在两相界面上，也就是在与溶液接触的 Cu 表面上，发生式（1-1）所示的物质变化，此即一个电极反应。

$$Cu_M \rightleftharpoons Cu_{sol}^{2+} + 2e_M^- \tag{1-1}$$

在电极反应中，既有反应物质的化学变化，又有电荷穿越电子导体相和离子导体相两个相的界面的转移过程，其主要特点主要包括以下两部分。

（1）除遵守化学反应的基本规律（如当量规律、质量作用规律等）外，由于在电极反应进行时，电极材料必须释放或接纳电子，因此电极反应受到电极系统的两个导体相之间的界面层电学状态的影响，所以与一般的化学反应相比，电极反应多了一个表征电极系统界面层电学状态的参量。同时，电极反应必须发生在电极材料的表面上，因而具有表面反应的特点。

（2）普通的化学反应中的氧化-还原反应进行时，直接在氧化剂与还原剂之间转移电子，因而整个氧化-还原反应既有氧化反应，又有还原反应，两者是同时进行的，但一个电极反应过程则只有整个氧化-还原反应过程的一半，或是氧化反应，或是还原反应。如式（1-1）所示，当反应从左侧向右侧进行，失去电子时，我们称这个电极反应按阳极反应方向进行；反之，则按阴极反应方向进行。

2. 电极电位

就一个电极反应，可以根据电子导体相与离子导体相之间的内电位差值来判定电极反应是否处于平衡状态，但由于无法测量一个相的内电位，因此在实践中需要用电化学方法来表示和测量一个电极反应是否处于平衡状态，这就是电极电位来源的初衷。一个电极系统的绝对电位是指电极材料与溶液两相的内电位之差，即伽尔伐尼电位差。由于一个相的内电位或是两个相的内电位之差的绝对值都无法测量，所以无法获得电极系统的绝对电位。但是如果能够选择一个各项参数保持恒定因而参与电极反应的有关物质的化学位保持恒定的，而且处于平衡状态的电极系统来同被测电极系统组成一个原电池，那么被测电极系统的绝对电位的相对大小与变化将由这个原电池的电动势的大小与变化反映出来。所选择的电极反应保持平衡、有关的反应物质的化学位保持恒定的电极系统称为参比电极。由参比电极与被测电极组成的原电池的电动势习惯地被称为被测电极系统的电极电位。

电极电位与电极系统的状态密切相关。当电极系统处于平衡时（可逆），即阳极反应方向与阴极反应方向的速率相同，对外不表现出净电流时的电位称为平衡电位，通常用 E_e 表示。以式（1-1）为例，当 Cu_M 失去电子转变为 Cu_{sol}^{2+} 的速率等于 Cu_{sol}^{2+} 得到电子转变为 Cu_M 的速率时，该电极体系对外不表现出净电流、物质交换和电荷交换处于可逆状态，此时，该电极体系即处于平衡状态，对应的电位即为平衡电位。可以看出，平衡状态只限制了阳极反应方向与阴极反应方向的速率相同，但没有对电极体系的温度、活度、压力等进行限制，因而，针对同一电化学反应，可存在多种平衡状态。进一步，当电极系统处于标准状态时的平衡电位称为标准电位，通常用 $E^{\ominus}$ 表示。一般将 25℃（298.15K）、1atm（1atm=1.013 25×10^5Pa）（气体）、活度为 1（液体）作为标准状态。平衡电位与标准电位之间的关系可用能斯特（Nernst）方程［式（1-2）］进行计算，式中 R、T、n、F、a 分别代表摩尔气体常量（8.314 472J·K^{-1}·mol^{-1}）、温度（单位为 K）、电极反应中电子转移数、法拉第常量（96 485C·mol^{-1}）、化学物质的活度。

$$E_e = E^{\ominus} + \frac{RT}{nF}\ln\frac{a_{氧化态}}{a_{还原态}} \tag{1-2}$$

当电极系统处于非平衡状态时，阳极反应方向的电流不等于阴极反应方向的电流，对外表现出净电流，此时的电位称为非平衡电位。电极系统处于非平衡状态时，电极系统的物质交换和电荷交换处于不可逆状态，非平衡电位不可采用式（1-2）进行计算。非平衡电位与平衡电位之间的差值称为电极反应的过电位，通常用 η 表示。$\eta>0$ 时，电极反应按阳极反应的方向进行；$\eta<0$ 时，则按阴极反应方向进行。过电位的大小反映了热力学上反应驱动力的大小。

3. 电极反应速率

阐明一个电极反应速率往往比认识一个在溶液中或气相中的反应更复杂，后者称为均相反应，因为均相反应在介质中的任何地方反应均以相同的速率进行。相反，电极过程是一个仅发生在电极-电解质界面的异相反应。它的速率除受通常的动力学变量的影响外，还与物质传递到电极的速率及各种表面效应有关。由于电极反应是异相的，它们的反应速率定义为单位时间内，单位面积的电极上，反应物质的改变量，单位通常为 mol·s^{-1}·cm^{-2}。

在电化学研究中，通常以法拉第电流密度（j）来衡量反应速率，两者之间的关系如式（1-3）所示。当电极系统处于平衡状态时，阳极反应电流密度（j_a）等于阴极反应电流密度（j_c），此时的阴/阳极电流密度等于交换电流密度（j_0）。当电极系统处于非平衡状态时，j_a不等于j_c，两者的差值为表观电流密度。

$$\text{速率}(\text{mol}\cdot\text{s}^{-1}\cdot\text{cm}^{-2})=\frac{i}{nFA}=\frac{j}{nF} \tag{1-3}$$

电极反应进行时，通常包含三个主要的持续过程：反应物由它所处的内部向相界反应区传输、反应物在相界反应区进行反应生成反应产物、反应产物离开相界反应区。第一个和第三个过程都是物质在一个相中的传输过程，可统称为传质过程，它们并非在所有情况下都存在。例如，在纯金属的阳极溶解过程中，一般不存在第一个过程；反应产物以固体形式沉积在电极表面时，一般不存在第三个过程。但总的来说，完成一个电极反应过程，总是必须经过相内的传质过程和相界区的反应过程两大类过程。相界区的反应过程往往不是一个简单的过程，而是由一系列吸附、电荷转移、前置化学反应和后置化学反应、脱附等步骤构成的复杂过程。其中，电荷转移步骤是最主要的，因为任何一个电极反应都必须经过这一步骤。由于电极反应总要经过一系列相互接续的步骤，而各个步骤的反应速率不一定相同，于是在整个过程中反应速率最慢的步骤就成为电极反应的控制步骤，整个电极系统的反应速率由控制步骤决定。

1.2.2 海洋环境腐蚀阳极反应

金属材料在海洋环境中发生腐蚀的阳极反应为金属的失去电子溶解过程，可用一个简单的反应式（1-4）来表达。

$$\text{M}\longrightarrow\text{M}^{n+}+n\text{e}^{-} \tag{1-4}$$

虽然表达式看起来似乎很简单，实际上过程很复杂。在进行反应时，首先必须经历金属原子离开金属晶格的步骤。并不是金属表面所有的金属原子都能随机地离开金属晶格，而是那些处于位错露头、螺位错台阶端点等位置上的金属原子优先离开晶格，成为可以在金属表面上做二维运动的“吸附原子”。然后“吸附原子”放电成为离子。既然“吸附原子”是放电过程的反应物之一，反应速率就同金属表面上“吸附原子”的活度有关，而“吸附原子”的表面活度又同金属表面晶格的完整情况有关。因此，金属的表面状态对阳极溶解速率具有重要影响[4]。

溶液组分在金属表面上的吸附也会影响金属的溶解过程。金属表面上晶格不完整的地方也正是溶液中组分粒子最容易吸附上去的地方。这种吸附作用可能降低金属原子的能量、减小金属表面“吸附原子”的活度而抑制金属的阳极溶解，也可能形成吸附配合物进行放电成为吸附的配合离子，然后配合离子转入溶液成为水化的金属离子。

以铜为例，徐海波等研究了其在模拟海水中的阳极溶解过程，并提出了相应的活性区溶解机制［式（1-5）］。随着极化电位的提高，当表面出现过饱和的 $CuCl_2^-$ 时，发生如式（1-8）所示的反应，不溶性 CuCl 的生成阻碍了 Cl^- 向电极表面和 $CuCl_2^-$ 由表面向本体溶液的扩散，形成钝化区[5]。

$$Cu+Cl^- = CuCl_{ad}^- \tag{1-5}$$

$$CuCl_{ad}^- +Cl^- = CuCl_{2,\ surface}^- +e^- \tag{1-6}$$

$$CuCl_{2,\ surface}^- \longrightarrow CuCl_{2,\ sol}^- \tag{1-7}$$

$$CuCl_2^- = CuCl+Cl^- \tag{1-8}$$

在海洋环境腐蚀中，相对于阴极反应来讲，往往阳极反应速率要大得多，阴极反应速率决定了金属材料的腐蚀速率，所以在此着重介绍阴极反应。

1.2.3　海洋环境腐蚀阴极反应

在电化学腐蚀过程中，溶解氧和水是主要的阴极去极化剂，分别对应溶解氧还原反应和析氢反应。以析氢反应为例［式（1-9)］，根据能斯特方程，可以计算它的平衡电位［式（1-10)］。由于溶液的 pH 与溶液中 H^+活度之间存在一定的关系［式（1-11)］，所以可以得出析氢反应的过电位与 pH 和气体分压的关系［式（1-12)］。在 25℃时，$2.303RT/F \approx 0.0591$，如果 p_{H_2} =1atm，平衡电位表达式可简化为式（1-13）。

$$\frac{1}{2}H_{2,g} \rightleftharpoons H_{sol}^+ +e_M^- \tag{1-9}$$

$$E_{e(H_2/H^+)} = \frac{RT}{F}\ln\frac{a_{H^+}}{p_{H_2}^{1/2}} \tag{1-10}$$

$$pH = -\lg a_{H^+} = -\frac{1}{2.303}\ln a_{H^+} \tag{1-11}$$

$$E_{e(H_2/H^+)} = -\frac{2.303RT}{F}\left(pH + \frac{1}{2}\lg p_{H_2}\right) \tag{1-12}$$

$$E_{e(H_2/H^+)} = -0.0591pH \tag{1-13}$$

$$E_{e(OH^-/O_2)} = 1.229 - 0.0591pH \tag{1-14}$$

相似地，我们可以得到 25℃、p_{O_2}=1atm 时，溶解氧还原反应的平衡电位表达式［式（1-14）］。从式（1-13）和式（1-14）可以看出，对这两个阴极反应来讲，如果保持相应的气体分压不变，则它们的平衡电位都与溶液 pH 存在直线关系，而且直线的斜率相同。以溶液 pH 为横坐标、平衡电位 E_e 为纵坐标作图，结果如图 1-2 所示。可以看出，在任何 pH 下，溶解氧还原反应的平衡电位始终比析氢反应的高 1.229V。因而，从热力学的角度来讲，相同温度与气体分压下，溶解氧还原反应比析氢反应更容易发生。对电化学反应来讲，热力学上的容易发生并不意味着动力学上的容易发生，动力学相对更加复杂，其与电极材料性质等密切相关。一般来讲，在含氧海水中，除电极电位很负的镁及其合金外，广泛使用的钢铁等金属材料腐蚀过程的阴极反应为溶解氧还原反应，镁及其合金上溶解氧还原反应与析氢反应可能同时发生；而当存在局部强酸或厌氧条件时，阴极过程以析氢方式实现。因此，溶解氧还原反应是主要的海洋环境腐蚀阴极反应。在专注溶解氧还原反应之前，首先对析氢反应进行简单介绍。

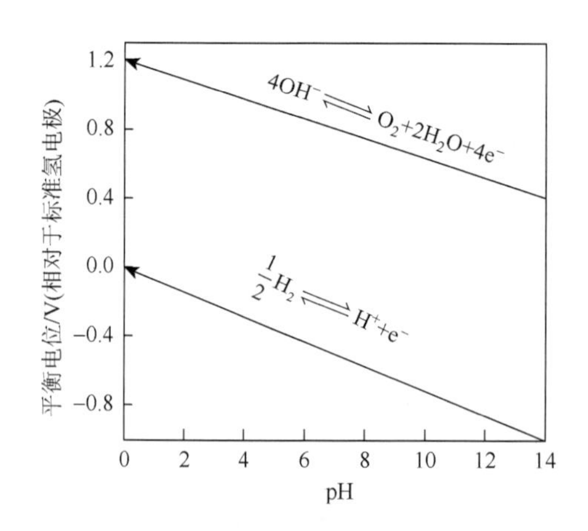

图 1-2　溶解氧还原反应与析氢反应的平衡电位 E_e-pH 图

1. 析氢反应

析氢反应在电极表面上主要分成三个主要步骤进行，包括 H^+放电而成为吸附在金属表面上的氢原子［式（1-15），H_{ad}表示吸附在金属表面上的氢原子］、形成吸附在金属表面上的氢分子和氢分子离开电极表面。决定析氢反应动力学的步骤是前两个，其中步骤二可以以两种不同的方式进行：两个吸附在金属表面上的氢原子进行化学反应而复合成为一个氢分子［化学脱附，式（1-16）］和由一个氢离子同一个吸附在金属表面上的氢原子进行电化学反应而形成一个氢分子［电化学脱附，式（1-17）］。随着反应路径与控制步骤的不同，就有不同的反应机理。当在氢离子放电后接着的是化学脱附反应时，若放电反应是控制步骤，25℃时塔菲尔（Tafel）斜率 $\beta_c \approx 51.3\text{mV}$ 或 $b_c \approx 118\text{mV}$；若化学脱附反应是控制步骤，25℃时 Tafel 斜率 $\beta_c \approx 12.7\text{mV}$ 或 $b_c \approx 30\text{mV}$。当在氢离子放电后接着的是电化学脱附反应时，若放电反应是控制步骤，25℃时 Tafel 斜率同化学脱附反应下的情况；若电化学脱附反应是控制步骤，25℃时 Tafel 斜率 $\beta_c \approx 51.4\text{mV}$ 或 $b_c \approx 118\text{mV}$[4]。

$$H^+ + e^- \longrightarrow H_{ad} \tag{1-15}$$

$$2H_{ad} \longrightarrow H_2 \tag{1-16}$$

$$H^+ + H_{ad} + e^- \longrightarrow H_2 \tag{1-17}$$

2. 溶解氧还原反应

1）基本反应方程式与标准电位

溶解氧还原反应是一复杂的电化学反应，涉及多步基元反应和不同中间产物，且与溶液介质密切相关。表 1-3 列出了酸性与碱性介质中，典型路径（直接四电子还原为水、二电子还原为过氧化氢、过氧化氢还原为水）的反应方程式及相应的标准电位。

表 1-3　溶解氧还原反应在酸性与碱性溶液中的反应方程式及相应的标准电位（25℃，1atm）

反应方程式	标准电位 a/V	电解液酸碱性
$O_2+4H^++4e^- \longrightarrow 2H_2O$	1.229	酸性溶液
$O_2+2H^++2e^- \rightleftharpoons H_2O_2$	0.70	
$H_2O_2+2H^++2e^- \rightleftharpoons 2H_2O$	1.76	
$O_2+2H_2O+4e^- \rightleftharpoons 4OH^-$	0.401	碱性溶液
$O_2+H_2O+2e^- \rightleftharpoons HO_2^-+OH^-$	−0.065	
$HO_2^-+H_2O+2e^- \rightleftharpoons 3OH^-$	0.867	

a. 所有电位相对于标准氢电极。

2）反应动力学

图 1-3 所示的是一般电极反应（$O+ne^- \rightleftharpoons R$）的途径，溶解氧还原反应遵循这一基本方式。溶解氧还原反应速率与每个步骤的速率密切相关，速率最慢的步骤决定了溶解氧还原反应的速率。在溶解氧还原反应中，影响反应速率的步骤主要包括传质、吸附和电子传递。以下将对这三个步骤进行论述。

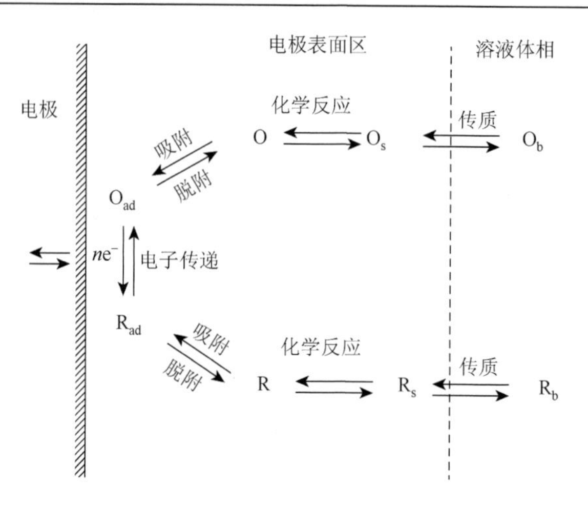

图 1-3　一般电极反应的途径

（1）传质。

在液相传质过程中有三种传质方式：电迁移、对流和扩散。

电迁移是指电解质溶液中的带电粒子在电场作用下沿一定方向移动的现象。当电化学体系中有电流通过时，阴极和阳极之间就会形成电场，在这个电场的作用下，阴/阳离子分别定向地向阳/阴极移动，使得溶液中的物质进行了传输。由于电迁移作用而使电极表面附近溶液中某种离子浓度发生变化的数量，可用电迁流量来表示，其定义为单位时间内在单位横截面积上流过的物质的量，常用摩尔数来表示。电迁流量的表示式如式（1-18）所示，式中 J_i、c_i、v_i、u_i、E 分别代表 i 离子的电迁流量（$mol{\cdot}cm^{-2}{\cdot}s^{-1}$）、浓度（$mol{\cdot}cm^{-3}$）、电迁移速率（$cm^{-2}{\cdot}s^{-1}$）、淌度（$cm^{-2}{\cdot}s^{-1}{\cdot}V^{-1}$）和电场强度（$V{\cdot}cm^{-1}$）。由此可见，电迁流量与 i 离子的迁移数有关，迁移数越大，电迁移量越大。为了降低或消除电迁移的影响，需要降低 i 离子的迁移数使其足够小或可被忽略，这往往通过向电解液中加入大量支持电解质的方式实现。

$$J_i = \pm c_i v_i = \pm c_i u_i E \tag{1-18}$$

对流是指通过一部分溶液与另一部分溶液之间的相对流动实现溶液中物质传输的过程。根据产生对流原因的不同，可将其划分为自然对流和强制对流。自然对流是由于溶液中各部分之间存在着密度差或温度差而引起的对流，如在电化学体系中，由于电极反应消耗了反应粒子生成反应物，可能使得电极表面附近液层的溶液密度或温度与其他地方不同从而引起对流。强制对流是用外力搅拌溶液引起的，如将在第 2 章介绍的旋转电极。由对流引起的电极表面附近液层中 i 粒子的浓度变化量用对流流量来表示，其表达式为式（1-19），式中 J_i、v_x、c_i 分别对应 i 粒子的对流流量（$mol{\cdot}cm^{-2}{\cdot}s^{-1}$）、与电极表面垂直方向上的液体流速（$cm{\cdot}s^{-1}$）

与浓度（mol·cm^{-3}）。

$$J_i = v_x c_i \tag{1-19}$$

当溶液中存在着某一成分的浓度差，即在不同区域内某组分的浓度不同时，该组分将自发地从浓度高的区域向浓度低的区域移动，这种液相传质运动称为扩散。在电极体系中，当有电流通过电极时，由于电极反应消耗了某种反应粒子并生成了相应的反应产物，因此就使得某一组分在电极表面附近液层中的浓度发生了变化。在该液层中，反应粒子的浓度由于电极反应的消耗而有所降低；而反应产物的浓度却比溶液本体中的浓度高。于是，反应粒子将向电极表面方向扩散，而反应产物粒子将向远离电极表面的方向扩散。电极系统中的扩散传质过程是一个比较复杂的过程，整个过程可分为非稳态扩散和稳态扩散两个阶段。在电极反应的初期，由于反应粒子浓度变化不太大，浓度梯度较小，向电极表面扩散过来的反应粒子的数量远小于电极反应所消耗的数量，而且扩散所发生的范围主要在离电极表面较近的区域内；随着电极反应的不断进行，由于扩散过来的反应粒子的数量远小于电极反应的消耗量，因此使浓度梯度加大，同时发生浓度差的范围也不断扩展，这时，在发生扩散的液层（扩散层）中，反应粒子的浓度随着时间和距电极表面距离的不同而不断地变化，如图 1-4 所示。

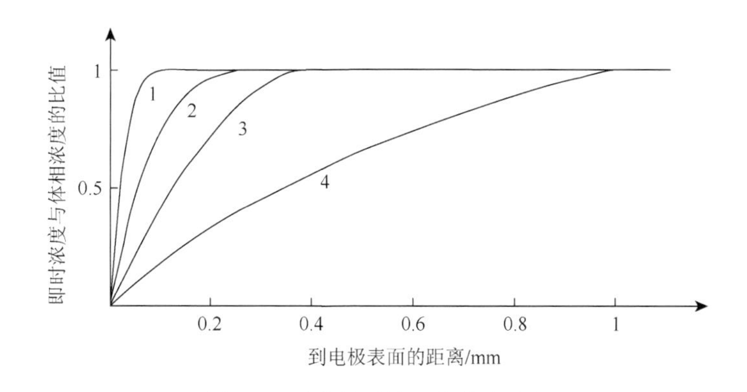

图 1-4　反应粒子的暂态浓度分布

开始极化后经历的时间 t 分别为 1：0.1s，2：1s；3：10s；4：100s

扩散层中各点的反应粒子浓度是时间和距离的函数，如式（1-20）所示。这种反应粒子浓度随 x 和 t 不断变化的扩散过程是一种不稳定的扩散传质过程，这个阶段内的扩散称为非稳态扩散。如果随着时间的推移，扩散的速率不断提高，有可能使扩散补偿过来的反应粒子与电极反应所消耗的反应粒子数相等，则可以达到一种动态平衡状态，即扩散速率与电极反应速率相平衡。这时，反应粒子在扩散层中各点的浓度分布不再随时间变化而变化，而仅仅是距离的函数［式（1-21）］。这时，扩散层的厚度不再变化，i 粒子的浓度梯度是一个常数。在扩散的这个阶段中，虽然电极反应和扩散传质过程都在进行，但二者的速率恒定且相等，整个过程处于稳定状态，该阶段的扩散过程就称为稳态扩散。

$$c_i = f(x,t) \tag{1-20}$$

$$c_i = f(x) \tag{1-21}$$

一般扩散传质作用都是用菲克（Fick）扩散定律进行表述的，Fick 定律是描述物质的流量及其浓度与时间和位置之间函数关系的微分方程。对于一个电极反应 $O + ne^- \rightleftharpoons R$ 考虑线性（一维）扩散的情况，在时间 t 及给定位置 x 处氧化物 O 的流量写为 $J_O(x, t)$，它是 O 的净物质传递速率。其中，Fick 第一定律阐明流量与浓度成正比的关系，即

$$J_O(x,t) = D_O \frac{\partial C_O(x,t)}{\partial x} \tag{1-22}$$

式中，D_O 为扩散系数，$\frac{\partial C_O(x,t)}{\partial x}$ 为单位时间内、单位面积上，物质的浓度梯度。Fick 第二定律是描述反应物质 O 的浓度随时间变化的定律，其表达式为

$$\frac{\partial C_O(x,t)}{\partial t} = D_O[\frac{\partial^2 C_O(x,t)}{\partial x^2}] \tag{1-23}$$

在电化学体系研究中，往往存在大量支持电解质，因而向电极表面传输反应粒子的过程将由对流和扩散两个连续步骤串联完成。由于对流传质的速率远大于扩散传质的，液相传质的速率主要由扩散传质过程所控制。根据 Fick 定律，溶解氧还原反应的扩散传质与氧的扩散系数、溶解度密切相关。

25℃、1atm 下，氧在纯水中的溶解度约为 $1.22\text{mmol}\cdot\text{L}^{-1}$。在空气饱和条件下，氧分压为 0.21atm，对应的溶解度为 $0.256\text{mmol}\cdot\text{L}^{-1}$。氧的溶解度受溶液浓度、温度、压力的影响，随着溶液浓度的增加、温度的升高和压力的降低而减小，并与电解质的性质密切相关。扩散系数反映了物质在溶液中扩散的快慢，与氧的溶解度相似，电解质性质与浓度、温度、压力能够影响氧的扩散系数。25℃、1atm 下，氧在纯水中的扩散系数范围为 $1.9\times10^{-5}\sim2.3\times10^{-5}\text{cm}^2\cdot\text{s}^{-1}$。

（2）吸附。

氧气的基态是三线态的，在 π^* 反键轨道上存在两个孤对电子（图 1-5），从而键数为 2。氧在电极表面的吸附是溶解氧还原反应的必经步骤，氧在电极表面某些活性部位的吸附使得某些键减弱，从而活化了反应分子，降低了反应活化能，加大了反应速率。表面与吸附物种间的吸附分为物理吸附和化学吸附，物理吸附之间的力为范德华力，吸附热小，被吸附的分子在吸附前后结构变化不大；化学吸附则会改变吸附粒子的结构和表面的电学和化学性质。

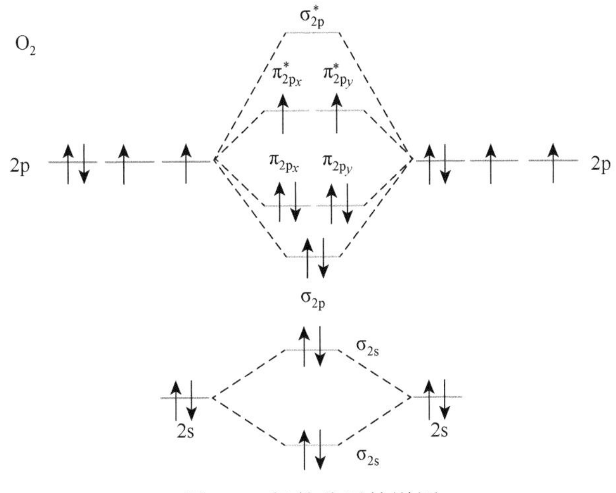

图 1-5　氧的分子轨道图

氧分子在金属电极上的化学吸附大致有三种方式，如图 1-6 所示。Griffiths 模式是指氧分子横向与表面活性位作用，氧分子中的轨道与中心原子中空的 dz^2 轨道相互作用，而中心原子中至少部分充满的 dx^2 或 d_{yz} 轨道向氧分子轨道反馈，这种较强的相互作用可以减弱 O—O 键，甚至引起氧分子的解离吸附（双位吸附），有利于氧的直接四电子还原反应。Pauling 模式中氧分子的一侧指向金属原子，并通过轨道与中心原子 dz^2 轨道相互作用，按这种方式吸附氧分子中只有一个原子受到较强活化，不利于断 O—O 键，一般发生二电子反应。Birdge 模式中氧分子同时被两个中心原子活化，这种吸附模式要求中心原子具有与氧气键长相适合的空间结构和性质，有利于氧的四电子反应。

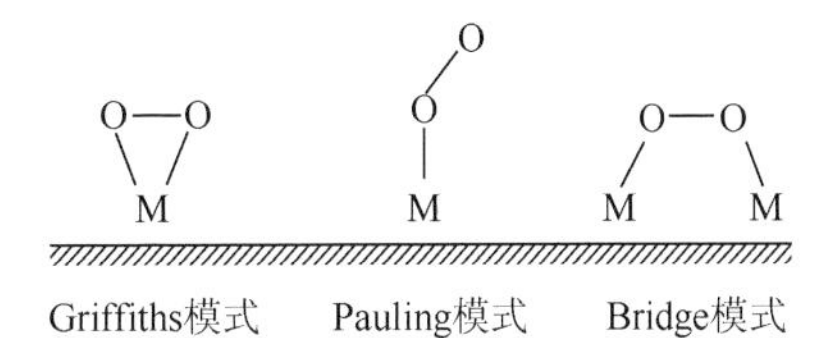

图 1-6　氧在金属电极表面可能的吸附方式

氧的吸附状态与金属材料的性质密切相关，在金属铂上氧可能以 Griffiths 模式进行吸附，而在大多数金属材料，氧以 Pauling 模式进行吸附。

（3）电子传递。

电子传递步骤（电化学反应步骤）是指反应物质在电极/溶液界面得到或失去电子，从而还原或氧化成新物质的过程，是整个电极过程的核心步骤。从反应动力学可知，反应粒子必须吸收一定的能量激发到一种不稳定的过渡状态——活化态，才有可能发生向反应产物的转变，也就是活化能是任何一个化学反应的必需条件。在电化学反应中，电极电位对电子转移步骤的影响恰是通过对该步骤活化能的影响而实现的。当电子转移是速率控制步骤时，过电位与电流密度之间符合 Tafel 关系［式（1-24）］。

$$\eta = a + b \lg j \tag{1-24}$$

式中，a 表示电流密度为单位数值时的过电位值，它的大小和电极材料的性质、溶液组成及温度等因素有关。根据 a 值的大小，可以比较不同电极体系中进行电子转移步骤的难易程度。b 值是一个主要与温度有关的常数。

Tafel 公式可在很宽的电流密度范围内适用，但当电流密度很小时，其不再成立。当电流密度趋向于零时，电极电位偏离平衡状态也很少，此时过电位与电流密度呈线性关系［式（1-25)］。

$$\eta = \omega j \tag{1-25}$$

式中，ω 为一个常数，其大小与电极材料性质及表面状态、溶液组成、温度等有关。

当一个电极反应涉及两个及两个以上的电子时，由于一个粒子同时得到或失去多个电子的可能性小，因而大多数情况下，一个电化学反应步骤中只转移一个电子。相应地，多电子电极反应的动力学规律由其中的某一个单电子转移步骤所决定。以酸性介质中，铂上溶解氧还原反应为例，当氧分子在铂上发生化学吸附［式（1-26)，式中 ads 表示吸附态物种］后，可能发生多个步骤的电子传递。但氧分子的第一个电子传递［式（1-27)］被认为是速率控制步骤，该步骤产生中间产物 $Pt\text{-}O_2H_{ads}$。$Pt\text{-}O_2H_{ads}$ 中间产物既可以进一步还原成 H_2O_2［式（1-28）和式（1-29)]，也可以进一步还原成 H_2O［式（1-30）和式（1-31)］。

$$Pt+O_2 \rightleftharpoons Pt\text{-}O_{2,ads} \tag{1-26}$$

$$Pt\text{-}O_{2,ads}+H^+ +e^- \rightleftharpoons Pt\text{-}O_2H_{ads} \tag{1-27}$$

$$x(Pt\text{-}O_2H_{ads}+e^- +H^+ \rightleftharpoons Pt\text{-}O_2H_{2,ads}) \tag{1-28}$$

$$x(Pt\text{-}O_2H_{2,ads} \rightleftharpoons Pt+H_2O_2) \tag{1-29}$$

$$(1-x)(Pt+Pt\text{-}O_2H_{ads}+H^+ +e^- \rightleftharpoons 2Pt\text{-}OH_{ads}) \tag{1-30}$$

$$2(1-x)(Pt\text{-}OH_{ads}+H^+ +e^- \rightleftharpoons Pt+H_2O) \tag{1-31}$$

3）反应机理与模型

由于溶解氧还原反应的复杂性，人们提出了多种机理与模型。Damjanovic 等提出的模型［图 1-7（a)］是最早的溶解氧还原反应模型，他们认为氧可以经直接的四电子还原转变为水，也可以经连续的二电子还原以过氧化氢为中间产物的方式转变为水[6]。Wroblowa 等考虑了过氧化氢的吸附-脱附［图 1-7（b)］[7]，Appleby 和 Savy 进一步融入了过氧化氢的化学分解［图 1-7（c)］[8]。Zurilla 等的模型基于碱性介质中金电极上的溶解氧还原反应，该模型中不存在氧的直接四电子还原，仅涉及连续二电子还原过程［图 1-7（d)］[9]。这些模型相对简单，但在溶解氧还原反应研究中具有重要作用，这主要是因为通过实验数据能够获得的参量较少，难以确定复杂模型中的每个参量。但缺点在于，模型的过简单化，导致部分过程被忽视，从而对整个溶解氧还原反应过程的认识存在偏差。

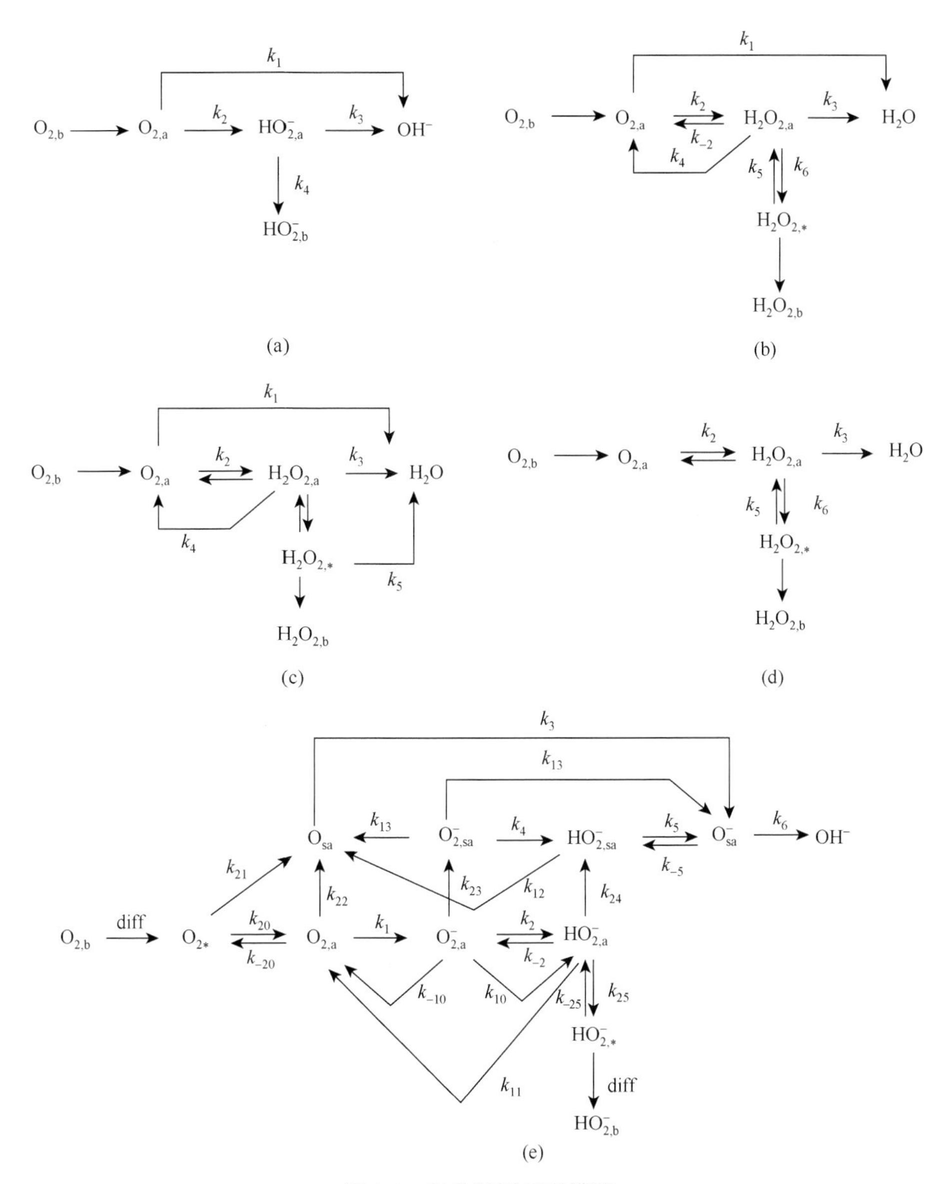

图 1-7　氧化还原反应模型

Damjanovic 等（a），Wroblowa 等（b），Appleby 和 Savy（c），Zurilla 等（d），Anastasijević 等（e）提出的溶解氧还原反应模型[6-10]。下标 b、a、*和 sa 分别代表体相、吸附相、电极附近相和强吸附相，k 为反应速率常数

Anastasijević 等考虑几乎所有可能的中间产物，给出了如图 1-7（e）所示的

模型[10]，对应的反应方程式如式（1-32）～式（1-40）所示。在 Anastasijević 模型中，还将原有模型中的吸附相进一步划分为强吸附相和弱吸附相。在直接四电子还原过程中涉及氧的强吸附，而在连续路径中的第一个二电子还原中氧的吸附较弱。在强吸附位点，反应主要以不可逆方式进行（k_3、k_4、k_{12}、k_{13}），生成的强吸附产物不能直接脱附进入体相溶液。在连续路径中，由于吸附作用弱，存在与溶液相之间的吸附-脱附平衡（k_{20}与k_{-20}、k_{25}与k_{-25}）。此外，同一反应以强吸附态和弱吸附态进行时反应速率常数不同（k_2和k_4）。吸附中间产物的出现与成分确定只能通过波谱法，所以仅凭电化学数据不可能确定该模型中所有的参量。

$$O_{2,a}+e^- \xrightarrow{k_1} O_{2,a}^- \tag{1-32}$$

$$O_{2,a}^- +H_2O+e^- \underset{k_{-2}}{\overset{k_2}{\rightleftharpoons}} HO_{2,a}^- +OH^- \tag{1-33}$$

$$O_{sa}+e^- \xrightarrow{k_3} O_{sa}^- \tag{1-34}$$

$$O_{2,sa}^- +H_2O+e^- \xrightarrow{k_4} HO_{2,sa}^- +OH^- \tag{1-35}$$

$$HO_{2,sa}^- +e^- \underset{k_{-5}}{\overset{k_5}{\rightleftharpoons}} O_{sa}^- +OH^- \tag{1-36}$$

$$2O_{2,a}^- +H_2O \xrightarrow{k_{10}} O_{2,a} +HO_{2,a}^- +OH^- \tag{1-37}$$

$$2HO_{2,a}^- \xrightarrow{k_{11}} 2OH^- +O_{2,a} \tag{1-38}$$

$$HO_{2,sa}^- \xrightarrow{k_{12}} OH^- +O_{sa} \tag{1-39}$$

$$O_{2,sa}^- \xrightarrow{k_{13}} O_{sa} +O_{sa}^- \tag{1-40}$$

以上所提及的模型是溶解氧还原反应的几个典型特例，由于溶解氧还原反应机理具有电极材料与电解质溶液性质依赖性，所以在后续的章节我们将结合海洋环境中不同材料上的特定情况进行较为详细的阐明。

第 2 章　溶解氧还原反应常用电化学研究方法

电化学反应的研究离不开电化学实验方法，在溶解氧还原反应的研究中常被使用的电化学方法主要包括循环伏安法、极化曲线法、电化学阻抗谱法、旋转圆盘电极技术和旋转圆环-圆盘技术，本章将从基本原理与溶解氧还原反应应用实例两方面对这五种方法进行论述。

2.1　循环伏安法

2.1.1　基本原理

循环伏安法是通过在电极上施加随时间变化的电位来获得电流变化规律的技术，电位随时间的变化示意图如图 2-1 所示。由于循环伏安曲线可以直观方便地测得，循环伏安法特别广泛应用于新体系的初始电化学研究，也可用于获得复杂电极反应的有用信息。

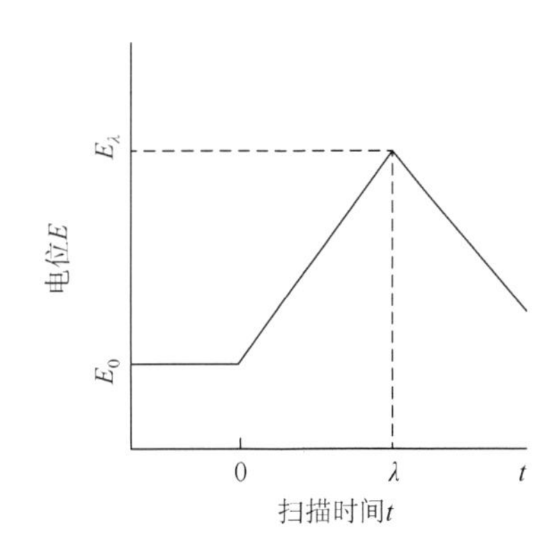

图 2-1　循环伏安法电位随时间的变化曲线

在利用循环伏安法对电极体系进行表征时，需确定三个基本参量：初始电位、反转电位和扫描速率。初始电位的设定直接影响电极的初始状态，除特定情况（如预阳极极化处理、预阴极极化处理）外，一般选择平衡电位作为初始电位。确定初始电位后，反转电位的选择决定了电位扫描范围，对目标阴极电化学反应来讲，如果反转电位过高，那么可能出现反应过程不完整甚至未发生的情况；反转电位过低，则可能诱发其他副反应。因此，针对特定的电化学反应，应确定合理的电位扫描范围。电位扫描范围确定后，电位扫描速率的选择直接影响循环伏安曲线的特征，这一点将在下面进行介绍。

图 2-2 给出了一循环伏安曲线实例，可以看出有电流峰的存在。反应初期，过电位小，不足以使得反应物被氧化或还原，因而电流没有变化；随着过电位的增加，达到反应物的反应电位时，反应物发生反应，产生电流；过电位的进一步

增加，使得反应物被急剧地消耗，出现电流峰值；过电位再增大时，溶液中的反应物要从更远处向电极表面扩散，扩散层厚度增加，电流随时间衰减。对电流峰的描述有两个基本参量：峰电流（I_p）和峰电位（E_p）。由于峰的变宽，峰电位可能不易确定，有时使用 $I_{p/2}$ 处的半波电位（$E_{p/2}$）会更加方便。当电极反应为可逆体系时，25℃下，峰电流与峰电位的表达式分别如式（2-1）和式（2-2）、式（2-3）所示。式中，n、A、D_0、v、C_0^* 分别代表反应电子转移数、电极面积、反应粒子扩散系数、电位扫描速率、反应粒子在溶液中的体相浓度。可见，I_p 与 $v^{1/2}$ 成正比，而 E_p、峰电位差（ΔE_p，$\Delta E_p = |E_{p,a} - E_{p,c}|$）与 v 无关。根据这些式子，在 A、D_0、C_0^* 已知的条件下可以计算获得电子转移数 n。

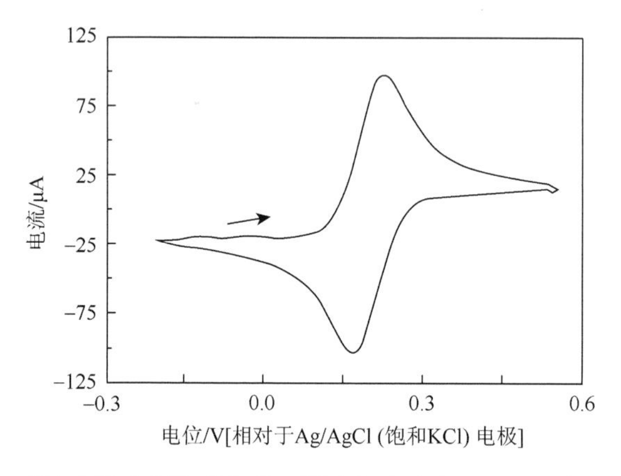

图 2-2 碳纳米管垂直阵列-氧化石墨电极在含有 1mmol·L^{-1} $K_3Fe(CN)_6$ 的 0.1mol·L^{-1} KCl 中的循环伏安曲线[11]

$$I_p = 0.4463nFAD_0^{1/2}C_0^*(nFvRT)^{1/2} = 2.69\times10^5 n^{3/2}AD_0^{1/2}v^{1/2}C_0^* \tag{2-1}$$

$$\left|E_p - E_{\frac{p}{2}}\right| = 2.20\frac{RT}{nF} = \frac{56.5}{n}\text{mV} \tag{2-2}$$

$$\Delta E_p = E_{p,a} - E_{p,c} = \frac{0.059}{n}\text{V} \tag{2-3}$$

对完全不可逆电极反应而言，25℃下，峰电流与峰电位的表达式分别为式（2-4）～式（2-6）。式中，α、k^0 代表传递系数和标准异相速率常数，分别作为能垒对称性和氧化还原电对动力学难易程度的量度。此时，I_p 与 $v^{1/2}$ 依然成正比，而 E_p 是 v 的函数。在准可逆电极反应中，由于涉及复杂参数，在此不做过多介绍。

$$I_p = (2.99\times10^5)\alpha^{1/2}AC_0^*D_0^{1/2}v^{1/2} \tag{2-4}$$

$$E_p = E' - \frac{RT}{\alpha F}\left[0.780 + \ln\left(\frac{D_0^{1/2}}{k^0}\right) + \ln\left(\frac{\alpha Fv}{RT}\right)^{1/2}\right] \tag{2-5}$$

$$\left|E_p - E_{\frac{p}{2}}\right| = \frac{1.857RT}{\alpha F} = \frac{47.7}{\alpha}(\text{mV}) \tag{2-6}$$

既然电化学反应有可逆、准可逆、完全不可逆三种状态，我们期望能够通过循环伏安曲线这一直观数据便捷地判定电化学反应的类型。根据以上分析，如果阳极峰电流（$I_{p,a}$）等于阴极峰电流（$I_{p,c}$）、ΔE_p=59/n mV（图 2-3，曲线 A），则说明电化学反应可逆。在实验过程中，一般认为 ΔE_p 为 55/n～65/n mV 时，电极反应可逆。如果循环伏安曲线与可逆反应的接近（图 2-3，曲线 B），但 ΔE_p＞59/n mV，且峰电位随电位扫描速率的增大而变大，则可认为电极反应准可逆。如果只存在阳极或阴极峰（图 2-3，曲线 C），则为不可逆电化学反应。

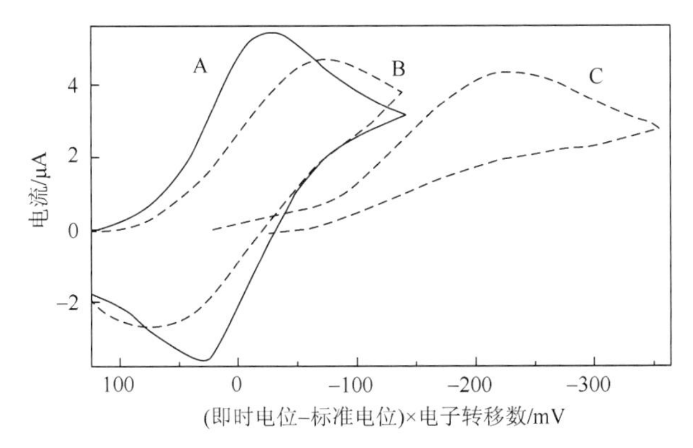

图 2-3　典型准可逆体系和不可逆体系的循环伏安图

并不是所有电化学反应都像 $Fe(CN)_6^{3-/4-}$ 那样仅涉及一个电子的传递，有的反应物分步发生电化学氧化或还原，同时也存在一个电化学体系中多种反应物并存的情况，在这些情况下，循环伏安曲线具有明显优势。根据循环伏安曲线上氧化/还原峰的数量，可以初步判定多个电子传递步骤的存在，结合对照实验或其他研究手段，能够对复杂电化学体系进行解析。为了让读者有直观的认识，在此给出单组分反应物分步电化学反应和同一体系中多组分电化学反应的实例。图 2-4 为 CuO 和 CuO-石墨烯复合材料在 1mol·L^{-1} $LiPF_6$ 中的循环伏安曲线，1.59V、0.97V 和 0.74V 电位下的三个还原峰分别对应 CuO 还原为具有 CuO 结构的固态溶液相然后转变为 Cu_2O 相、Cu_2O 分解成嵌入 Li_2O 基体中的 Cu 纳米晶和有机态涂层的生长；1.34V、2.46V 和 2.86V 电位下的三个氧化峰分别归属为有机层的分解、Cu 颗粒氧化为 Cu(Ⅰ)和 Cu(Ⅱ)。图 2-5 展示了聚（3, 4-亚乙二氧基噻吩）-氧化石墨烯修饰的玻碳电极在空白及含有 0.1mmol·L^{-1} 对苯二酚、0.1mmol·L^{-1} 邻苯二酚、0.1mmol·L^{-1} 对苯二酚+0.1mmol·L^{-1} 邻苯二酚的磷酸缓冲溶液中的循环伏安曲线，可以看出在混合液中，对苯二酚和邻苯二酚分别表现出各自的氧化还原峰。

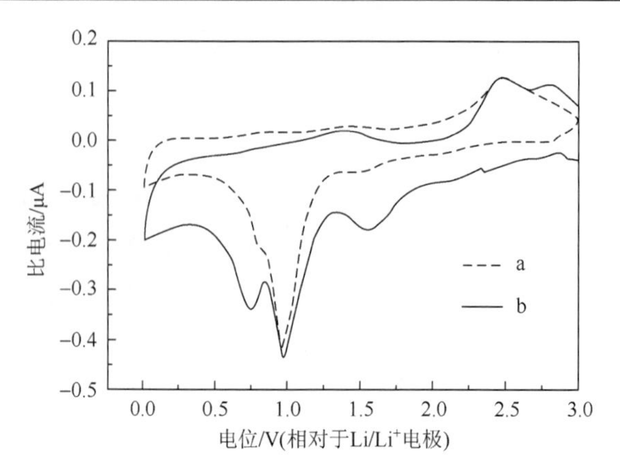

图 2-4　CuO（a）和 CuO-石墨烯复合材料（b）在 $1mol\cdot L^{-1}$ $LiPF_6$ 中的循环伏安曲线[12]

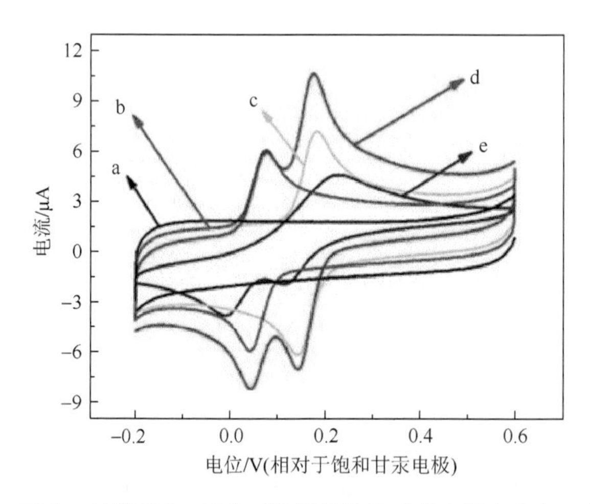

图 2-5　聚(3, 4-亚乙二氧基噻吩)-氧化石墨烯修饰的玻碳电极在空白（曲线 a）及含有 $0.1mmol\cdot L^{-1}$ 对苯二酚（曲线 b）、$0.1mmol\cdot L^{-1}$ 邻苯二酚（曲线 c）、$0.1mmol\cdot L^{-1}$ 对苯二酚 $+0.1mmol\cdot L^{-1}$ 邻苯二酚（曲线 d）的磷酸盐缓冲溶液中的循环伏安曲线。曲线 e 为空白玻碳电极在含有 $0.1mmol\cdot L^{-1}$ 对苯二酚 $+0.1mmol\cdot L^{-1}$ 邻苯二酚的磷酸盐缓冲溶液中的循环伏安曲线[13]

以上所涉及的电化学反应的反应物均分散于溶液中，循环伏安法用于研究电极表面吸附物质的电化学反应时的谱图有其不同于以上所述及的特征。这方面的典型实例为 Pt 在 H_2SO_4 中的情况（图 2-6），–0.1V 左右处的两对峰对应氢的吸附-脱附。对于吸附-脱附反应，峰电流与电位扫描速率成正比［式（2-7），$\mathit{\Gamma}$ 代表吸附量］，电量与吸附量成正比［式（2-8）］。

$$I_{\mathrm{P}}=\frac{n^2F^2\mathit{\Gamma}Av}{4RT} \tag{2-7}$$

$$Q=nFA\mathit{\Gamma} \tag{2-8}$$

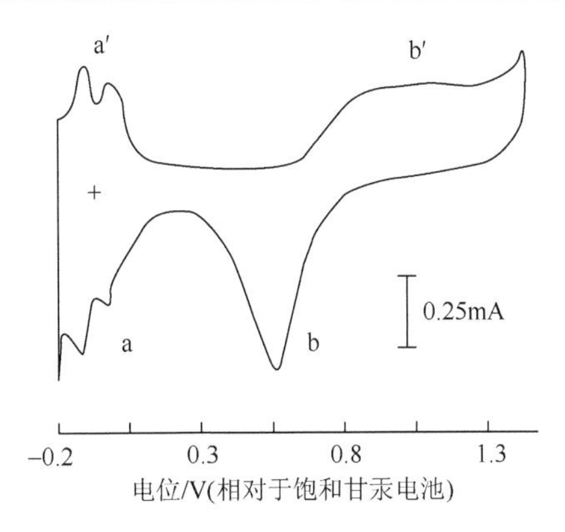

图 2-6　Pt 电极在 $3.7mol \cdot L^{-1}$ H_2SO_4 中的循环伏安曲线[14]

2.1.2　应用实例

循环伏安法是研究溶解氧还原反应最便捷的方法，但由于该反应的可逆性差，难以采用 I_p 的表达式确定电子转移数，但其在初步判定溶解氧还原反应活性方面具有显著优势。图 2-7 为玻碳电极在氧气与氮气饱和的模拟海水 3.5% NaCl 溶液中的循环伏安曲线，氮气饱和情况下的循环伏安曲线（曲线 a）只有在负于–1.5V 的电位范围内出现析氢反应，而在氧气饱和中的则在析氢反应之前有三个还原峰（曲线 b），对应的峰电位分别约为–0.35V、–0.7V 和–1.4V。由于两条曲线对应的电化学体系差异仅为氧气与氮气饱和，所以，曲线 b 中的三个还原峰肯定对应溶解氧还原反应。此外，三个还原峰表明溶解氧还原反应以分步方式进行，至于每个还原峰对应什么过程，单凭循环伏安曲线结果难以进行定义。因此，在溶解氧

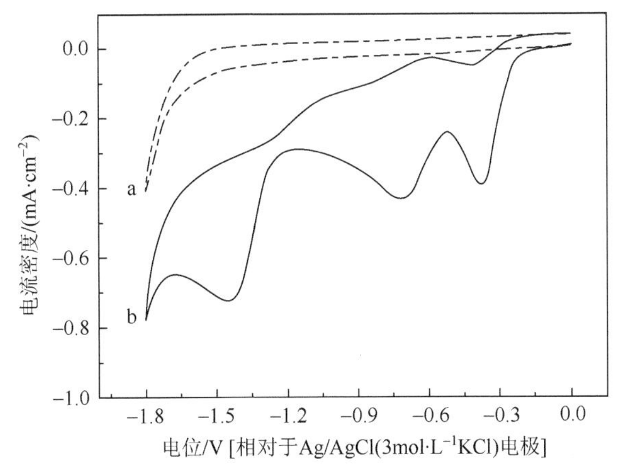

图 2-7　玻碳电极在氧气饱和（曲线 b）和氮气饱和（曲线 a）3.5% NaCl 溶液中的循环伏安曲线

还原反应的电化学研究中，一般采用循环伏安法进行初步表征，对特定电解液中某电极的溶解氧还原反应的电位进行确定，并对反应过程（如几个反应步骤）进行初步分析，这点在溶解氧还原反应催化剂的筛选上非常便捷。如果与未修饰电极上的循环伏安曲线相比，修饰电极曲线上的溶解氧还原反应的峰电位并没有发生较为明显的正移、峰电流也没有显著的增加，则说明该修饰物对溶解氧还原反应的催化活性低，没有必要进一步采用其他手段进行表征。

2.2　极化曲线法

2.2.1　基本原理

极化曲线是表示电极电位与电极上电流或电流密度之间的关系曲线，据此概念，2.1 节中提及的循环伏安曲线亦属于极化曲线。由于本书立足海洋环境腐蚀，所以在本节中，我们所说的极化曲线专指金属材料腐蚀研究中的极化曲线，与普通电化学体系相比，腐蚀的鲜明特点为在没有外电流的自然电位（腐蚀电位）下，腐蚀金属电极表面上有两个或更多个电极反应同时进行，腐蚀电位是两个或多个电极反应相耦合的非平衡电位。因而，腐蚀金属电极上测得的极化曲线也不同于普通电化学体系中的，其是两个或多个电极反应的极化曲线的合成曲线（图 2-8）。

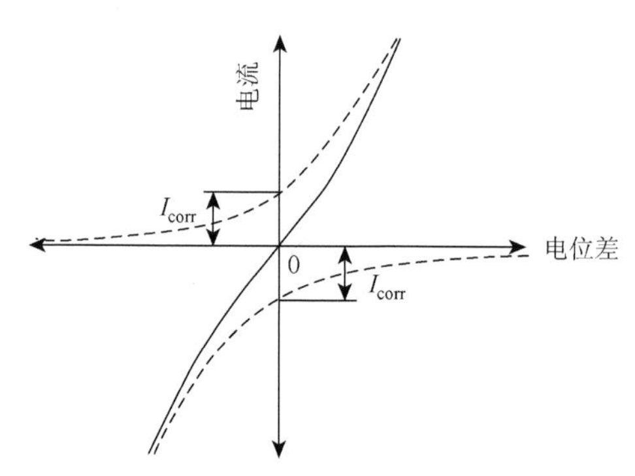

图 2-8　由一条阳极曲线和一条阴极曲线合成的腐蚀金属电极极化曲线

假使一块腐蚀着的金属电极上只进行两个电极反应：金属阳极溶解反应和去极化剂的阴极还原反应，且这两个反应的传质过程很快、其各自逆过程可以忽略，则整个金属电极的外测电流与电位的关系式（对应实验过程中测得的极化曲线）如式（2-9）所示。式中，β_a 和 β_c 分别代表阳极和阴极电化学反应的自然对数 Tafel 斜率（b=2.303β）。在外测电流为零时，腐蚀金属电极的电位就是它的腐蚀电位（E_{corr}）。此时，金属电极上阳极反应的电流等于阴极反应的电流的绝对值，并等

于金属的腐蚀电流 I_{corr}［式（2-10）］，将式（2-10）代入式（2-9）就得到腐蚀金属电极的极化曲线（E-I 曲线）的方程式［式（2-11）］。为了简化方程式，以 ΔE 代替 $E-E_{corr}$ 即可得到式（2-12）。

$$I=I_a-|I_c|=I_{0,a}\exp\left(\frac{E-E_{e,a}}{\beta_a}\right)-I_{0,c}\exp\left(-\frac{E-E_{e,c}}{\beta_c}\right) \tag{2-9}$$

$$I_{0,a}\exp\left(\frac{E_{corr}-E_{e,a}}{\beta_a}\right)=I_{0,c}\exp\left(-\frac{E_{corr}-E_{e,c}}{\beta_c}\right)=I_{corr} \tag{2-10}$$

$$I=I_{corr}\left[\exp\left(\frac{E-E_{corr}}{\beta_a}\right)-\exp\left(-\frac{E-E_{corr}}{\beta_c}\right)\right] \tag{2-11}$$

$$I=I_{corr}\left[\exp\left(\frac{\Delta E}{\beta_a}\right)-\exp\left(-\frac{\Delta E}{\beta_c}\right)\right] \tag{2-12}$$

如果腐蚀过程阴极反应的速率不仅取决于去极化剂在金属电极表面的电化学还原步骤，而且还受溶液中去极化剂扩散过程的影响（一般情况下，氧去极化属于该情况），情况要复杂一些，此时腐蚀金属电极的极化曲线方程式如式（2-13）所示。式中，I_L 是阴极反应极限扩散电流。式（2-13）是比式（2-12）更为普遍的方程式，在 $I_{corr}\ll I_L$ 时，式（2-13）即可转化为式（2-12）。当 $I_{corr}\approx I_L$ 时，腐蚀过程的速率受阴极反应的扩散过程控制，腐蚀电流等于阴极反应的极限扩散电流的绝对值，此时，式（2-13）可转变为式（2-14）。

$$I=I_{corr}\left\{\exp\left(\frac{\Delta E}{\beta_a}\right)-\frac{\exp\left(-\frac{\Delta E}{\beta_c}\right)}{1-\frac{I_{corr}}{I_L}\left[1-\exp\left(-\frac{\Delta E}{\beta_c}\right)\right]}\right\} \tag{2-13}$$

$$I=I_{corr}\left[\exp\left(\frac{\Delta E}{\beta_a}\right)-1\right] \tag{2-14}$$

在极化曲线上（图 2-8），根据极化值 ΔE 的大小可划分为三个区：微极化区、弱极化区和强极化区。不同的极化区域，以上所示的极化曲线方程式可简化成不同的形式，腐蚀速率测定的方法也不同，但是各个区域的分界不是很严格，而且对不同的腐蚀体系也各不相同。当极化电位 ΔE 很小时（通常在±10mV 左右），极化曲线呈线性关系，直线的斜率称为极化电阻（或极化阻力），以 R_p 表示，则有式（2-15），此即有名的 Stern-Geary 方程式。它表明金属的腐蚀速率与其极化阻力成反比，不同的腐蚀体系，可以通过比较 R_p 定性地判断其耐蚀性能。当外加极化 ΔE 较大时（通常 $>\frac{100}{n}$ mV），外加电位与电流呈 Tafel 关系，在 ΔE-lg$I$

半对数坐标上是直线。该直线也就是局部阴极、阳极极化曲线，两直线相交于 E_{corr} 点，此时 $I_a=I_c=I_{corr}$。因此，从 Tafel 直线的交点可以求出腐蚀金属电极的腐蚀速率，如图 2-9 所示。强极化区也称 Tafel 区，除用于获取腐蚀速率外，测定 Tafel 极化曲线的方法也经常被用来测定局部阴极、阳极过程的 Tafel 常数 b_a 和 b_c。弱极化测试时，极化值 ΔE 介于微极化（线性区）和强极化（Tafel 区）之间，其测试方法一般可以分为两类。一类是计算机解析方法，通过弱极化区的一次实验测定，测出一组极化数据，利用式（2-15），通过曲线拟合的方法计算出金属的腐蚀速率与各电化学参数。另一类是选取弱极化区中适当的几组特定数据点，依据式（2-15）通过不同的数学演算，如二点法、三点法、四点法、截距法等，计算出腐蚀速率和 Tafel 常数 b_a 和 b_c。

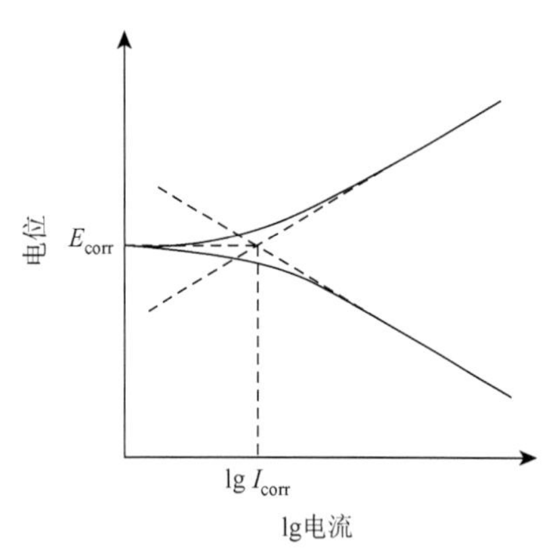

图 2-9　极化曲线外延法确定腐蚀速率示意图

$$I_{corr}=\frac{b_a b_c}{2.303(b_a+b_c)}\cdot\frac{1}{R_p} \tag{2-15}$$

2.2.2　应用实例

在溶解氧还原反应的研究中，极化曲线法主要有两个方面的用途，一是直观地定性判定溶解氧还原反应的快慢，另一个是判定电荷转移过程中速率控制步骤的性质，接下来将分别举例进行说明。

图 2-10 给出了经不同方法处理的铜样品在 3.5% NaCl 溶液中的极化曲线，可

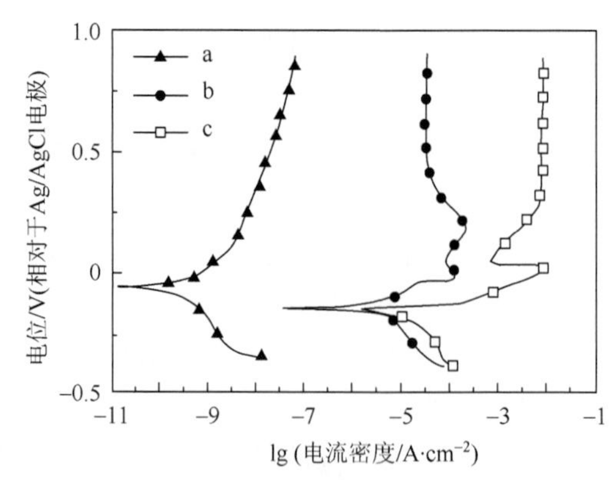

图 2-10　经不同处理的铜样品在空气饱和的 3.5% NaCl 溶液中的极化曲线[15]

a. 经超疏水处理；b. 超疏水处理后除气；c. 未经处理

以看出，经超疏水处理后，阳极与阴极极化曲线的电流均显著下降。体系在所研究的电位范围内的阴极反应主要为溶解氧还原反应，因而超疏水膜层的覆盖使得铜表面溶解氧还原反应速率显著降低。超疏水膜层的粗糙结构使得空气截留其中，采用乙醇替换的方式将膜层中的空气排除后再进行电化学表征，可以发现阴阳极极化曲线的电流密度增大，其数值介于空白和经超疏水处理的样品之间。因此，通过极化曲线，可以方便直观地判定溶解氧还原反应的快慢。

在 Tafel 极化曲线中包含有电子转移数 n 的信息［式（2-16）］，该电子转移数为电荷转移速率控制步骤涉及的电子转移数，其可能等于反应物的表观电子转移数，也可能小于（大多数情况）。如果传递系数 α 的数值为 0.5，则在 25℃下，一电子反应对应的 Tafel 斜率为 $118mV·dec^{-1}$（dec 表十倍频程），二电子的为 $59mV·dec^{-1}$。在氮-铁掺杂的碳纳米管/碳纳米颗粒材料上，稳定性测试前后溶解氧还原反应的 b_c 值在 $80mV·dec^{-1}$ 左右，表明其上的溶解氧还原反应速率步骤主要为二电子电荷转移，且稳定性测试对此无影响（图 2-11）。

$$b_c = \frac{2.303RT}{anF} \tag{2-16}$$

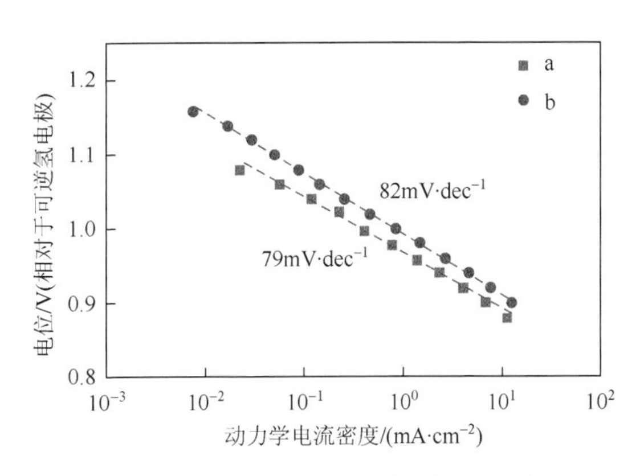

图 2-11　氮-铁掺杂的碳纳米管/碳纳米颗粒材料在稳定性测试前（a）后（b）于 $0.1mol·L^{-1}$ NaOH 溶液中溶解氧还原反应的 Tafel 斜率[16]

2.3　电化学阻抗谱法

2.3.1　基本原理

在 2.1 节和 2.2 节中所提及的循环伏安法和极化曲线法，经常使得电极处于远离平衡的状态，并且通常是观察暂态信号的响应。另一类方法是以小幅度交流信号扰动电极体系，并观察体系在稳态时对扰动的响应，这类方法的突出优点表现在：由于响应可以无限稳定，可以从很长时间中得出平均值，因而具有进行高精度测量的实验能力；通过电流-电位特性的线性化或其他简化方式，从理论上能够处理这样的响应；在很宽的时间或频率范围（10^{-6}～10^{4} s或10^{-4}～10^{6} Hz）进行测量。由于这些技术一般在接近平衡状态下工作，所以常常不需要详细地了解 *I-E* 响应曲线在过电位大的区域中的行为，从而使得动力学和扩散的处理大大简化，这方面的典型代表就是电化学阻抗谱法。

1. 理论基础

在电化学阻抗谱测试中，利用一个正弦波电流信号对一个线性系统进行扰动，线性系统的响应为一个正弦波的电压信号。利用正弦波信号测量得到电位与电流密度的比值称为阻抗，而电流密度与电位的比值则称为导纳，它们都是正弦波频率的函数。以频率作为变量将它们表达出来，就称为阻抗谱或导纳谱。阻抗和导纳分别用 Z 和 Y 表示，其对应的表达式分别为式（2-17）和式（2-18）。

$$Z = \frac{\Delta E}{\Delta I} \tag{2-17}$$

$$Y = \frac{\Delta I}{\Delta E} \tag{2-18}$$

一个纯正弦波电压可以表示为

$$e = E\sin \omega t \tag{2-19}$$

式中，ω 为角频率，它是 2π 乘以以赫兹表示的常规频率值，即 $\omega=2\pi f$。

对一个纯电阻 R，其上施加式（2-19）表示的正弦电压时，根据欧姆定律，响应电流是

$$I = (E/R)\sin \omega t \tag{2-20}$$

对于一个纯电容 C，当施加正弦电压 e 时，由于 $I = C\cdot(\mathrm{d}e/\mathrm{d}t)$，因此，

$$I = \omega CE\cos \omega t \tag{2-21}$$

$$\text{或}\ I = \frac{E}{X_\mathrm{C}}\sin\left(\omega t + \frac{\pi}{2}\right) \tag{2-22}$$

式中，$X_\mathrm{C} = \dfrac{1}{\omega C}$ 称为容抗；相角是 $\pi/2$。

相似地，可以导出纯电感 L 的阻抗为 $j\omega L$。电阻、容抗、感抗均属于阻抗的范围。阻抗可以表示成实-虚平面的矢量，或写作复数形式：

$$Z = A + jB \tag{2-23}$$

Z 可以由模$|Z|$和相角 ϕ 来定义。

在实数轴和虚数轴上的分量为

$$A = |Z|\cos\phi \tag{2-24}$$

$$B = |Z|\sin\phi \tag{2-25}$$

阻抗的模表示它的振幅，$|Z|$、ϕ 也可以由 A、B 表示：

$$|Z| = \sqrt{A^2 + B^2} \tag{2-26}$$

$$\tan\phi = \frac{B}{A} \tag{2-27}$$

2. 等效电路与阻抗谱图

对一个电极进行电化学阻抗谱测量时，电极表面进行双电层周期性的充、放电过程和电极反应速率周期性的变化过程，前者称为非法拉第过程，而后者称为法拉第过程。因此，此时电极表面的阻抗相当于由非法拉第阻抗 Z_{NF} 和法拉第阻抗 Z_F 互相并联而形成的电路。当然，这个并联的电路前面还要有一个由参比电极与溶液之间引起的电阻。可以用图 2-12 来表示这种电路。

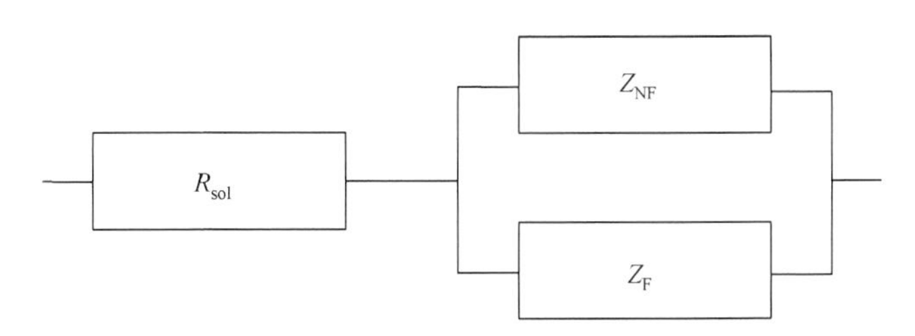

图 2-12　阻抗测量时电极系统的电路示意图

通常用一个电容器 C_{dl} 表示非法拉第阻抗 Z_{NF}，这是因为通常认为电极表面的双电层在受到极化电位或极化电流扰动时所发生的非法拉第过程如同一个平板电容器充放电过程受到的扰动一样，所以可以用一个等效电容 C_{dl} 来表示［图 2-13（a)］，但是应该注意的是，这是指单位电极表面积上的数值，所以等效电容 C_{dl} 的-量纲与普通线性电学元件电容器的电容量相比，要有面积元素。溶液电阻 R_{sol} 和图 2-13（b）

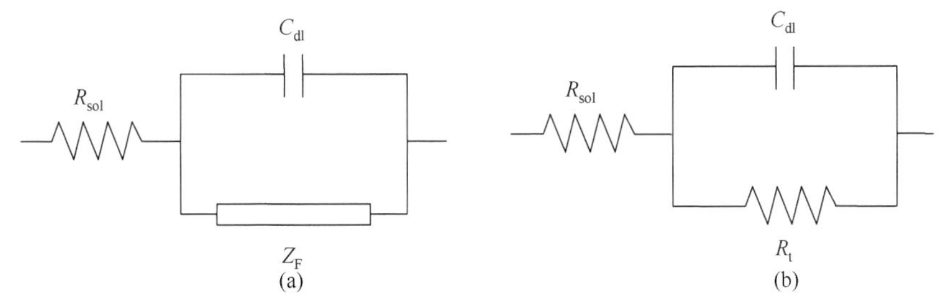

图 2-13　电极反应过程的线性化模型

（a）一般情况；（b）单个时间常数的情况

中的 R_t 也是等效元件，它相当于单位面积电极表面的电阻，因此它的单位是 $\Omega\cdot cm^2$。在线性的电学元件中除了电容器和电阻器外，还有电感器，它通常用符号 L 表示；同样，在等效元件中也有等效电感，它的单位用 $H\cdot cm^2$ 表示。因此，相应于三种线性的电学元件，都有相应的等效元件。

等效电阻 R 的阻抗只有实部，没有虚部；等效电容 C 的阻抗只有虚部，而且是正值；等效电感 L 的阻抗只有虚部，且是负值。

但实际上，还有一种没有相应线性电学元件的等效元件，它称为常相位角元件，用符号 CPE 或 Q 表示，它也如 C_{dl} 一样，是非法拉第过程引起的导纳，但由于电极表面粗糙及能量耗散等原因使它的阻抗谱表现得与 C_{dl} 的阻抗谱有所不同。它的阻抗为

$$Z = \frac{1}{Y_0}(j\omega)^{-n} \tag{2-28}$$

式中，n 为弥散指数，小于 1。将上式展开后可以得到它阻抗的实部和虚部，其实部为

$$Z_{Re} = \frac{\omega^{-n}}{Y_0}\cos\left(\frac{n\pi}{2}\right) \tag{2-29}$$

其虚部为

$$Z_{Im} = \frac{\omega^{-n}}{Y_0}\sin\left(\frac{n\pi}{2}\right) \tag{2-30}$$

电极过程总的阻抗可以用由等效元件串联和并联组成的电路阻抗来表示，这种由等效元件组成的电路就称为等效电路。图 2-13（b）就是一幅等效电路图。图中，R_{sol} 表示参比电极的鲁金毛细管口到被测电极的溶液电阻（相当于单位面积被测电极的数值），C_{dl} 表示电极表面双电层的电容，R_t 表示电荷转移电阻。

在将线性元件组成电路时，如果是串联的电路，就将互相串联部分的阻抗相加，得出总的阻抗；如果是并联的电路，就将互相并联部分的导纳相加，得出总的导纳。若用 Z 表示电极表面的阻抗，则

$$Z = \frac{1}{Y} = \frac{1}{Y_{NF} + Y_F} \tag{2-31}$$

实际上在电化学阻抗谱的测量结果中，在用来测量的参比电极与被测的电极之间总是不可避免有溶液电阻，因此最后测到的阻抗谱结果中总是包含溶液电阻 R_{sol}，但好在它是等效电阻，只有阻抗的实部，因此我们只需讨论不同情况下的电极表面阻抗 Z，最后在其实部加上溶液电阻 R_{sol}，就可以得到总的阻抗了。

将阻抗谱的测量结果在一定的坐标体系下用曲线或实验点表示有两种常用的方法。一种叫奈奎斯特（Nyquist）图，这种图是用 Z_{Im} 作为纵轴，用 Z_{Re} 作为横轴绘制的阻抗谱图。例如，如果电极过程可以用图 2-13（b）作为等效电路来表示，

则电极表面阻抗的倒数即导纳 Y 应该是非法拉第过程等效元件 C_{dl} 的导纳和法拉第过程等效元件 R_t 的导纳相加。

$$Y=\frac{1}{Z}=\frac{1}{R_t}+j\omega C_{dl}=\frac{1+j\omega C_{dl}}{R_t} \tag{2-32}$$

由此根据式（2-31）得到电极的阻抗为

$$Z=\frac{R_t}{1+j\omega R_t C_{dl}}=\frac{R_t}{1+(\omega R_t C_{dl})^2}-j\frac{\omega R_t^2 C_{dl}}{1+(\omega R_t C_{dl})^2} \tag{2-33}$$

$$|Z|=\sqrt{Z_{Re}^2+Z_{Im}^2}=\frac{R_t}{\sqrt{1+(\omega R_t C_{dl})^2}} \tag{2-34}$$

$$\tan\varphi=\frac{Z_{Im}}{Z_{Re}}=\omega R_t C_{dl} \tag{2-35}$$

当 $\varphi=\pi/4$ 时，$\tan\varphi=1$，

$$\omega=\frac{1}{R_t C_{dl}} \tag{2-36}$$

由于 R_tC_{dl} 是电极表面瞬态过程的时间常数，因为上式所表示的角频率是电极表面瞬态过程时间常数的倒数，通常就称这个频率为特征频率，并且用 ω^*表示。

可以证明，式（2-33）的实部 Z_{Re} 和虚部 Z_{Im} 之间的关系符合下列方程式：

$$\left(Z_{Re}-\frac{R_t}{2}\right)^2+Z_{Im}^2=\left(\frac{R_t}{2}\right)^2 \tag{2-37}$$

这是一个以 $\left(\frac{R_t}{2},0\right)$ 为圆心、以 $\frac{R_t}{2}$ 为半径的圆的方程式，但是由于根据式（2-32）和式（2-33），Z_{Re} 和 Z_{Im} 都不应该出现负值，所以阻抗谱的数据应该都在阻抗谱图的第一象限。另外，实际上阻抗的实部还应该加上等效电阻 R_{sol}，所以相应于等效电路图 2-13（b）的阻抗谱图如图 2-14 所示。注意到图 2-14 上的半圆具有如下的特点：在 $\omega\to 0$ 时和 $\omega\to\infty$ 时，Z_{Im} 都为 0，但是在 $\omega\to\infty$ 时，式（2-33）的实

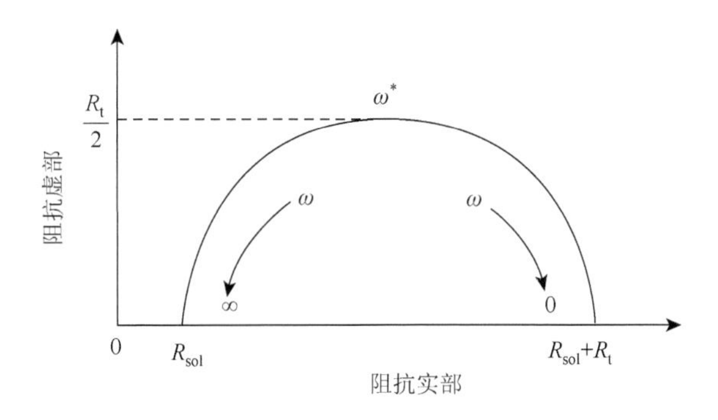

图 2-14　相应于等效电路图 2-13（b）的 Nyquist 图

部也为 0，因此这时总的阻抗即为 R_{sol} 的数值，而在 $\omega \to 0$ 时，总的阻抗实部为 $R_{sol}+R_t$，由此可以分别得到 R_{sol} 和 R_t 的数值。还应注意的是，此时虽然相应于特征频率 ω^* 的相位角 ϕ 小于 $\pi/4$，但是 ϕ 和 $\tan\phi$ 的数值仍然是相应于所有频率中的最大值。由特征频率 ω^* 和 R_t 的数值可以计算出 C_{dl} 的数值。

电化学阻抗谱的另一表示方法为伯德（Bode）图。如果用阻抗的模值 $|Z|$ 作为纵坐标，用 $\lg f$ 或 $\lg\omega$ 作为横坐标作图，同时用相位角 ϕ 对 $\lg f$ 或 $\lg\omega$ 作图，就得到阻抗的 Bode 图。图 2-15 为相应于阻抗谱图 2-14 的 Bode 图。由幅频特性曲线的高频端和低频端的水平直线的纵坐标可以求出 R_t 和 R_{sol}，在中间频率范围内，$\lg|Z|$-$\lg\omega$ 呈斜率为-1 的直线，直线外推到 $\omega=1$，此时 $|Z|=1/C_{dl}$，故可求出 C_{dl}。也可以由相频特性曲线中 ϕ 为 $\pi/4$ 所对应的角频率 ω 求出 C_{dl}。

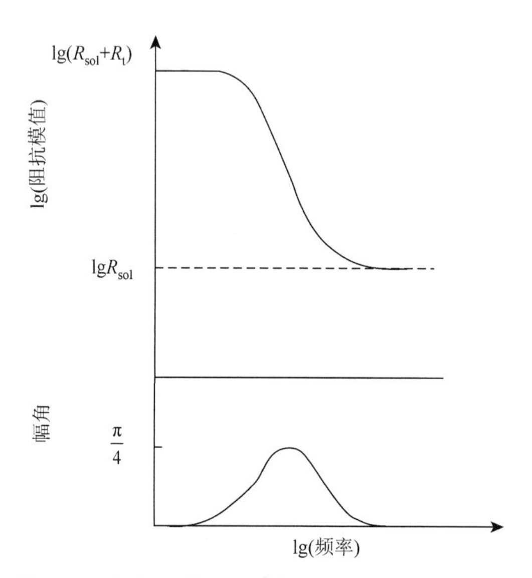

图 2-15　相应于等效电路图 2-13（b）的 Bode 图

在不可逆的电极过程中，往往由于法拉第电流密度比电极反应的交换电流密度大得多，电极表面附近反应物的浓度与溶液本体中的浓度会有明显的差别，因此在溶液中就有一个反应物从溶液本体向电极表面扩散的过程。这个扩散过程会在电化学阻抗谱上反映出来。当存在浓差极化的情况下，法拉第阻抗由两部分组成，一部分是电荷传递电阻 R_t，另一部分称为 Warburg 阻抗，即浓差极化阻抗。Warburg 阻抗是反映浓差和扩散对电极反应影响的阻抗，它有着复数的形式。图 2-16 是浓差极化不可忽略时电极系统的等效电路示意图。

Warburg 阻抗可由下式表示：

$$W = \frac{\sigma}{\sqrt{\omega}} - j\frac{\sigma}{\sqrt{\omega}} \tag{2-38}$$

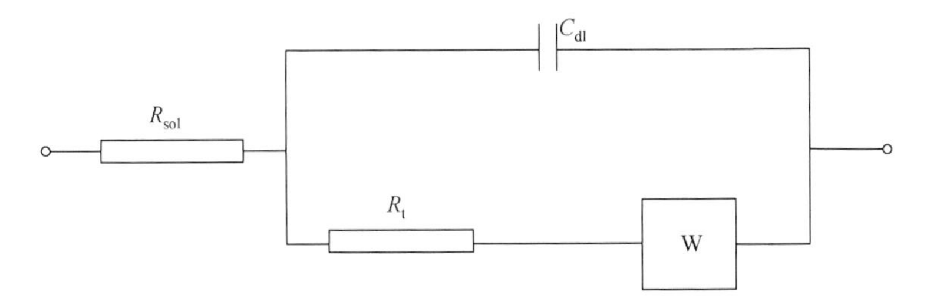

图2-16　浓差极化不可忽略时的电极等效电路

式中，σ 是 Warburg 系数。

$$\sigma = \frac{RT}{n^2F^2\sqrt{2}}\left(\frac{1}{C_0^0\sqrt{D_0}} + \frac{1}{C_R^0\sqrt{D_R}}\right) \tag{2-39}$$

式中，C_0^0、D_0 及 C_R^0、D_R 分别表示反应物和产物的主体浓度及扩散系数。

式（2-38）表明在任一频率 ω 时，浓差极化阻抗的实数部分与虚数部分相等，且和 $1/\sqrt{\omega}$ 成比例。在复数平面图上，Warburg 阻抗由与轴成 45°的直线表示。高频时 $1/\sqrt{\omega}$ 的值很小，且 Warburg 阻抗主要描述的是涉及扩散的物质传递过程，因此它仅仅在低频时能观察到。

图 2-17 为表示具有浓差极化阻抗的图 2-16 所示电化学等效电路阻抗轨迹。在高频段，是以 R_t 为直径的半圆，半圆与实轴相交于 R_{sol} 处。在低频段，曲线从半圆转变成一条倾斜角为 45°的直线，将这一直线延长到虚部为零时，与实轴相交于 $R_{sol}+R_t-2\sigma^2C_{dl}$ 处。

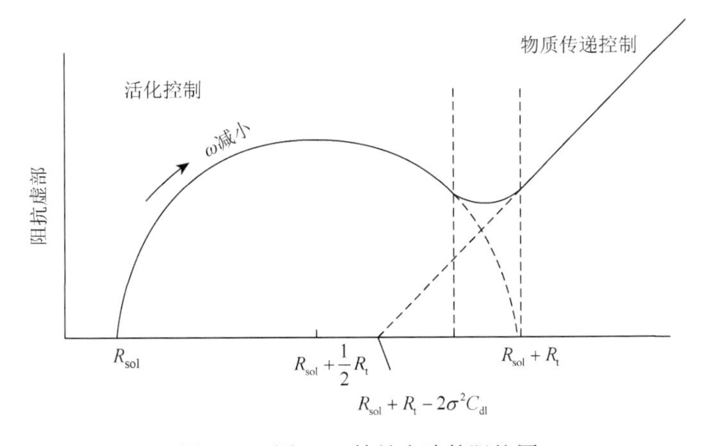

图2-17　图2-16等效电路的阻抗图

虽然在有 Warburg 阻抗情况下，测不到极化电阻 R_p，但是从容抗弧外延可以粗略地测出 R_t，而事实上 R_t 更为有用。另外，阻抗谱图上出现 Warburg 阻抗，可以证明扩散过程是电极过程的重要控制步骤。

除了最常见的平面电极半无限扩散过程引起 Warburg 阻抗（等效元件 W）外，还有平面电极的有限层扩散阻抗（等效元件 O）和平面电极的阻挡层扩散阻抗（等效元件 T)。由于详细推导这两种扩散阻抗的表达式很复杂，在这里就不介绍了，只在图 2-18 和图 2-19 分别显示在没有其他表面状态变量 X_i 的情况下而有这两种扩散阻抗时的典型阻抗谱图。

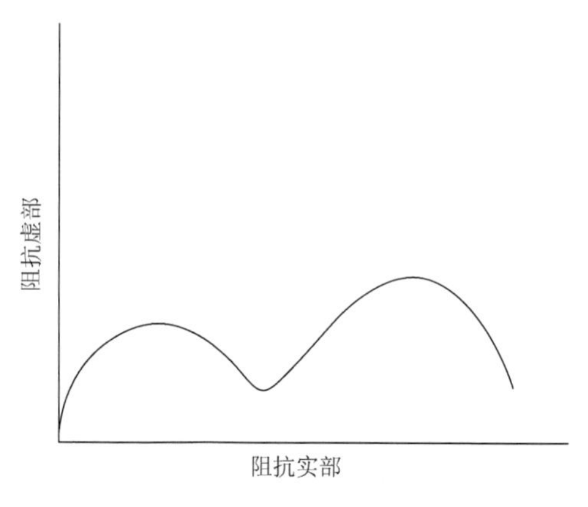

图 2-18　典型的具有有限层扩散阻抗的阻抗谱图

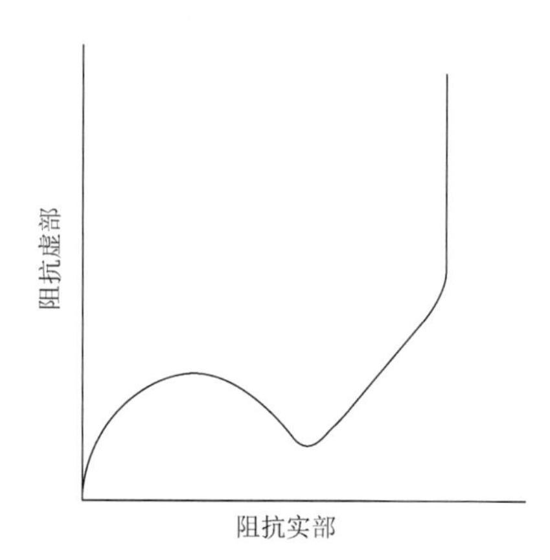

图 2-19　典型的具有阻挡层扩散阻抗的阻抗谱图

有限层扩散是指滞流层的厚度为有限值，即当离开电极表面的距离为 $x=l$ 时，$\Delta c=0$。此处 l 为有限值。这应该是在溶液受到剧烈搅拌使得滞流层的厚度很小、只能作为有限值而不能作为无限值处理的情况下出现。在典型的有限层扩散阻抗图 2-18 上，低频下的阻抗曲线粗看起来像是一个容抗弧，但实际上在高频的容抗弧后，有一段曲线是像 Warburg 阻抗那样的倾斜角为 π/4 的直线，然后再在很低频率下却像容抗弧那样转向实轴，只不过倾斜角为 π/4 的直线段比较短，所以整个阻抗曲线往往使人认为是有一个比较大的低频容抗弧。由于阻抗谱曲线在 $\omega \to 0$ 时与实轴相交，所以可以测出形式上的极化电阻 R_p，可以证明，它的数值应该为

$$R_p = R_t\left(1+\frac{\gamma|I_F|l}{nFC_sD}\right) \tag{2-40}$$

式中，l 为滞流层的厚度。

如果在离电极表面距离为 l 处有一个壁垒阻挡扩散的物质流入，于是扩散过程只能在厚度为 l 的溶液层中进行，我们称这种扩散过程为阻挡层扩散（等效元

件 T)。典型的具有阻挡层扩散阻抗的阻抗谱图见图 2-19。阻抗谱曲线的特点是：从高频的容抗弧到低频时出现一段像 Warburg 阻抗那样的倾斜角为 π/4 的直线，然后在很低的频率下就像不能通过直流电电容器的阻抗那样，成为平行于虚轴的垂直线，因此在这种情况下也无法测出极化电阻 R_p。

2.3.2 应用实例

溶解氧还原反应涉及电荷传递和传质过程，从以上有关电化学阻抗谱法的介绍中，可以看出电荷转移和扩散过程在阻抗谱图中有其各自特点，因而电化学阻抗谱法可用于溶解氧还原反应的研究中。与腐蚀研究中电化学阻抗谱的设定 E_{corr} 为测试电位不同，在溶解氧还原反应研究中需将电位设定为反应电位。对应图 2-7 所示的循环伏安曲线，我们获得了不同电位下的电化学阻抗谱。图 2-20 为玻碳电极在氮气饱和 3.5% NaCl 溶液中于不同电位下的 Nyquist 图，从图中可以看出，Nyquist 图在−1.20～−0.45V 电位下的半圆弧直径远远大于−1.40～−1.25V 电位下的半圆的直径。质子转移是造成半圆弧直径突然降低的原因，这个结果与循环伏安曲线上−1.40～−1.25V 电位下析氢反应的发生相一致。

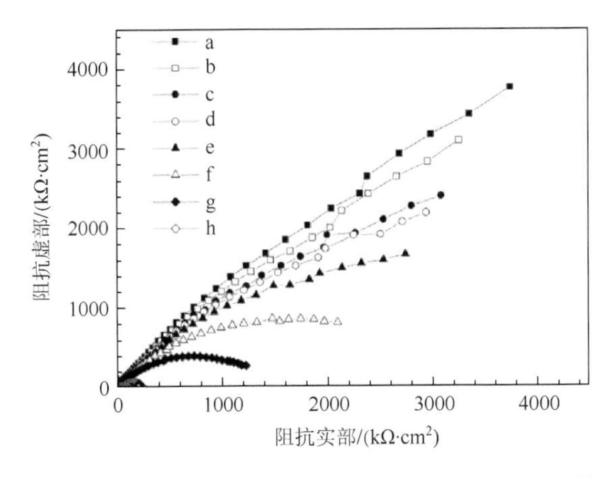

图 2-20　玻碳电极在氮气饱和 3.5% NaCl 溶液中在不同电位下的 Nyquist 图

a. −0.45V；b. −0.70V；c. −1.10V；d. −1.15V；e. −1.20V；f. −1.25V；g. −1.30V；h. −1.40V

图 2-21～图 2-23 分别示出了玻碳电极在氧气饱和 3.5% NaCl 溶液中溶解氧还原反应三个阶段（氧以超氧离子为中间产物的间接二电子还原、氧的直接二电子还原、过氧化氢的二电子还原）的不同电位下的 Nyquist 图。在溶解氧还原反应的第一个阶段，电化学阻抗的 Nyquist 图在电位为−0.35～−0.25V 电位范围表现为半无限扩散，然后在−0.40V 电位下表现为具有实部收缩的有限层扩

散和在−0.45V 电位下的阻挡层扩散。最后，Nyquist 图在−0.50V 电位下重新表现为具有实部收缩的有限层扩散。在溶解氧还原反应的第二个阶段，电化学阻抗谱首先在−0.70～−0.55V 电位范围内表现为半无限扩散，然后在−1.10～−0.80V 电位范围内表现为具有实部收缩现象的有限层扩散。在溶解氧还原反应的第三个阶段，电化学阻抗谱首先在电位范围为−1.45～−1.20V 电位范围内表现为具有实部收缩现象的有限层扩散，然后在−1.60～−1.50V 电位范围内表现为半无限扩散。

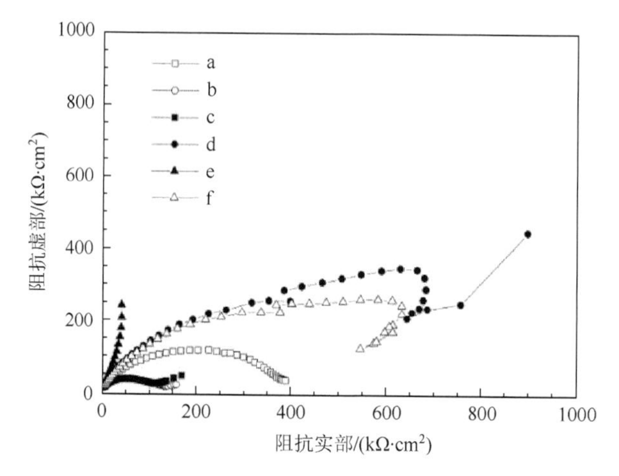

图 2-21　玻碳电极在氧气饱和 3.5% NaCl 溶液中在不同电位下的 Nyquist 图

a. −0.25V；b. −0.30V；c. −0.35V；d. −0.40V；e. −0.45V；f. −0.50V

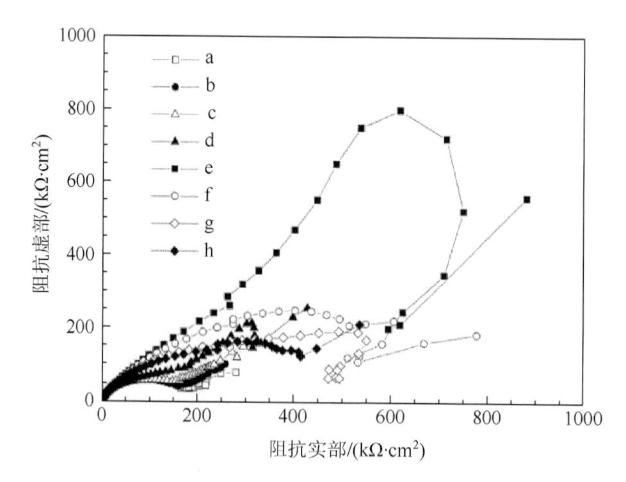

图 2-22　玻碳电极在氧气饱和 3.5% NaCl 溶液中在不同电位下的 Nyquist 图

a. −0.55V；b. −0.60V；c. −0.65V；d. −0.70V；e. −0.80V；f. −0.90V；g. 1.00V；h. −1.10V

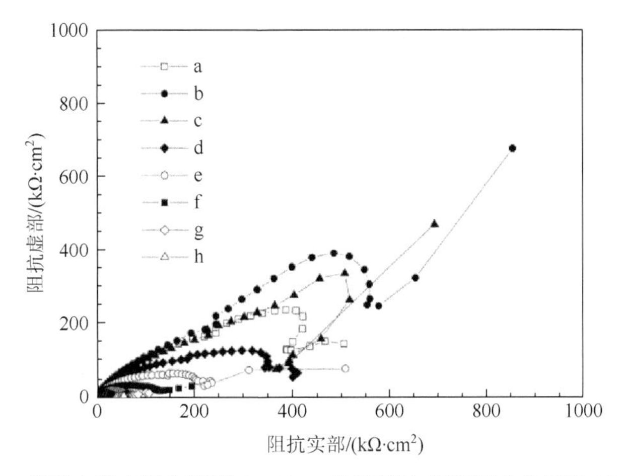

图 2-23　玻碳电极在氧气饱和 3.5% NaCl 溶液中在不同电位下的 Nyquist 图

a. –1.30V；b. –1.35V；c. –1.40V；d. –1.45V；e. –1.50V；f. –1.55V；g. –1.60V；h. –1.65V

电化学阻抗谱的这些变化是由溶解氧还原反应的产物造成的。在第一步反应中，氧气经由超氧离子还原成为过氧化氢。在溶解氧还原反应的初始阶段的–0.35～–0.25V 电位范围内，电化学阻抗谱表现为半无限扩散。随着体系中超氧离子的增加，在–0.40V 电位下出现了具有实部收缩现象的有限层扩散。当溶解氧还原反应达到峰电流的电位–0.45V 时，吸附在电极表面上的超氧离子的浓度达到最大，相应的电化学阻抗谱的特征也表现为阻挡层扩散。在电位达到–0.50V 时，超氧离子转化成过氧化氢吸附在电极表面。过氧化氢的吸附导致电化学阻抗谱表现为具有实部收缩的有限层扩散。溶解氧还原反应的第二个阶段为吸附在电极表面的氧气被还原成过氧化氢。吸附在电极表面的过氧化氢导致在电位范围为–0.70～–0.55V 的半无限扩散和–1.10～–0.80V 电位范围内的具有实部收缩现象的有限层扩散。但是阻挡层扩散过程在第二步反应过程中没有发生，说明吸附在电极表面上的过氧化氢和超氧离子对电化学阻抗谱的作用不同。在第三步溶解氧还原反应过程中，过氧化氢被还原成水。在–1.45～–1.30V 的电位范围内，电化学阻抗谱由于吸附的过氧化氢的作用表现为具有实部收缩的有限层扩散。在更负的电位下（–1.55V），由于质子传递过程为主要的反应控制步骤，电化学阻抗谱的扩散表达为半无限扩散特征。

采用如图 2-24 所示的等效电路对电化学阻抗谱进行拟合，图中 R_{sol}、R_t、Z_W、C_{dl} 的代表意义同 2.3.1 节中所述，n_{dl} 为双电层电容的 Cole-Cole 常数。该等效电路的阻抗可用方程式（2-41）和式（2-42）进行表达，式中，R_d 为扩散电阻，T 为常数，f 为频率。拟合后获得的电荷转移电阻随电位的变化曲线如图 2-25 所示，可以看出在溶解氧还原反应的第二和第三个阶段中，电荷转移电阻几乎完全相同，在第一步溶解氧还原反应过程中存在一最大值。R_t 达到最大值的电位为–0.45V，在这个电位下阻挡层扩散现象也已经发生，这表明超氧离子能够阻挡电极表面的电子传递过程。图 2-26 为计算出来的扩散电阻与电极电位的关系曲线，与溶解氧还原反应的三个还原峰相对应，电极表面的扩散电阻在−0.45V、−0.90V 和−1.40V 电位下具有三个峰值。在−0.45V 电位下，氧气还原生成的超氧离子的浓度达到最大，由于超氧离子对氧气的扩散的阻挡作用导致此电位下的扩散电阻在第一步反应中最大。在−0.90V 和−1.40V 电位下的极大值是电极表面吸附的过氧化氢所导致的，这与此电位下电化学阻抗所表现出的有限层扩散相一致。从图 2-25 和图 2-26 的结果中可以看出，与过氧化氢相比较，超氧离子对电子转移电阻的影响要大，对扩散电阻的影响要小。

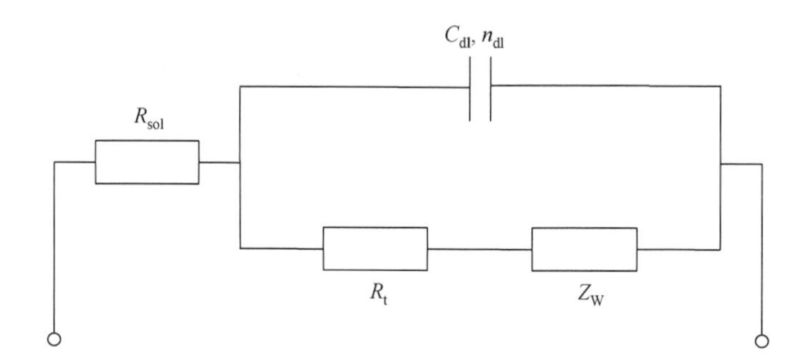

图 2-24 玻碳电极表面溶解氧还原反应的电化学阻抗图的等效电路

$$Z(f) = R_S + \frac{R_t + Z_W(f)}{1 + \{[R_t + Z_W(f)]i2\pi f C_{dl}\}^{n_{dl}}} \tag{2-41}$$

$$Z_W(f) = R_d \frac{\tanh\sqrt{i2\pi fT}}{\sqrt{i2\pi fT}} \tag{2-42}$$

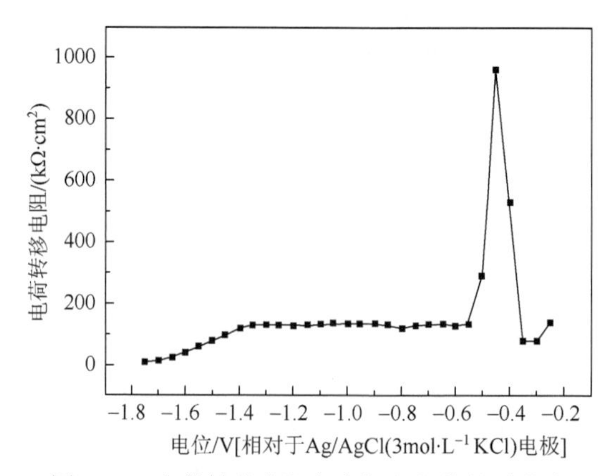

图 2-25 电荷转移电阻与电极电位的关系曲线

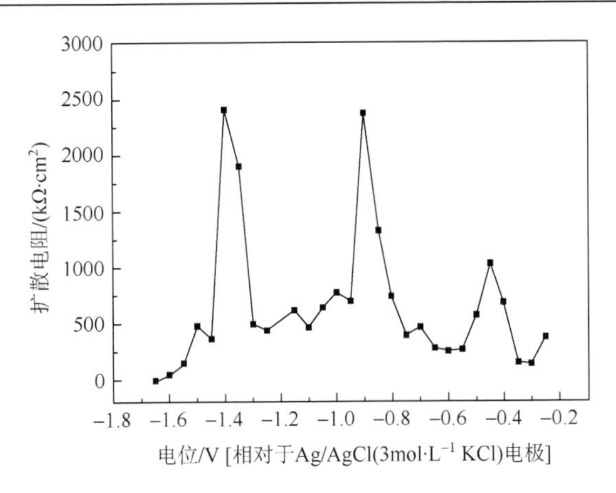

图 2-26　扩散电阻与电极电位的关系曲线

2.4　旋转圆盘电极法

2.4.1　基本原理

1. 概念

较早，人们就观察到在搅拌的溶液中，稳态下的电流-电位曲线中的极限电流和扩散电流，比用循环伏安法测到的自然对流状态下的固定电极的电流大得多，而且因电位扫描速度而发生的变化较小。但是，用搅拌溶液的方法难以使对流状态保持恒定，与此相比，用旋转电极的方法容易实现向电极表面上的稳定的对流传质。Nernst 等最早使用了旋转电极的方法来测定电流-电位曲线，用旋转铂电极研究硫、溴等的还原反应。但是，当时他们还没有意识到电极形状的重要性。

Kolthoff 等把 Pt 线封入玻璃管，做成旋转圆柱电极用于各种各样的电化学研究，但是从电极的形状来考虑，在旋转圆柱电极上进行的反应，由于电极表面流体的流动方式非常复杂，难以从理论上解析其电流值等结果。

电流-电位曲线测定的再现性好，而且得到的曲线可以用来进行定量分析的电极体系即旋转圆盘电极（rotation disk electrode，RDE）是由 Levich 等研究出来的。

这样的圆盘电极与以前的各种旋转电极比较，具有流体力学的计算简单、理论上可以进行解析等特点。

目前，RDE 已经商品化，其制作也相对简单，通常将所要研究的电极圆柱嵌入聚四氟乙烯、环氧树脂或其他塑料中，并保证电极材料和绝缘套之间不能有溶液渗漏。图 2-27 为 PINE 公司生产的玻碳、金、铂旋转圆盘电极的数码照片，工作时，将其直接装在电动机上，用卡盘或扰性旋转轴等使其在一定频率f下旋转。旋转电极通过电刷与电化学测试系统进行连接，碳-银是常用的一种电接触材料。

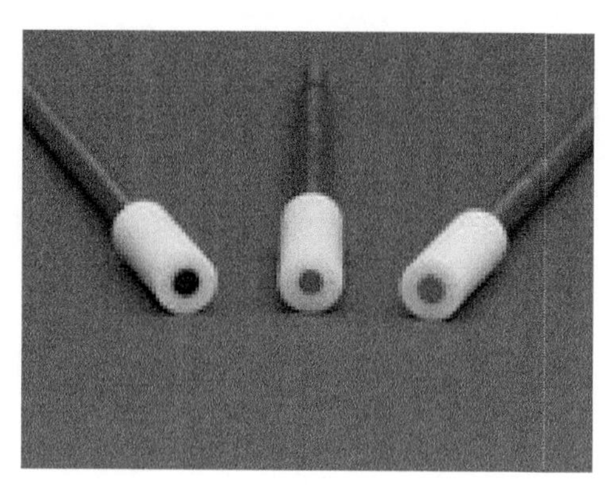

图 2-27　PINE 公司生产的玻碳（左）、金（中）、铂（右）旋转圆盘电极的数码照片

2. RDE 上的速度分布

旋转的圆盘拖着其表面上的液体，并在离心力的作用下把溶液由中心沿径向甩出，圆盘表面的液体由垂直流向表面的液流补充。法向流速（v_y）和径向流速（v_r）随距离的变化曲线如图 2-28 所示，靠近圆盘表面，$y \to 0$（或$\gamma \to 0$），这些速度是

$$v_y = (\omega v)^{1/2}(-a\gamma^2) = -0.51\omega^{3/2}v^{-1/2}y^2 \qquad (2\text{-}43)$$

$$v_r = r\omega(a\gamma) = 0.51\omega^{3/2}v^{-1/2}ry \qquad (2\text{-}44)$$

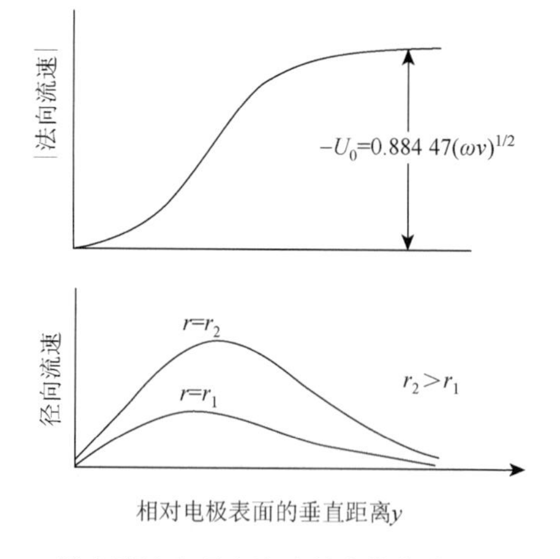

图 2-28　法向流速和径向流速的变化作为 y 和 r 的函数

图 2-29 显示了流速的矢量表示法。在 y 方向极限速度（U_0）为

$$U_0 = \lim_{y\to\infty} v_y = -0.884\,47(\omega v)^{1/2} \tag{2-45}$$

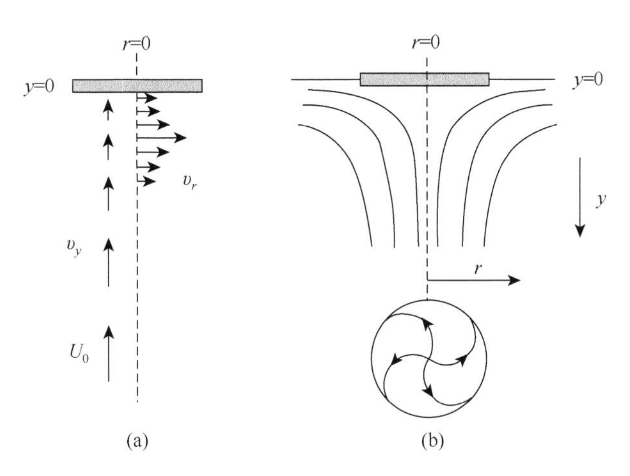

图 2-29　（a）旋转圆盘附近的流速的矢量表示；（b）总流线（或流动）的示意图

当 $\gamma = (\omega/v)^{1/2} y = 3.6$，$v_y \approx 0.8U_0$ 时，对应的距离 $y_h = 3.6(v/\omega)^{1/2}$ 称为流体动力学（有时也称为动量或普兰特，Prandtl）边界层厚度，粗略地表示被旋转圆盘所拖带的液层厚度。

3. Levich 方程

为了获得 RDE 的电流-电位关系，特别是作为旋转速率和反应物浓度函数的极限电流密度的表达式，需要利用 Fick 第二定律来给出反应物浓度随时间的变化方程式。在稳态条件下，当电极表面反应物的浓度为零，扩散-对流层内的浓度分布不再随时间变化时，扩散速率等于对流速率。在此条件下，由扩散和对流引起的三维方向上反应物浓度随时间变化可分别用式（2-46）和式（2-47）表示。

$$\left(\frac{\partial C_O}{\partial t}\right)_{\text{diffusion}} = D_O\left[\frac{\partial^2 C_O}{\partial x^2} + \frac{\partial^2 C_O}{\partial r^2} + \frac{1}{r}\left(\frac{\partial C_O}{\partial r}\right) + \frac{1}{r^2}\left(\frac{\partial^2 C_O}{\partial \phi^2}\right)\right] \tag{2-46}$$

$$\left(\frac{\partial C_O}{\partial t}\right)_{\text{convection}} = -\left[v_r\left(\frac{\partial C_O}{\partial r}\right) + \frac{v_\phi}{r}\left(\frac{\partial C_O}{\partial \phi}\right) + v_x\left(\frac{\partial C_O}{\partial x}\right)\right] \tag{2-47}$$

由于稳态下，扩散速率等于对流速率，则

$$D_O\left[\frac{\partial^2 C_O}{\partial x^2} + \frac{\partial^2 C_O}{\partial r^2} + \frac{1}{r}\left(\frac{\partial C_O}{\partial r}\right) + \frac{1}{r^2}\left(\frac{\partial^2 C_O}{\partial \phi^2}\right)\right] = v_r\left(\frac{\partial C_O}{\partial r}\right) + \frac{v_\phi}{r}\left(\frac{\partial C_O}{\partial \phi}\right) + v_x\left(\frac{\partial C_O}{\partial x}\right) \tag{2-48}$$

由于反应物浓度不是切向和径向矢量的函数，所以式（2-48）可以简化为式（2-49）。式中 v_x 可进一步用式（2-50）进行表达，所以结合式（2-49）和式（2-50），可以得到式（2-51）。当 $x=\infty$时，反应物浓度等于体相浓度（$C_\text{O}=C_\text{O}^\text{o}$）；当电极表面反应物的浓度降到零时（$x=0$ 处 $C_\text{O}^\text{s}=0$），会达到极限扩散状态，电极表面的流速可用式（2-52）进行表达，对应的极限电流密度如式（2-53）（Levich 方程）所示。因此，Levich 方程式适用于 RDE 上完全为物质传递控制的条件。

$$D_\text{O}\frac{\partial^2 C_\text{O}}{\partial x^2}=v_x\left(\frac{\partial C_\text{O}}{\partial x}\right) \tag{2-49}$$

$$v_x=-0.51\omega^{3/2}v^{-1/2}x^2 \tag{2-50}$$

$$\frac{\partial^2 C_\text{O}}{\partial x^2}=-\frac{0.51x^2}{D_\text{O}\omega^{-3/2}v^{1/2}}\left(\frac{\partial C_\text{O}}{\partial x}\right) \tag{2-51}$$

$$\left(\frac{\partial C_\text{O}}{\partial x}\right)_{x=0}=1.1193C_\text{O}^\text{o}\left(\frac{3D_\text{O}\omega^{-3/2}v^{1/2}}{0.51}\right)^{-1/3} \tag{2-52}$$

$$I_\text{DC,O}=nFD_\text{O}\left(\frac{\partial C_\text{O}}{\partial x}\right)_{x=0}=0.62nFD_\text{O}^{2/3}v^{-1/6}\omega^{1/2}C_\text{O}^\text{o} \tag{2-53}$$

以反应 $\text{O}+ne^- \rightleftharpoons \text{R}$ 为例，假使反应可逆，且开始时还原物的浓度为零，根据 Nernst 方程式得到平衡电位［式（2-54）］。当电流恰好等于极限电流的一半时（$i_\text{DC,O}=\frac{1}{2}I_\text{DC,O}$），对应的电位称为半波电位（$E_{1/2}$）。引入半波电位，则式（2-54）可转变为式（2-55）。

$$E=E^\text{o}+\frac{RT}{nF}\ln\left(\frac{D_\text{R}}{D_\text{O}}\right)^{\frac{2}{3}}+\frac{RT}{nF}\ln\left(\frac{i_\text{DC,O}}{I_\text{DC,O}-i_\text{DC,O}}\right) \tag{2-54}$$

$$E=E_{1/2}+\frac{RT}{nF}\ln\left(\frac{i_\text{DC,O}}{I_\text{DC,O}-i_\text{DC,O}}\right) \tag{2-55}$$

半波电位在 RDE 测试中是一评估电化学反应非常有用的参量，但式（2-55）仅适用于可逆反应。当应用于非可逆体系时，需要特别谨慎。

4. Koutechy-Levich 方程

在上述情况下，反应物的电荷转移速率很快，扩散-对流过程来不及弥补消耗掉的反应物，因而电极表面的反应物很快被耗掉，浓度变为零。在非极限电流条件下，电极表面反应物的浓度不为零，电流密度可用式（2-56）进行表示。此时，需要引入动力学参量来建立电流与极限扩散电流之间的关系［式（2-57）］。式中，

$i_{\mathrm{K,O}} = i^{\mathrm{o}} \exp\left(-\frac{(1-\alpha)nF\left(E-E^{\mathrm{eq}}\right)}{RT}\right)$，则可以进一步得到式（2-58），此即知名的 Koutechy-Levich 方程。利用 $1/i$ 对 $\omega^{-1/2}$ 进行作图，所得直线的截距和斜率可以获得 i_{K} 和 $\frac{1}{0.62nFD_{\mathrm{O}}^{2/3}v^{-1/6}C_{\mathrm{O}}^{\mathrm{o}}}$ 的数值，从而为电子转移数、动力学黏度等动力学参数的计算提供了可能。

$$i_{\mathrm{DC,O}} = 0.62nFD_{\mathrm{O}}^{2/3}v^{-1/6}\omega^{1/2}(C_{\mathrm{O}}^{\mathrm{o}} - C_{\mathrm{O}}^{\mathrm{s}}) \tag{2-56}$$

$$\frac{1}{i_{\mathrm{d,O}}} = \frac{1}{i_{\mathrm{k,O}}} + \frac{1}{I_{\mathrm{d,O}}} \tag{2-57}$$

$$\frac{1}{i_{\mathrm{d,O}}} = \frac{1}{i^{\mathrm{o}}} \exp\left(\frac{(1-\alpha)nF(E-E^{\mathrm{eq}})}{RT}\right) + \frac{\omega^{-1/2}}{0.62nFD_{\mathrm{O}}^{2/3}v^{-1/6}C_{\mathrm{O}}^{\mathrm{o}}} \tag{2-58}$$

2.4.2　应用实例

由于旋转圆盘电极技术可以实现电极表面氧分布的调变，而氧的分布与电流密切相关，因而旋转圆盘电极是溶解氧还原反应研究中非常重要的一种手段。其典型应用为通过获得不同旋转速率下的伏安曲线，利用 $1/i$ 对 $\omega^{-1/2}$ 作图，结合 Koutechy-Levich 方程，获得电子转移数等动力学信息，为溶解氧还原反应机理的确定提供基础。

图 2-30 为玻碳电极在 3.5% NaCl 溶液中于不同转速下的伏安曲线，可以看出随着转速的增加，电流密度增大，同时，溶解氧还原反应可划分为三个阶段。在

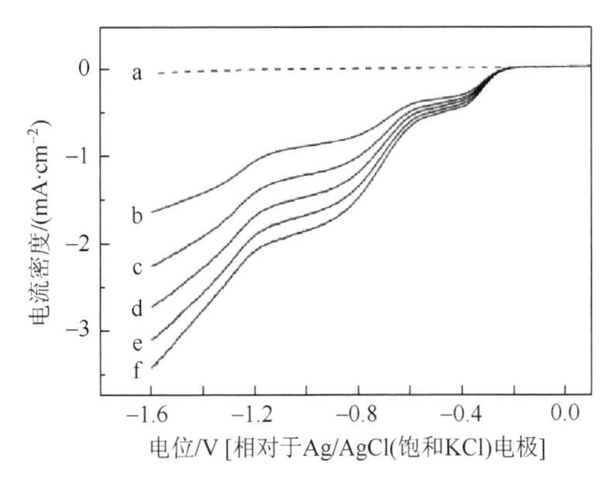

图 2-30　玻碳电极在氮气（曲线 a）和氧气饱和（曲线 b～曲线 f）3.5% NaCl 溶液中不同转速下的旋转圆盘电极伏安曲线

a. $400\mathrm{r\cdot min^{-1}}$；b. $200\mathrm{r\cdot min^{-1}}$；c. $400\mathrm{r\cdot min^{-1}}$；d. $600\mathrm{r\cdot min^{-1}}$；e. $800\mathrm{r\cdot min^{-1}}$；f. $1000\mathrm{r\cdot min^{-1}}$

不同电位下，以 $1/i$ 对 $\omega^{-1/2}$ 作图，得到 Koutechy-Levich 曲线，图 2-31（a）给出了–0.5V（曲线 a）和–0.9V 电位（曲线 b）下的曲线。可以看出，两个电位下的 Koutechy-Levich 曲线呈良好的线性，且曲线 b 的截距显著小于曲线 a 的，表明–0.9V 电位下溶解氧还原反应的动力学密度大于–0.5V 的。Koutechy-Levich 曲线的斜率为 $\dfrac{1}{0.62nFD_O^{2/3}v^{-1/6}C_O^o}$，在已知 D_O、v 和 C_O 的条件下，可以计算获得电子转移数 n，不同电位下电子转移数随电位的变化曲线如图 2-31（b）所示。当 $E>-0.60V$、$-1.00V<E<-0.80V$、$E<-1.40V$ 时，对应的电子转移数分别为 1.5、2.0 和 4.0 左右，表明溶解氧还原反应的三个阶段分别为：氧以超氧离子作为中间产物的间接二电子还原、氧的直接二电子还原和过氧化氢的还原。

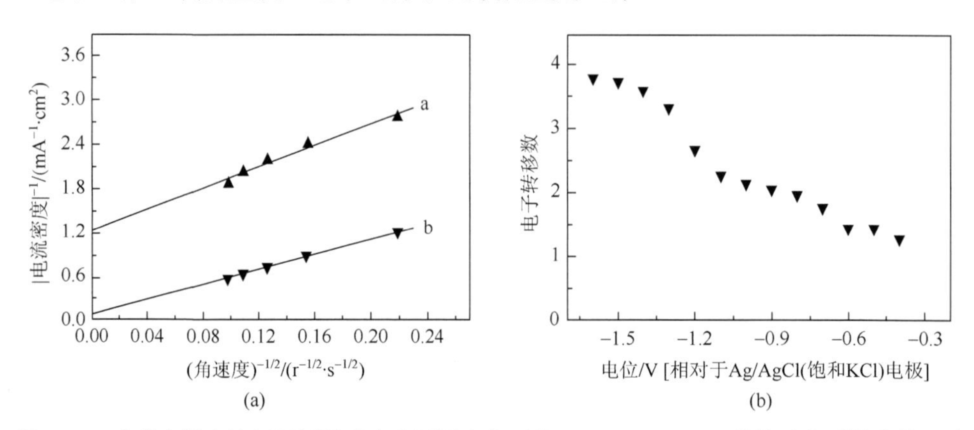

图 2-31　玻碳电极上溶解氧还原反应在不同电位下的 Koutechy-Levich 曲线及电子转移数 n 随电位的变化曲线

a. –0.50V；b. –0.90V

2.5　旋转圆环-圆盘电极

2.5.1　基本原理

与旋转圆盘电极相比，旋转圆环-圆盘电极在圆盘的电极周围增加了一个圆环电极，而并不改变圆盘电极的电流-电位特性。与旋转圆盘电极相同，在实验过程中整个旋转圆环-圆盘体系处于旋转中，旋转的圆环-圆盘拖着其表面上的液体，在离心力的作用下把溶液由中心沿径向甩出，圆环-圆盘表面的液体由垂直流向表面的液流补充。旋转圆环-圆盘电极的优势在于在圆盘上形成的产物将被径向液流带走而通过圆环，如果在圆环上施加一定的电位，可能实现对圆盘上产物的捕获。旋转圆环-圆盘电极的圆环、圆盘分别可以单独工作，圆盘电极单独工作时即 2.4 节所述的旋转圆盘电极，圆环电极单独工作时称旋转圆环电极。在此，我们只介绍圆环、圆盘电极同时工作的情况。

在旋转圆环-圆盘电极上可能进行一些不同类型的实验。最常见的是收集实验，其盘上产生的物质在环上可观察到；以及屏蔽实验，其流到环上的本体电活性物质流受到盘反应的干扰。由于在溶解氧还原反应中，一般使用收集实验，所以，在此只对收集实验进行介绍。

讨论一下这样的实验，盘维持在 E_D 电势，其上发生 $O + ne^- \longrightarrow R$ 反应，产生阴极电流 I_D，环维持足够正的电势 E_R，这样，达到环上的任何 R 都能被氧化，反应为 $R \longrightarrow O + ne^-$，并且在环表面上 R 的浓度完全为零。人们感兴趣的是在此条件下的环电流 I_R，即是在盘上产生的 R 有多少能在环上被收集到。

由圆环电极检测到的 R 的量（xR）强烈地依赖于转速，然而，由于圆环的面积是有限的，不可能捕集到在圆盘电极上产生的所有的 R，因此存在收集率 N 这一参数。对商品化的旋转圆环-圆盘电极来讲，收集率一般为 20%～40%。收集率是由电极的几何结构决定的，取决于圆盘电极半径 r_1、圆环电极内径 r_2 和圆环电极外径 r_3（图 2-32）。

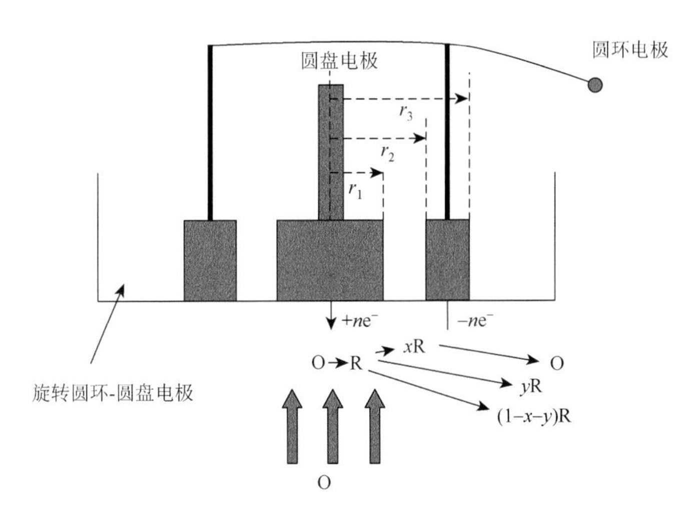

图 2-32　旋转圆环-圆盘电极的结构及电化学反应示意图

收集率代表了圆盘电极上产生的 R 能被圆环电极捕集的百分数，可以通过圆盘和圆环上的电流来获得。如果反应处于稳态，圆环电极上 R 的氧化达到极限电流，且 R 在溶液中能稳定存在不发生化学分解，收集率可以定义为

$$N = \frac{-I_R}{I_D} \tag{2-59}$$

由于旋转圆环-圆盘电极不只限定于某种物质的研究，因此，收集率应是其固有特性，不应随所研究反应的不同而变化。因而，收集率只取决于电极的几

何尺寸（r_1、r_2、r_3），为了获得收集率与几何尺寸之间的关系表达式，需要对稳态环的对流-扩散方程式［式（2-60）］进行求解。式（2-60）的求解，需要设定边界条件。

$$\left(\frac{\partial C_{\mathrm{R}}}{\partial x}\right)=\frac{r}{x}\left(\frac{\partial C_{\mathrm{R}}}{\partial r}\right)-\frac{D_{\mathrm{R}}\omega^{-3/2}\nu^{1/2}}{0.51x^2}\frac{\partial^2 C_{\mathrm{R}}}{\partial x^2} \tag{2-60}$$

（1）首先，假定反应开始时，溶液中不含任何的R，也就是R的体相浓度为零，可写为

$$C_{\mathrm{R}}=0 \quad (x=\infty)$$

（2）在稳态条件下，圆盘电极上的电荷转移速率等于R从圆盘电极的移除速率，因而，电极表面（x=0）的质量平衡可表达为

$$\frac{I_{\mathrm{D}}}{nF}=0.62\pi r_1^2 D_{\mathrm{R}}^{2/3}\nu^{-1/6}\omega^{1/2}C_{\mathrm{R}}^{\mathrm{s}} \quad (0\leqslant r\leqslant r_1) \tag{2-61}$$

式中，$C_{\mathrm{R}}^{\mathrm{s}}$是R在圆盘电极表面的浓度；$\pi r_1^2$是圆盘电极的面积。

（3）在绝缘间隙区没有电流流过，于是，

$$\left(\frac{\partial C_{\mathrm{R}}}{\partial x}\right)_{x=0}=0 \quad (r_1<r<r_2) \tag{2-62}$$

（4）当环上处在极限电流条件下时，

$$C_{\mathrm{R}}=0(x=0) \quad (r_2\leqslant r\leqslant r_3) \tag{2-63}$$

据此四个边界条件，可以获得式（2-64）。

$$\left(\frac{\partial C_{\mathrm{R}}}{\partial x}\right)_{x=0}=\frac{0.4I_{\mathrm{D}}}{nF}\frac{r_1^2 r_2}{r^3}\frac{\left[1-\frac{3}{4}\left(\frac{r_1}{r_2}\right)^3\right]^{1/3}}{\left[1-\left(\frac{r_2}{r}\right)^3\right]^{1/3}\left[1-\frac{3}{4}\left(\frac{r_1}{r}\right)^3\right]} \tag{2-64}$$

圆环极限电流可表达为

$$I_{r,\mathrm{R}}=2\pi nF\int_{r_2}^{r_3}\left(\frac{\partial C_{\mathrm{R}}}{\partial x}\right)_{x=0}r\mathrm{d}r=2\pi nF\frac{0.4I_{\mathrm{D}}}{nF}\int_{r_2}^{r_3}\left\{\frac{r_1^2 r_2}{r^3}\frac{\left[1-\frac{3}{4}\left(\frac{r_1}{r_2}\right)^3\right]^{1/3}}{\left[1-\left(\frac{r_2}{r}\right)^3\right]^{1/3}\left[1-\frac{3}{4}\left(\frac{r_1}{r}\right)^3\right]}\right\}r\mathrm{d}r \tag{2-65}$$

对上式进行重组，得到式（2-66）。式（2-66）表明收集率仅仅是旋转圆环-圆盘电极几何尺寸（r_1、r_2、r_3）的函数，而与转速 ω、溶液动力学黏度 υ、反应物和产物的扩散系数 D、电子转移数 n 等无关。Bard 和 Faulkner 等对式（2-66）进行了处理，得到式（2-67）。式（2-67）表明当圆环电极的面积增大（r_3-r_2 增大）时，收集率增加；绝缘间隙的面积增大（r_2-r_1 增大）时，收集率降低。根据 r_1、r_2 和 r_3 的数值，可以计算收集率。

$$\frac{I_{r,\mathrm{R}}}{I_{\mathrm{D}}}=0.8\pi\int_{r_2}^{r_3}\left\{\frac{r_1^2 r_2}{r^3}\frac{\left[1-\frac{3}{4}\left(\frac{r_1}{r_2}\right)^3\right]^{1/3}}{\left[1-\left(\frac{r_2}{r}\right)^3\right]^{1/3}\left[1-\frac{3}{4}\left(\frac{r_1}{r}\right)^3\right]}\right\}r\mathrm{d}r \qquad (2\text{-}66)$$

$$N=1-F\left(\frac{r_2^3-r_1^3}{r_3^3-r_2^3}\right)+\left(\frac{r_3^3-r_2^3}{r_1^3}\right)^{2/3}\left[1-F\left(\left(\frac{r_2}{r_1}\right)^3-1\right)\right]-\left(\frac{r_3}{r_1}\right)^2\left\{1-F\left[\left(\frac{r_2^3-r_1^3}{r_3^3-r_2^3}\right)\left(\frac{r_3}{r_1}\right)^3\right]\right\}$$

（2-67）

除利用式（2-67）进行计算外，收集率也可实验测得，实验中往往选用 $[Fe(CN)_6]^{4-}/[Fe(CN)_6]^{3-}$、对苯二酚/苯醌、$Br^-/Br^{3-}$ 等可逆氧化还原对，其中，$[Fe(CN)_6]^{4-}/[Fe(CN)_6]^{3-}$ 是最常使用的体系。此时，圆环和圆盘电极上的极限电流的比值的绝对值即为收集率。

2.5.2　应用实例

由于溶解氧还原反应往往涉及过氧化氢这一中间产物，而过氧化氢又可发生电化学氧化，因而旋转圆环-圆盘电极是溶解氧还原反应中非常有效的手段。在圆环电极上施加氧化电位，如果圆盘电极上的溶解氧还原反应产生过氧化氢，其可在旋转作用下流过圆环电极发生氧化，因而为溶解氧还原反应路径的解析提供了便利。此外，还可以对旋转圆环-圆盘电极伏安曲线进行处理，结合已有的溶解氧还原反应模型，计算不同步骤的反应速率常数，从而进一步确定反应机理。在此，我们将以通过聚酰亚胺的多步热解获得的碳合金（含氮，不含任何金属）上的溶解氧还原反应为例[17]，介绍旋转圆环-圆盘电极的应用及数据解析。

图 2-33 为碳合金修饰玻碳电极在氧气饱和的 $0.5\mathrm{mol\cdot L^{-1}}$ H_2SO_4 中于不同转速下的旋转圆环-圆盘电极伏安曲线，可以看出随着转速的增加，盘电流和环电流增

大。根据电子转移数 n 和过氧化氢产率与收集率、环电流、盘电流之间的关系表达式［式（2-68）和式（2-69）］，以 $1600r\cdot min^{-1}$ 转速为例，得到电子转移数和过氧化氢产率随电位的变化曲线（图 2-34）。0.6V 电位下过氧化氢产率为 80%左右，随着电位的负移，过氧化氢产率降低，在 0.05V 时，其值在 72%左右。相应地，电子转移数从 0.6V 时的 2.4 增大到 0.05V 时的 2.8。因此，碳合金修饰玻碳电极上的溶解氧还原反应以二电子和四电子转变并存，且以二电子转变为主。那么，四电子是以什么方式实现的？是直接的四电子还原还是氧先经二电子还原转变为过氧化氢，过氧化氢进一步还原为水？这就需要结合溶解氧还原反应模型进行解析。

$$n = 4I_D \bigg/ \left(I_D + \frac{I_R}{N}\right) \tag{2-68}$$

$$\%(HO_2^-) = \left[\left(\frac{2I_R}{N}\right) \bigg/ \left(I_D + \frac{I_R}{N}\right)\right] \times 100\% \tag{2-69}$$

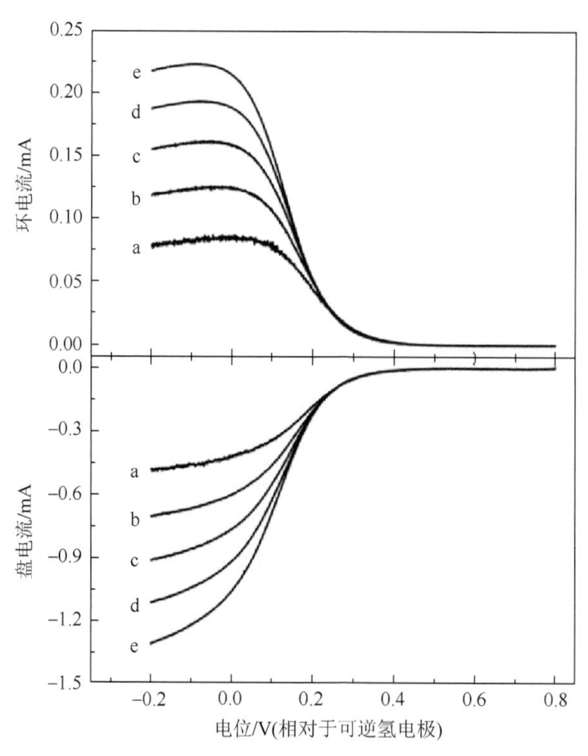

图 2-33 碳合金修饰玻碳电极在氧气饱和的 $0.5mol\cdot L^{-1}$ H_2SO_4 中于不同转速下获得的旋转圆环-圆盘电极伏安曲线

a. $400r\cdot min^{-1}$；b. $900r\cdot min^{-1}$；c. $1600r\cdot min^{-1}$；d. $2500r\cdot min^{-1}$；e. $3600r\cdot min^{-1}$

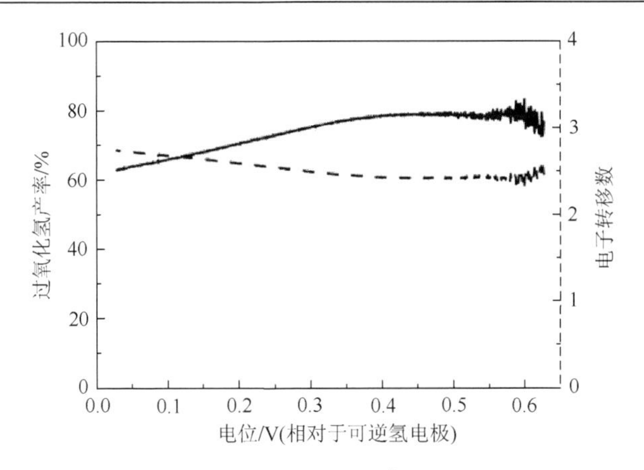

图 2-34　碳合金修饰玻碳电极上溶解氧还原反应的电子转移数和过氧化氢产率随电位的变化曲线

采用 1.2.3 节所示的 Damjanovic 模型，对旋转圆环-圆盘电极伏安曲线进行处理解析。氧和过氧化氢的扩散-对流常数分别用 $Z_A=0.201D_A^{2/3}\nu^{-1/6}$ 和 $Z_B=0.201D_B^{2/3}\nu^{-1/6}$ 表示，k_1、k_2 和 k_3 分别代表氧的直接四电子还原、氧到过氧化氢的二电子还原和过氧化氢的二电子还原三个步骤的反应速率常数。如果圆盘电极上的所有反应处于稳态，那么氧和过氧化氢的质量平衡分别如式（2-70）和式（2-71）所示。式中，C^{o}、C^{s} 分别代表体相浓度和电极表面浓度。那么，总的盘电流 I_D 可用式（2-72）表示。

$$Z_A\omega^{1/2}(C_A^o-C_A^s)=(k_1+k_2)C_A^s \qquad (2\text{-}70)$$

$$k_2C_A^s=Z_B\omega^{1/2}C_B^s+k_3C_B^s \qquad (2\text{-}71)$$

$$I_D=4F\pi r_1^2k_1C_A^s+2F\pi r_1^2k_2C_A^s+2F\pi r_1^2k_3C_B^s \qquad (2\text{-}72)$$

如果反应开始时，溶液中不存在过氧化氢，那么从圆盘电极离开的过氧化氢的扩散电流可以表达为

$$I_{D,B}=2F\pi r_1^2B_B\omega^{1/2}C_B^s \qquad (2\text{-}73)$$

根据收集率的定义，环电流的表达如下式所示：

$$I_R=I_{D,B}N=2F\pi r_1^2B_B\omega^{1/2}C_B^sN \qquad (2\text{-}74)$$

联合上三式，可得

$$\frac{I_D}{I_R}=\frac{1}{N}\left(1+\frac{2k_1}{k_2}\right)+\frac{2k_3}{B_BN}\left(1+\frac{k_1}{k_2}\right)\omega^{-1/2} \qquad (2\text{-}75)$$

如果 k_3 很小，产生的过氧化氢不能进一步被还原为水，那么式（2-75）所示的曲线的斜率为零，因而使得 $\frac{I_D}{I_R}$ 与转速无关。此时曲线的截距与电位有关，可以

获得$\frac{k_1}{k_2}$对电位的函数关系。如果$\frac{I_D}{I_R}$对$\omega^{-1/2}$的曲线为一直线，斜率和截距分别为$\frac{2k_3}{B_{H_2O_2}N}\left(1+\frac{k_1}{k_2}\right)$和$\frac{1}{N}\left(1+\frac{2k_1}{k_2}\right)$，那么可以获得 k_3 和$\frac{k_1}{k_2}$对电位的函数关系。如果溶解氧还原反应以二电子转变为主，即 $k_2 \gg k_1$，那么$\frac{I_D}{I_R}$对 $\omega^{-1/2}$ 的曲线的截距在任何电位下都接近$\frac{1}{N}$。如果溶解氧还原反应是直接四电子反应，即 $k_1 \gg k_2$，极限盘电流可表达为

$$I_{D,A} = 4F\pi r_1^2 B_A \omega^{1/2} C_A^o \tag{2-76}$$

在任何条件下，从体相溶液传输到电极表面的氧的量总是等于四电子和二电子反应所消耗的氧的量，即

$$B_A \omega^{\frac{1}{2}} (C_A^o - C_A^s) = (k_1 + k_2) C_A^s \tag{2-77}$$

结合以上表达式，可得

$$\frac{I_{D,A} - I_D}{I_R} = \frac{1}{N}\left(1 + \frac{2k_3}{k_2}\frac{B_A}{B_B}\right) + \frac{2B_A}{k_2 N}\omega^{1/2} \tag{2-78}$$

根据$\frac{I_D}{I_R}$和$\frac{I_{D,A} - I_D}{I_R}$对 $\omega^{-1/2}$ 的曲线，k_1、k_2 和 k_3 可分别由式计算获得。式中，I_1 和 S_1 分别是$\frac{I_D}{I_R}$对 $\omega^{-1/2}$ 曲线的截距和斜率，S_2 是$\frac{I_{D,A} - I_D}{I_R}$对 $\omega^{-1/2}$ 曲线的斜率。

$$k_1 = Z_1 S_2 (I_1 N - 1) / (I_1 N + 1) \tag{2-79}$$

$$k_2 = 2 Z_1 S_2 (I_1 N + 1) \tag{2-80}$$

$$k_3 = Z_2 N S_1 (I_1 N + 1) \tag{2-81}$$

图 2-35 为代表性电位下碳合金修饰电极上溶解氧还原反应的$-I_D/I_R$、$I_{DL}/(I_{DL}-I_D)$随 $\omega^{-1/2}$ 的变化曲线，由此进一步得到 k_1、k_2 和 k_3 随电位的变化曲线（图 2-36）。可以看出，$k_2 > k_1 \gg k_3 \approx 0$，这与过氧化氢产率和电子转移数的结果相一致。同时，进一步说明，碳合金修饰电极上所发生的氧的四电子还原过程为直接四电子过程，而非经由过氧化氢的连续二电子还原过程。

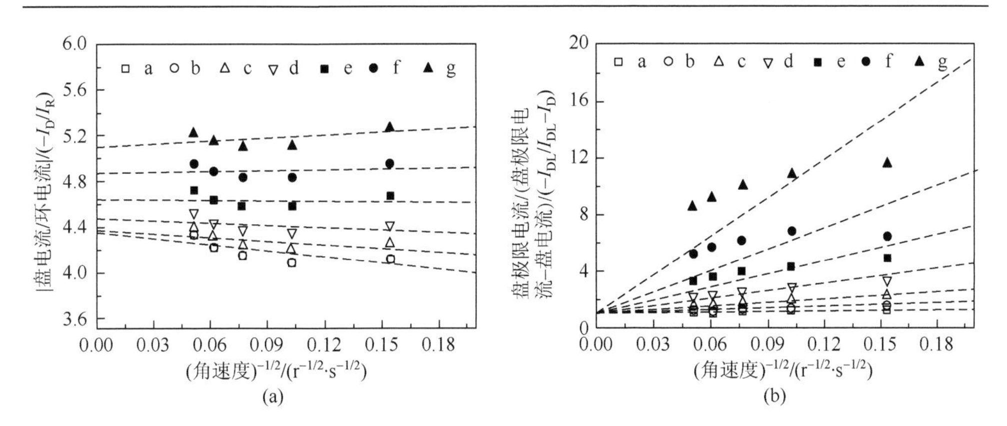

图 2-35　碳合金修饰玻碳电极上溶解氧还原反应于不同电位下的盘电流与换电流的比值（$-I_D/I_R$）、盘极限电流/(盘极限电流–盘电流)($I_{DL}/I_{DL}-I_D$)随(角速度)$^{-1/2}$($\omega^{-1/2}$)的变化曲线

a. 0.25V；b. 0.20V；c. 0.15V；d. 0.10V；e. 0.05V；f. 0.00V；g. –0.05V

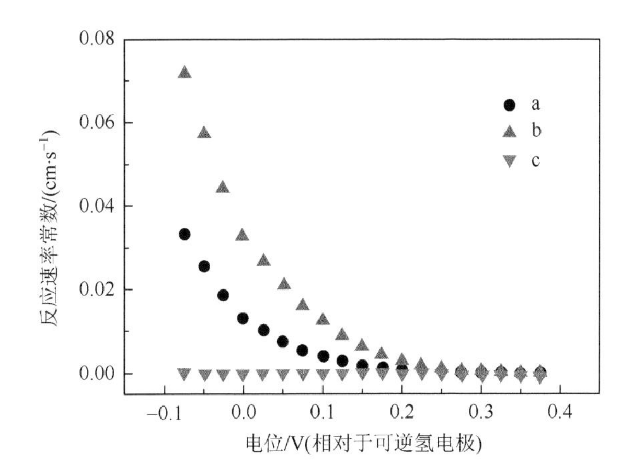

图 2-36　碳合金修饰玻碳电极上溶解氧还原反应的不同反应速率常数 k 随电位的变化曲线

a. k_1；b. k_2；c. k_3

第 3 章　钢铁材料上的溶解氧还原反应

钢铁材料具有良好的综合机械性能（包括强度、塑性、韧性等）和加工性能（如切割、焊接等），且成本低廉，是海洋环境中应用最广泛的金属材料。按照国家标准 GB/T 13304.1—2008，钢按化学成分可划分为碳钢、低合金钢和合金钢，不同钢的合金元素规定含量界限值如表 3-1 所示。在海洋环境中，几乎所有的钢铁材料在海水中的腐蚀过程均伴随着氧的阴极去极化反应。钢铁材料上的溶解氧还原反应是一非常复杂的过程，这与多种因素有关，包括溶解氧还原反应对电极材料特性和电解液性质的敏感性，钢铁材料在化学组成、组织结构等方面的多面性，钢铁材料性质对不同处理方法的依赖性等。在本章中，我们将以纯铁及碳钢、低合金钢、高合金钢的代表性钢种为例，对海洋环境中使用最广泛的钢铁材料上的溶解氧还原反应进行论述，重点突出钢铁材料表面状态的作用。

表 3-1　碳钢、低合金钢和合金钢合金元素规定含量界限值

合金元素	合金元素规定含量界限值（质量分数）/%		
	碳钢	低合金钢	合金钢
Al	<0.10	—	≥0.10
B	<0.005	—	≥0.005
Bi	<0.10	—	≥0.10
Cr	<0.30	0.30～<0.50	≥0.50
Co	<0.10	—	≥0.10
Cu	<0.10	0.10～<0.50	≥0.50
Mn	<1.00	1.00～<1.40	≥1.4
Mo	<0.05	0.05～<0.10	≥0.10
Ni	<0.30	0.30～<0.50	≥0.50
Nb	<0.02	0.02～<0.06	≥0.06
Pb	<0.40	—	≥0.04
Se	<0.10	—	≥0.10
Si	<0.50	0.50～<0.90	≥0.90
Te	<0.10	—	≥0.10
Ti	<0.05	0.05～<0.13	≥0.05

续表

合金元素	合金元素规定含量界限值（质量分数）/%		
	碳钢	低合金钢	合金钢
W	<0.10	—	≥0.10
V	<0.04	0.04～<0.12	≥0.12
Zr	<0.05	0.05～<0.12	≥0.12
La 系（每一种元素）	<0.02	0.02～<0.05	≥0.05
其他规定元素（S、P、C、N 除外）	<0.05	—	≥0.05

3.1　纯铁上的溶解氧还原反应

纯铁虽然难以在实际海洋工程设施中得以利用，但可作为溶解氧还原反应机理研究的良好电极材料。纯铁上溶解氧还原反应的研究可追溯到 1950 年，Patrick 和 Wanger 基于过氧化氢可能是腐蚀过程中间产物这一前提，研究了碱性和酸性介质中纯铁上的溶解氧还原反应[18]。研究结果表明，在碱性介质中，溶解氧还原反应产生大量的过氧化氢；而在酸性介质中，氧经四电子还原转变为水。同时，他们认为酸性介质中氧的四电子还原，可能与碱性中的相似，均涉及过氧化氢的产生，但是由于过氧化氢在酸性介质中不稳定，生成的过氧化氢迅速转变为水，因而溶解氧还原反应表现为宏观的四电子转变。自此，人们围绕纯铁上的溶解氧还原反应做了大量研究。

纯铁上的溶解氧还原反应在不同的体系中有不同的结果，反应路径、反应级数等随着电解液性质与 pH、纯铁表面状态的不同而变化。一般来讲，相同溶液介质中，活化态纯铁上的溶解氧还原反应速率比钝化态的更大。在活化态纯铁表面，氧主要通过四电子还原转变为水，过氧化氢的产量很低；在钝化纯铁表面，氧经二电子还原转变为终产物过氧化氢。Jovancicevic 和 Bockris 在前人工作的基础上，对纯铁上溶解氧还原反应机理进行了深入解析[19]。他们提出了两种不同表面状态的纯铁上的溶解氧还原反应路径。在活化态纯铁表面，氧分子可能以 Griffith 或 Bridege 模式进行吸附，且 O_2^- 的形成是速率控制步骤［式（3-1)］。O_2^- 形成后，接下来发生 O—O 键的断裂，断裂又可以化学和电化学方式进行。式（3-2）～式（3-4)、式(3-5)～式(3-8)分别代表两种可能经 O—O 键化学断裂的反应路径，式(3-9)～式（3-11）为可能的经 O—O 键电化学断裂的反应路径。在钝化纯铁表面，氧分子可能以 Pauling 模式进行吸附，且该吸附步骤［式（3-12)］为速率控制步骤。$O_{2,ad}$ 形成后，紧接着发生连续的一电子传递［式（3-13）与式（3-14)］和过氧化氢的状态转变［式（3-15）］。

$$O_2 + e^- \longrightarrow O_2^- \tag{3-1}$$

$$O_2^- + H_2O \longrightarrow OH_{ad} + O_{ad} + OH^- \tag{3-2}$$

$$O_{ad} + H_2O + e^- \longrightarrow OH_{ad} + OH^- \tag{3-3}$$

$$OH_{ad} + e^- \longrightarrow OH^- \tag{3-4}$$

$$O_2^- + H_2O \longrightarrow HO_{2,ad} + OH^- \tag{3-5}$$

$$HO_{2,ad} + H_2O + e^- \longrightarrow H_2O_{2,ad} + OH^- \tag{3-6}$$

$$H_2O_{2,ad} \longrightarrow 2OH_{ad} \tag{3-7}$$

$$OH_{ad} + e^- \longrightarrow OH^- \tag{3-8}$$

$$O_2^- + H_2O \longrightarrow HO_{2,ad} + OH^- \tag{3-9}$$

$$HO_{2,ad} + H_2O + e^- \longrightarrow 2OH_{ad} + OH^- \tag{3-10}$$

$$OH_{ad} + e^- \longrightarrow OH^- \tag{3-11}$$

$$O_2 \longrightarrow O_{2,ad} \tag{3-12}$$

$$O_{2,ad} + H_2O + e^- \rightleftharpoons O_2H_{ad} + OH^- \tag{3-13}$$

$$O_2H_{ad} + e^- \rightleftharpoons O_2H^- \tag{3-14}$$

$$O_2H^- + H_2O \rightleftharpoons H_2O_2 + OH^- \tag{3-15}$$

Jovancicevic 和 Bockris 的研究突出了表面状态对纯铁上溶解氧还原反应的影响，但并没有深入研究钝化时纯铁表面化学组成变化的影响。在吸氧腐蚀发生的 pH 范围内，铁表面往往被不可溶腐蚀产物层覆盖，而在溶解氧还原反应发生的电位范围内，腐蚀产物也会发生变化。那么溶解氧还原反应动力学与腐蚀产物的变化到底有怎样的关系呢？Startmann 和 Muller 制备了以 γ-FeOOH 和 α-FeOOH 为主要组分的腐蚀产物将其修饰在金电极表面，研究其上的溶解氧还原反应[20]。结果表明，当电极表面被铁氧化物腐蚀产物腐蚀时，溶解氧还原反应主要发生在腐蚀产物层内，而不是在金属-电解液界面上。腐蚀产物层中 Fe^{2+}的比例直接影响溶解氧还原反应速率，溶解氧还原反应速率与 Fe^{2+}比例存在近线性的正相关性（图 3-1）。当电极表面的腐蚀产物层处于氧化态时，不能发生电荷传递。如图 3-2 所示，在溶解氧还原反应过程中，对腐蚀产物施加一氧化电位并维持一段时间后，溶解氧还原反应速率急剧降低，随着腐蚀产物还原处理时间的延长，溶解氧还原反应速率逐渐恢复。因此，在腐蚀产物覆盖的电极表面，为了溶解氧还原反应的进行，铁氧化物必须先被还原。他们进一步指出腐蚀产物的还原对溶解氧还原反应的影响不是通过改变扩散路径，而是通过增加腐蚀产物底层的导电氧化物晶体的面积来实现。这项工作明确了铁氧化物状态对溶解氧还原反应的影响，为后续人们开展不同表面性质的钢铁材料上的溶解氧还原反应的研究提供了基础。

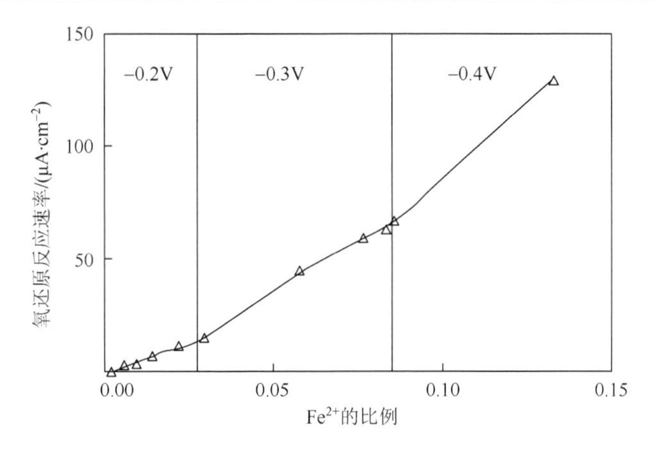

图 3-1　溶解氧还原反应速率随腐蚀产物层中 Fe^{2+}比例的变化曲线（所有电位相对于标准氢电极）[20]

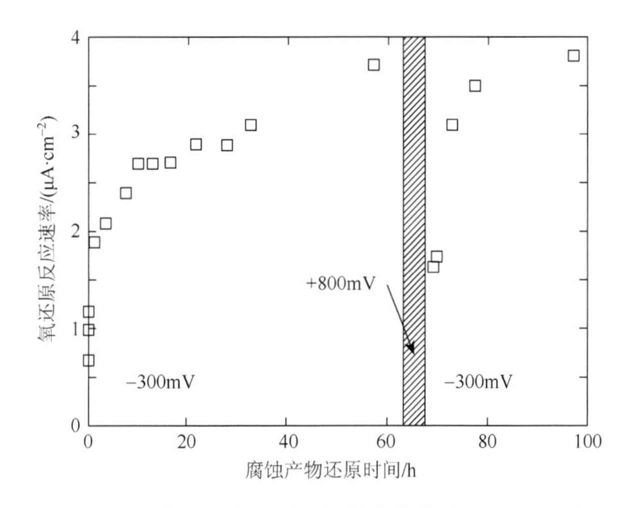

图 3-2　溶解氧还原反应速率随腐蚀产物还原时间的变化曲线（所有电位相对于标准氢电极）[20]

3.2　碳钢上的溶解氧还原反应

碳钢含有少量硅、锰、硫、磷等杂质元素，由于具有成分简单、冶炼容易、价格低廉、力学与工艺性能较好，在钢材总产量中占绝大部分，是工业生产中用途最广、用量最大的工程材料。碳钢有多种分类方法，按钢中碳含量（质量分数）可分为低碳钢（碳含量小于 0.25%）、中碳钢（碳含量为 0.25%～0.60%）和高碳钢（碳含量高于 0.60%），按钢的质量等级可分为普通质量碳钢（硫和磷含量高于 0.045%）、优质碳钢（硫和磷含量低于普通质量碳钢）和特殊质量碳钢（硫和磷含量低于 0.020%），按钢的用途可分为结构钢和工具钢，按钢冶炼时脱氧方法可分为沸腾钢、镇静钢、半镇静钢等。

在海洋环境中，碳钢被大量使用，然而很少有碳钢上溶解氧还原反应的研究报道，这可能与碳钢易发生腐蚀引起表面成分结构变化，使得溶解氧还原反应过程复杂有关。鉴于此，我们研究组就典型碳钢在海洋环境中的溶解氧还原反应进行了研究，在此以 Q235 和 20 钢为例进行论述。Q235 钢属于低碳结构钢，具有一定的强度、塑性、韧性，焊接性好，易于冲压，可满足钢结构的要求，应用广泛。实验用 Q235 钢的化学组成为：C 0.10%、Mn 0.40%、Si 0.12%、S 0.02%、P 0.07%，其余组分为 Fe。20 钢塑性、韧性好，有一定的强度，实验用 20 钢的化学组成为：C 0.20%、Mn 0.40%、Si 0.30%、S 0.02%、P 0.04%、N0.25%，其余组分为 Fe。图 3-3 为所用 Q235 和 20 钢的金相组织图，可以看出其均由铁素体和珠光体组成，呈典型退火态组织特征。

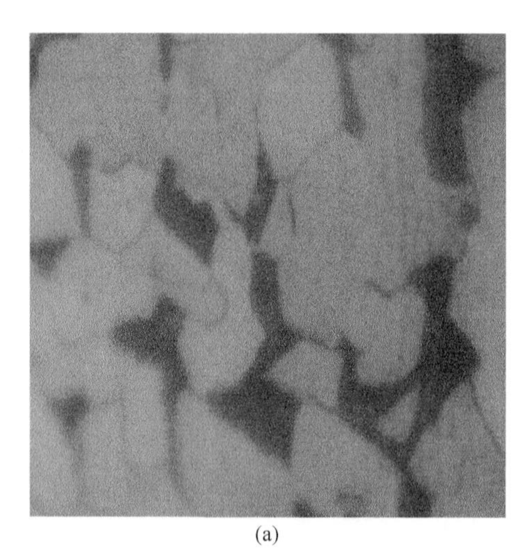
(a)

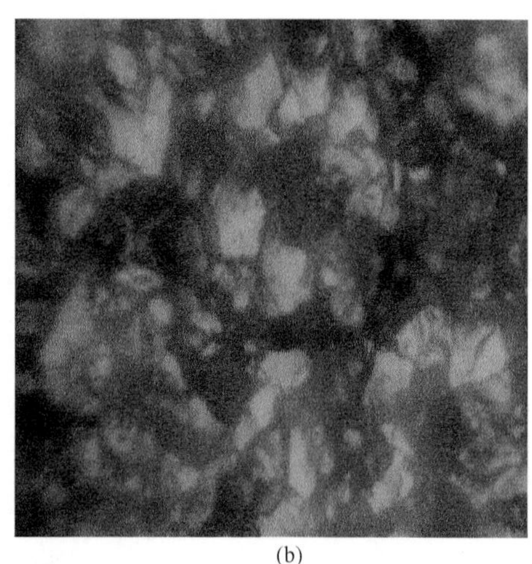
(b)

图 3-3 Q235（a）和 20 钢（b）的金相图（×100）

3.2.1 预钝化 Q235 钢在模拟海水中的溶解氧还原反应

当将 Q235 钢浸入模拟海水 3.5% NaCl 溶液中时，其会发生腐蚀导致表面状态变化，图 3-4 展示了开路电位随浸泡时间的变化曲线。电极置入溶液中前 2000s 内，开路电位迅速负移，并在约 3000s 时达到一相对稳定值。当将经抛光处理的 Q235 钢电极放入 3.5% NaCl 溶液中时，基体金属与电解液接触充分，腐蚀迅速发生，导致电位负移。随着腐蚀的进行，腐蚀产物增多，其会在电极表面形成一层致密的腐蚀产物膜阻止氧扩散到达电极表面，减缓了电极腐蚀速率，从而使开路电位趋于稳定。在后续研究中，在溶解氧还原反应表征之前均使经抛光处理的

Q235 钢电极在空气饱和的 3.5% NaCl 溶液中浸泡 3000s 以达到稳定状态。由于经浸泡后的 Q235 钢覆盖有腐蚀产物膜，根据陈惠玲等对碳钢在含氯离子环境中腐蚀产物的分析可知，腐蚀产物主要为 γ-FeOOH、α-FeOOH、Fe_3O_4 和少量的 β-FeOOH[21]，我们将此处理方法称为预钝化。

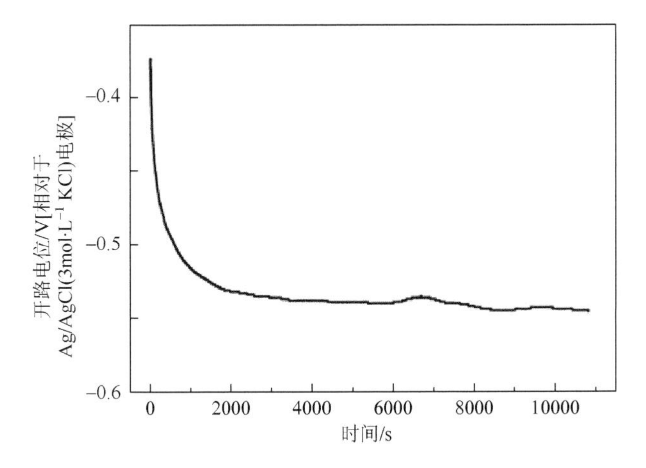

图 3-4　浸泡于空气饱和的 3.5% NaCl 溶液中的 Q235 钢电极的开路电位随时间的变化曲线

采用循环伏安法对预钝化 Q235 钢上的溶解氧还原反应进行表征，结果如图 3-5 所示。在氮气饱和 3.5% NaCl 溶液中，除了在−1.30V 时出现的析氢反应电流之外，在−1.2V 左右还存在一还原峰。根据文献报道，该阴极峰归属为 Fe^{2+}到 Fe 的二电子还原[22]。而在氧气饱和体系中，除−1.2V 左右的还原峰外，在−0.9V 附近出现

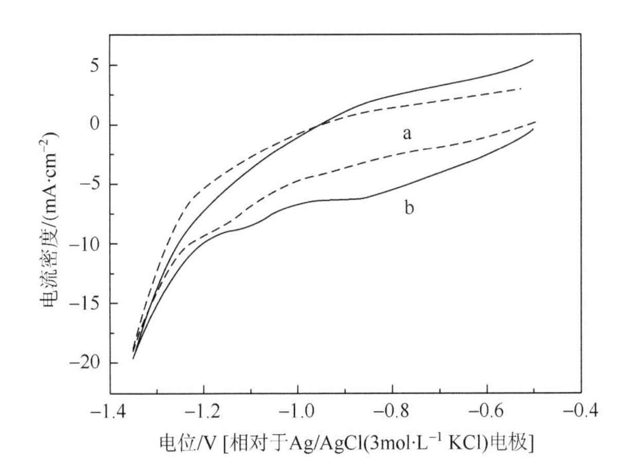

图 3-5　预钝化 Q235 钢在氮气（曲线 a）与氧气饱和（曲线 b）的 3.5% NaCl 溶液中的循环伏安曲线

一新的还原峰，该新峰是由于氧的出现而引起的，对应溶解氧还原反应。进一步采用旋转圆盘电极和旋转圆环-圆盘电极技术对预钝化 Q235 钢上的溶解氧还原反应进行研究，以期获得反应动力学信息。

图 3-6 为预钝化 Q235 钢电极在 3.5% NaCl 溶液中于不同转速下的线性伏安曲线。与氮气饱和条件的曲线相比，氧气饱和溶液中获得的曲线具有显著的阴极电流。在−0.55～−0.45V 的电位范围内，随着转速的增加，电流没有显著变化，因而此范围内溶解氧还原反应受动力学控制。随着电位的负移，过电位增加，溶解氧还原反应热力学驱动力增大，氧的扩散限制逐渐明显，直到达到完全由扩散控制的极限电流平台区。根据 Koutechy-Levich 方程对图 3-6 中的线性伏安曲线进行处理，获得不同电位下的 Koutechy-Levich 曲线，结果如图 3-7 所示。Koutechy- Levich 曲线的斜率与截距可以提供电子转移数、动力学电流密度等信息。可以看出，随着电位的负移，Koutechy-Levich 曲线的截距逐渐变小，直到−0.75V，表明动力学电流密度的逐渐增大。同时，Koutechy-Levich 曲线基本与理论四电子还原平行，且随着电位的负移，平行度进一步加强。因此，预钝化 Q235 钢在模拟海水中溶解氧主要发生四电子还原转变为水。这一结论可进一步由图 3-8 所示的旋转圆环-圆盘电极线性扫描伏安曲线得到证实。在所示的电位范围内，玻碳圆盘电极上的溶解氧还原以二电子还原为主，对应圆环电极上大的电流密度。铂圆盘电极上的溶解氧还原反应是典型的四电子转变，环电流接近零。Q235 钢表现出与铂电极相似的情况，环电流基本为零，表明 Q235 钢上溶解氧的还原不产生过氧化氢或生成的过氧化氢能够迅速转变为水。

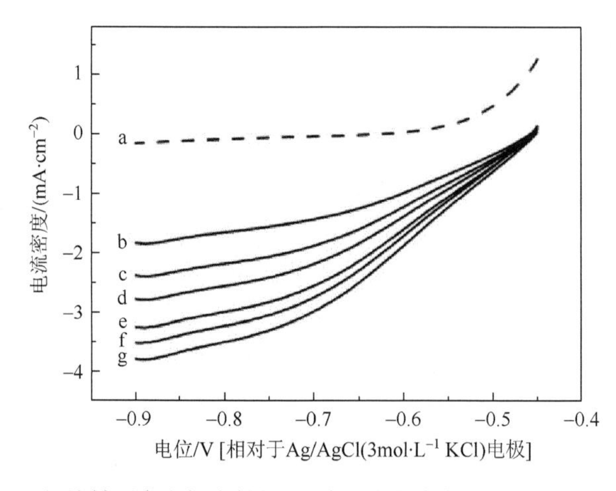

图 3-6　预钝化 Q235 钢旋转圆盘电极在氮气(曲线 a)与氧气饱和(曲线 b～曲线 g)的 3.5% NaCl 溶液中的线性扫描伏安曲线

曲线 a～曲线 g 对应的转速分别为 $400r\cdot min^{-1}$、$200r\cdot min^{-1}$、$400r\cdot min^{-1}$、$600r\cdot min^{-1}$、$800r\cdot min^{-1}$、$1000r\cdot min^{-1}$ 和 $1200r\cdot min^{-1}$

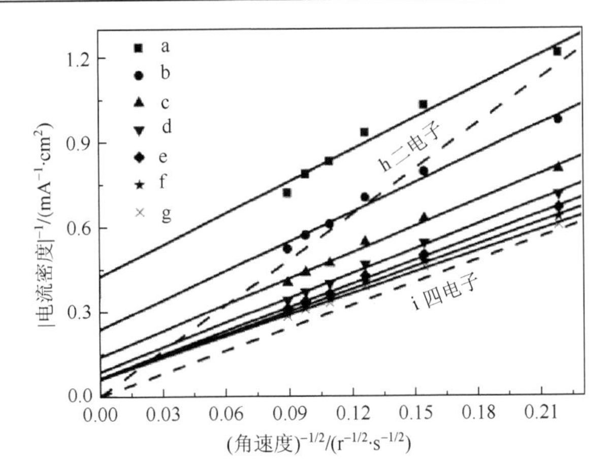

图 3-7　预钝化 Q235 钢圆盘电极在不同电位下的 Koutechy-Levich 曲线。虚线 h 和 i 分别表示理论计算的二电子与四电子溶解氧还原反应对应的直线

a. −0.55V；b. −0.60V；c. −0.65V；d. −0.70V；e. −0.75V；f. −0.80V；g. −0.85V

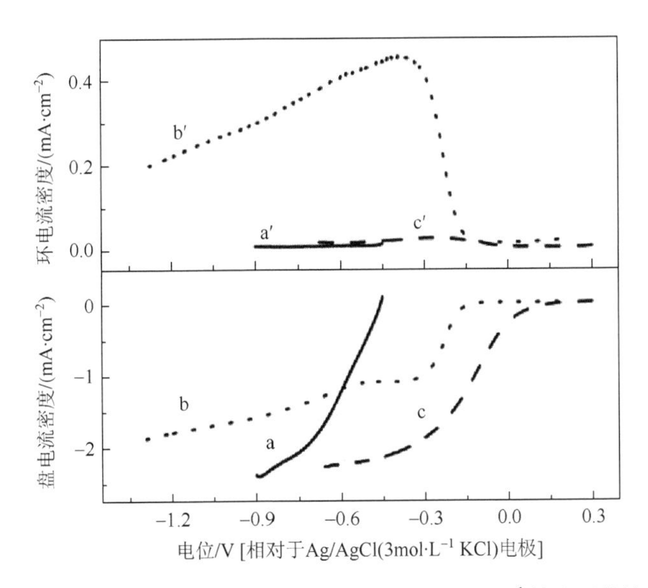

图 3-8　不同圆盘电极在氧气饱和的 3.5% NaCl 溶液中于 400r·min^{-1} 转速下的线性扫描伏安曲线

预钝化 Q235 钢圆盘（曲线 a）-铂圆环（曲线 a′）；玻碳圆盘（曲线 b）-铂圆环（曲线 b′）；铂圆盘（曲线 c）-铂圆环（曲线 c′）

3.2.2　预钝化 Q235 钢在模拟混凝土孔隙液中的溶解氧还原反应

混凝土由于具有耐压、耐久、耐火、经济等优点，是当前世界应用最广泛的建筑材料，全世界每年大约有 50 亿立方米的混凝土被应用于桥梁、堤坝、海底隧

道和大型海洋平台结构中。钢筋锈蚀是引发钢筋混凝土结构过早失效最常见的原因。通常混凝土孔隙中的水分以饱和 $Ca(OH)_2$ 溶液的形式存在，在这样的强碱性环境中，钢筋表面形成钝化膜，阻止钢筋进一步腐蚀。但是，由于氯离子的侵入、混凝土的碳酸化、环境湿度等因素的影响，钢筋表面的钝化膜常受到破坏，使钢筋成为活化态。当活化态的钢筋表面有水分存在时，就会发生腐蚀。González 等发现在饱和 $Ca(OH)_2$ 溶液中浸泡 30 天的碳钢的腐蚀产物主要成分依次为 Fe_3O_4、γ-FeOOH 和 α-FeOOH[23]，已有锈层的碳钢在 $Ca(OH)_2$ 溶液中阴极电化学反应一开始主要是锈层的还原，随着电位的负移，溶解氧还原反应成为主要的阴极反应。因此，非常有必要研究这一典型环境中钢铁材料上的溶解氧还原反应。

与模拟海水中的研究方法相同，首先将经抛光处理的 Q235 钢置于饱和 $Ca(OH)_2$ 溶液中使其达到稳定状态，获得预钝化表面。与模拟海水中所不同的是，模拟混凝土孔隙液中的 Q235 钢达到稳定状态所需的时间明显缩短（1800s 对 3000s）。图 3-9 为预钝化 Q235 钢在氮气与氧气饱和的 0.02mol·L^{-1} $Ca(OH)_2$ 溶液中的循环伏安曲线。在氮气饱和溶液中（曲线 a），除了析氢反应外阴极存在两个还原峰，−1.0V 左右的阴极峰对应 Fe^{3+} 到 Fe^{2+} 的还原，而−1.20V 附近的峰可归属为 Fe^{2+} 到 Fe 的转变。在氧气饱和溶液中（曲线 b），阴极亦有两个还原峰，第一个还原峰的电流与氮气饱和条件下的相比增加很多，电位也正移至−0.9V 左右，表明 Q235 钢在此电位下除了铁氧化物的还原外还发生了溶解氧还原反应。而在−1.2V 附近的还原峰与氮气饱和溶液中的相差不大。因此，在 $Ca(OH)_2$ 饱和溶液中，预钝化 Q235 钢表面的阴极反应由溶解氧还原反应、铁氧化物的还原反应和析氢反应构成。

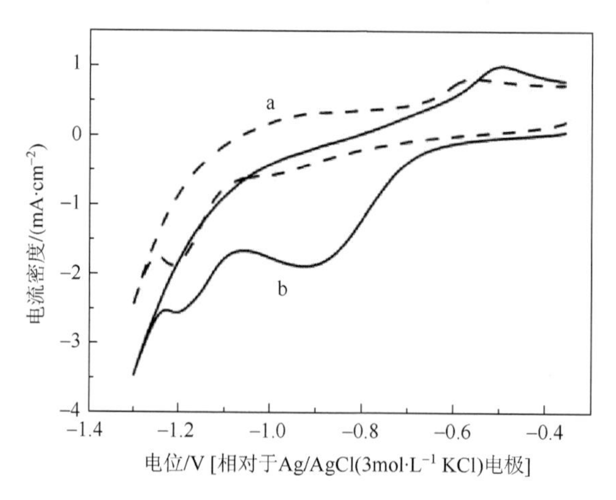

图 3-9　预钝化 Q235 钢在氮气（曲线 a）和氧气饱和（曲线 b）的 0.02mol·L^{-1} $Ca(OH)_2$ 溶液中的循环伏安曲线[24]

采用电化学阻抗谱就预钝化 Q235 钢在氮气和氧气饱和的 $0.02mol \cdot L^{-1}$ $Ca(OH)_2$ 溶液中于–0.90V 电位下的电化学行为进行表征，结果如图 3-10 所示。在氮气饱和条件下（曲线 a），Nyquist 图表现为一半径很大的单一容抗弧特征，这表明铁氧化物还原的电荷转移电阻很大。而在氧气饱和溶液中（曲线 b），Nyquist 图表现为高频区为一单一容抗弧，低频区出现了扩散特征。–0.90V 电位下氮气与氧气饱和条件下电化学阻抗谱的差异表明，氮气饱和溶液中的阴极反应主要为铁氧化物的还原，电荷转移电阻较大；而在氧气饱和溶液中该电位下主要为溶解氧还原反应，反应的电荷转移电阻较小，并且在低频区氧的扩散为速率控制步骤。

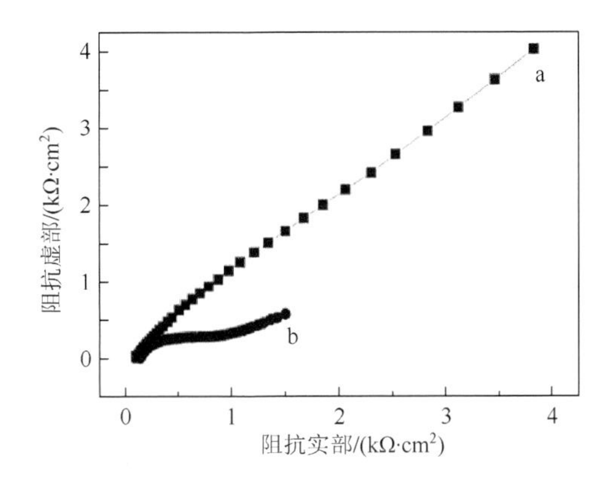

图 3-10　预钝化 Q235 钢在氮气（曲线 a）和氧气饱和（曲线 b）的 $0.02mol \cdot L^{-1}$ $Ca(OH)_2$ 溶液中于–0.90V 电位下的 Nyquist 图

采用旋转圆盘电极技术对预钝化 Q235 钢在模拟混凝土孔隙液中的溶解氧还原反应进行进一步研究，结果如图 3-11 所示。可以看出，电流随电位变化呈典型的 S 形特征，而且电流值随转速增加而增加，并随着电位的负移，在–1.0V 以后开始出现明显的溶解氧还原反应极限扩散电流平台。采用与模拟海水中相似的处理方法得到不同电位下的 Koutechy-Levich 曲线，结果如图 3-12 所示。随着电位的负移，曲线的截距减小，因而动力学电流密度增大。在–0.8V 时，曲线与理论计算的二电子反应线 f 斜率相近，因而该电位下氧主要经二电子还原转变为过氧化氢。随着电位的负移，所得直线与理论计算的四电子反应线 g 接近平行，表明此时溶解氧还原反应逐渐转变为以四电子反应为主，反应的最终产物为水。这可能是因为随着电位的负移，钝化膜表面的 γ-FeOOH 还原为 Fe_3O_4，改变了电极表面的成分，从而引起了电极表面溶解氧还原反应行为的改变。在 γ-FeOOH 上溶解氧还原反应为二电子转变，Fe_3O_4 表面上的溶解氧还原反应为四电子转变。

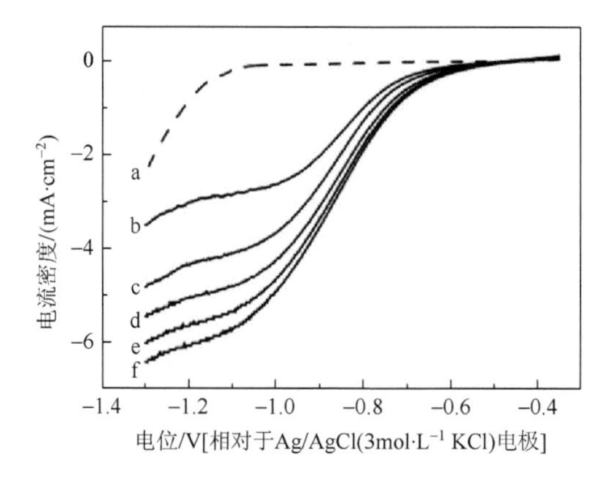

图 3-11　预钝化 Q235 钢旋转圆盘电极在氮气（曲线 a）和氧气饱和（曲线 b～曲线 f）的 $0.02mol·L^{-1}$ $Ca(OH)_2$ 溶液中的线性扫描伏安曲线

曲线 a～曲线 f 对应的转速分别为 $400r·min^{-1}$、$400r·min^{-1}$、$600r·min^{-1}$、$800r·min^{-1}$、$1000r·min^{-1}$ 和 $1200r·min^{-1}$

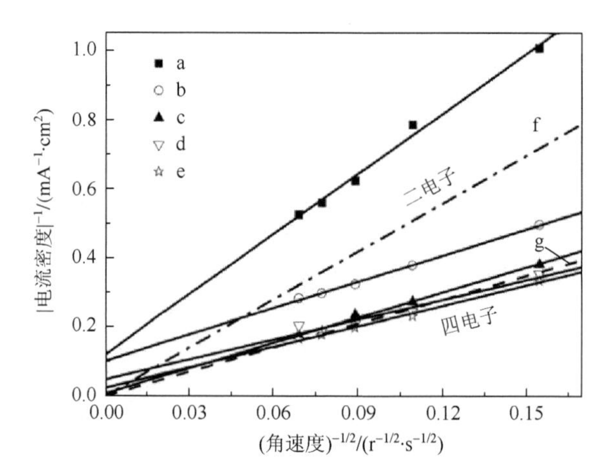

图 3-12　预钝化 Q235 钢旋转圆盘电极在氧气饱和的 $0.02mol·L^{-1}$ $Ca(OH)_2$ 溶液中于不同电位下的 Koutecky-Levich 曲线，虚线 f 和虚线 g 分别对应二电子与四电子反应的理论斜率直线

a. –0.80V；b. –0.90V；c. –1.00V；d. –1.10V；e. –1.20V

既然在海洋环境中氯离子的侵蚀是混凝土中钢筋活化的重要诱因，那么我们进一步研究了不同浓度的氯离子对预钝化Q235钢在模拟混凝土孔隙液中溶解氧还原反应的影响，图 3-13 为循环伏安曲线结果。与不含氯离子的溶液相比，氮气饱和条件下的循环伏安曲线没有明显变化，除析氢反应外，均出现 Fe^{3+}到 Fe^{2+}和 Fe^{2+}到 Fe 的还原峰。但在氧气饱和条件下，当氯离子浓度较低时［$0.06mol·L^{-1}$，图 3-13（a）曲线 b］，循环伏安曲线出现了三个还原反应峰，电位分别为–0.79V、–0.95V 和–1.15V，但第二个还原反应峰不甚清晰。与氮气饱和溶液中相比，–0.79V 附近的阴极峰对应溶解氧还原反应。随着氯离子浓度的增加［图 3-13（b）和图 3-13（c）］，溶解氧还

原反应峰的峰电位正移，与第二个还原峰即氧化铁的还原峰逐渐分开。

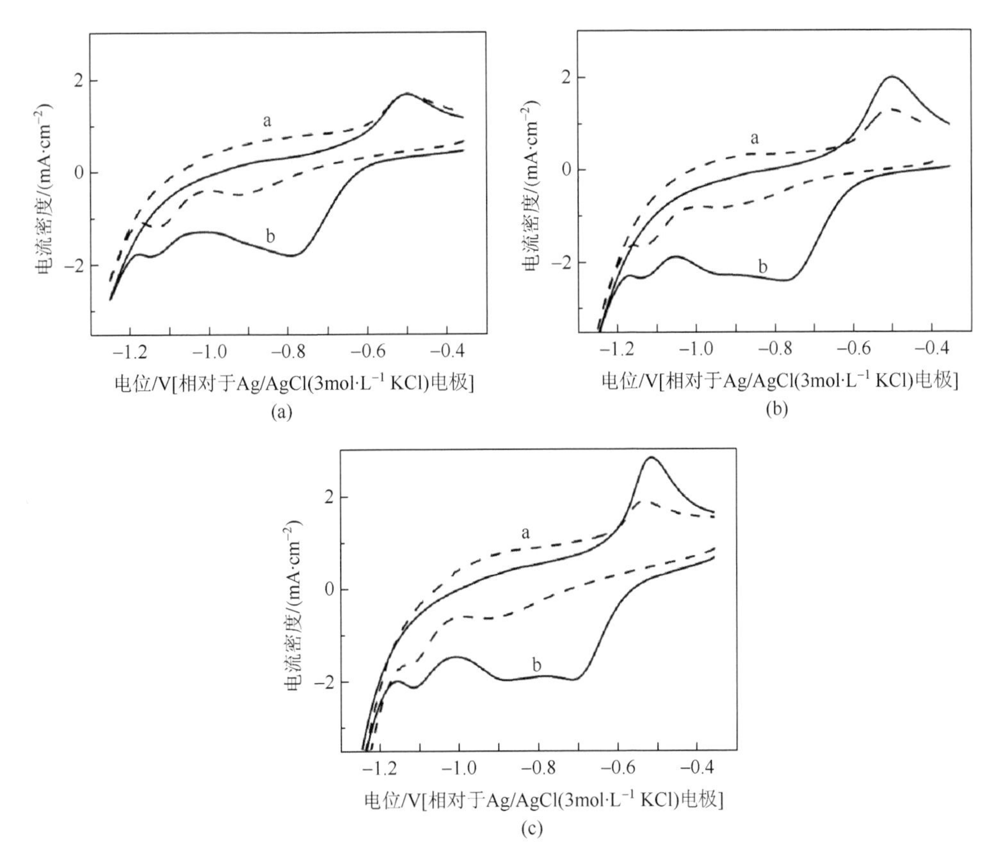

图 3-13　预钝化 Q235 钢在氮气（曲线 a）和氧气（曲线 b）饱和的含有 $0.06mol \cdot L^{-1}$（a）、$0.1mol \cdot L^{-1}$（b）和 $0.6mol \cdot L^{-1}$ NaCl（c）的 $0.02mol \cdot L^{-1}$ $Ca(OH)_2$ 溶液中的循环伏安曲线

随着氯离子浓度的增加，溶解氧还原反应的峰电位正移，这可能是由溶液 pH 的变化引起的。氯离子浓度的增加使得溶液 pH 降低，含有 $0.06mol \cdot L^{-1}$、$0.1mol \cdot L^{-1}$ 和 $0.6mol \cdot L^{-1}$ NaCl 的 $0.02mol \cdot L^{-1}$ $Ca(OH)_2$ 溶液的 pH 分别为 12.84、12.74 和 12.59。而根据能斯特方程，体系的 pH 降低会导致电化学反应的平衡电位正移。

由于溶解氧还原反应是一非常复杂的过程，它包含很多基元反应，会产生不同的中间产物，这些中间产物在电极表面的吸附会影响表面状态，我们采用对吸附敏感的电化学阻抗谱对预钝化 Q235 钢在含有 $0.06mol \cdot L^{-1}$、$0.1mol \cdot L^{-1}$ 和 $0.6mol \cdot L^{-1}$ NaCl 的 $0.02mol \cdot L^{-1}$ $Ca(OH)_2$ 溶液中于峰电位下的溶解氧还原反应进行表征，结果如图 3-14 所示。采用图 3-15 所示的等效电路对图 3-14 中的电化学交流阻抗谱进行拟合，等效电路图中，R_s 表示溶液电阻，Q_{dl} 为一个常相位角元件，为了得到更好的拟合结果我们用它来代替电容元件。

$$Y = Y^0(j\omega)^n \tag{3-16}$$

或

$$Z = (1/Y^0)(j\omega)^{-n} \tag{3-17}$$

式中，Y^0是Q的幅度；ω是角频率；n是相应于电极表面粗糙程度的常数；$R_{t\text{-ads}}$是电极表面吸附的中间产物进一步还原的电荷转移电阻；$R_{t\text{-}O_2}$是氧直接二电子或四电子溶解氧还原反应的电荷转移电阻；W是Warburg阻抗。当n=1时，Q等效于一个纯电容元件C。$1/Y_W^0$表示氧从本体溶液扩散到电极表面的电阻。

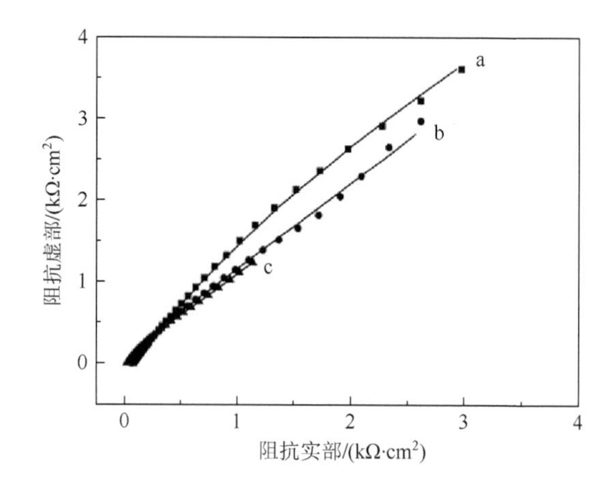

图 3-14　预钝化 Q235 钢在氧气饱和的含有 0.06mol·L^{-1}（曲线 a）、0.1mol·L^{-1}（曲线 b）和 0.6mol·L^{-1} NaCl（曲线 c）的 0.02mol·L^{-1} $Ca(OH)_2$溶液中于峰电位下的 Nyquist 图

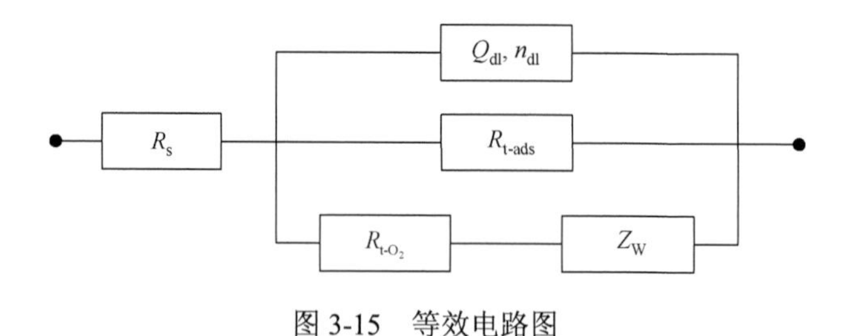

图 3-15　等效电路图

从表 3-2 的拟合结果可以看出，$R_{t\text{-}O_2} \ll R_{t\text{-ads}}$，由于在等效电路中它们是并联关系，这表明直接二电子或四电子的溶解氧还原反应相对于电极表面吸附中间产

物的还原反应来说是一个快速反应步骤，其对电极表面阴极反应的影响更大。$R_{t\text{-}O_2}$ 在氯离子浓度为 $0.06\text{mol}\cdot\text{L}^{-1}$ 时小于 $1/Y_w^0$，但阻抗值相差不大，这表明在该浓度时溶解氧还原反应由扩散和电荷传递过程混合控制。当氯离子浓度为 $0.1\text{mol}\cdot\text{L}^{-1}$ 和 $0.6\text{mol}\cdot\text{L}^{-1}$ 时，$R_{t\text{-}O_2}$ 值远大于 $1/Y_w^0$，表明在氯离子浓度较高时溶解氧还原反应主要由电荷传递过程控制。此外，R_s 随着氯离子浓度的增加逐渐减小，而 $R_{t\text{-}O_2}$ 则相反，这可能是由于在电极表面大量氯离子的吸附抑制了氧分子的吸附及氧分子 O—O 键的断裂。

表 3-2　预钝化 Q235 钢电极在含不同浓度氯离子的 $0.02\text{mol}\cdot\text{L}^{-1}$ $Ca(OH)_2$ 溶液中于峰电位下的溶解氧还原反应峰的电化学阻抗谱参数

$[Cl^{-1}]$/（$\text{mol}\cdot\text{L}^{-1}$）	E/V	R_s/($\Omega\cdot\text{cm}^2$)	Y_{dl}^0/（$\text{F}\cdot\text{cm}^{-2}$）	n_{dl}	$R_{t\text{-ads}}$/（$\Omega\cdot\text{cm}^2$）	$R_{t\text{-}O_2}$/（$\Omega\cdot\text{cm}^2$）	（$1/Y_w^0$）/（$\Omega\cdot\text{cm}^2$）
0.06	0.8	81.52	0.000 428	0.694 9	1.35×10^7	1 413	3 226
0.1	0.75	59.75	0.000 281	0.736 8	4.42×10^9	2.03×10^4	3 030
0.6	0.7	20.28	0.000 500 2	0.750 5	7.522×10^{10}	1.075×10^5	1 517

为了解析预钝化 Q235 钢在含不同氯离子浓度的 $0.02\text{mol}\cdot\text{L}^{-1}$ $Ca(OH)_2$ 溶液中溶解氧还原反应的动力学，进一步采用旋转圆盘电极技术进行表征，结果如图 3-16 所示。可以看出，三种氯离子浓度下氧气饱和溶液中所得的线性扫描伏安曲线均呈现典型的 S 形特征，并出现了明显的极限扩散电流平台。溶解氧还原反应电流随着电极转速的增加而增大，并在负于−0.90V 的电位范围内出现极限电流。也就是说当电位范围为−0.90～−0.75V 时，溶解氧还原反应由电荷传递和物质传输过程混合控制，而电位负于−0.90V 时则主要由物质传输过程控制。

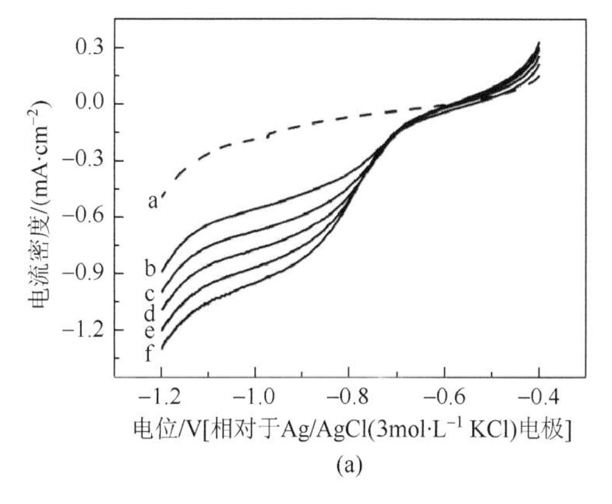

(a)

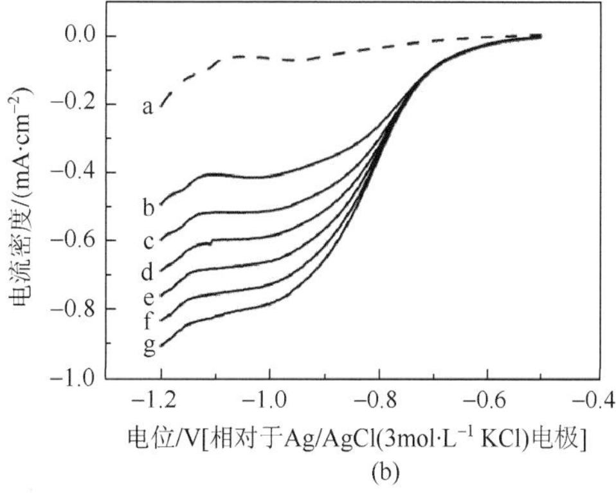

(b)

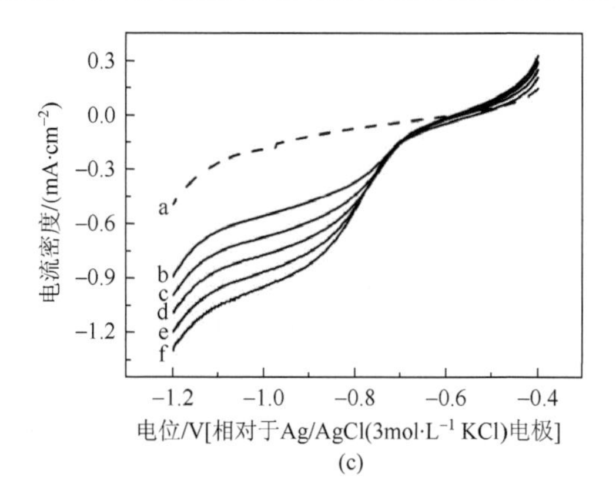

(c)

图 3-16　预钝化 Q235 钢在（曲线 a）氮气和（曲线 b～曲线 g）氧气饱和的含有 $0.06mol·L^{-1}$（a）、$0.1mol·L^{-1}$（b）和 $0.6mol·L^{-1}$ NaCl（c）的 $0.02mol·L^{-1}$ $Ca(OH)_2$ 溶液中预不同转速下的线性扫描伏安曲线

a. $400r·min^{-1}$；b. $200r·min^{-1}$；c. $400r·min^{-1}$；d. $600r·min^{-1}$；e. $800r·min^{-1}$；f. $1000r·min^{-1}$

利用 Koutechy-Levich 方程对图 3-16 所示的线性扫描伏安曲线进行处理得到不同电位下的 Koutechy-Levich 曲线（图 3-17）。当氯离子浓度为 $0.06mol·L^{-1}$ 时，–0.80V 和–0.85V 电位下所得直线的线性关系较差，表明溶解氧还原反应在该电位范围内是由电荷传递和物质传输过程混合控制；当电位负于–0.90V 时，所得直线线性关系好，表明此时溶解氧还原反应由物质传输过程控制，且所得直线的斜率介于理论计算的二电子和四电子之间，因而溶解氧还原反应以二电子和四电子路径同时进行。当氯离子浓度为 $0.1mol·L^{-1}$ 时，所得直线与理论四电子线接近平行，而当氯离子浓度为 $0.6mol·L^{-1}$ 时，所得直线与理论四电子线基本平行。因此，随着氯离子浓度的增加，溶解氧还原反应由原来的二电子和四电子同时进行转变为完全的四电子反应。

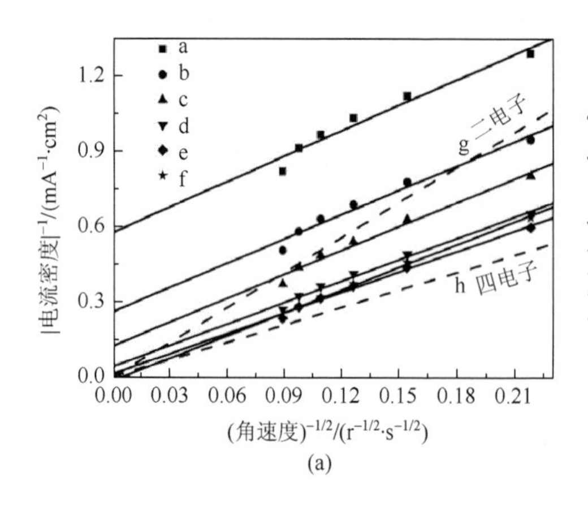

(a)

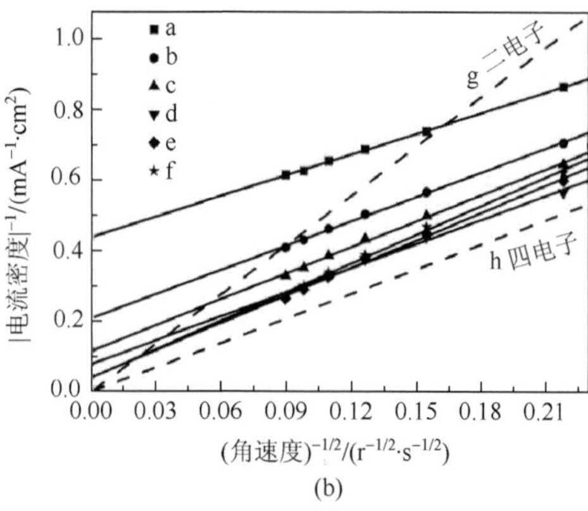

(b)

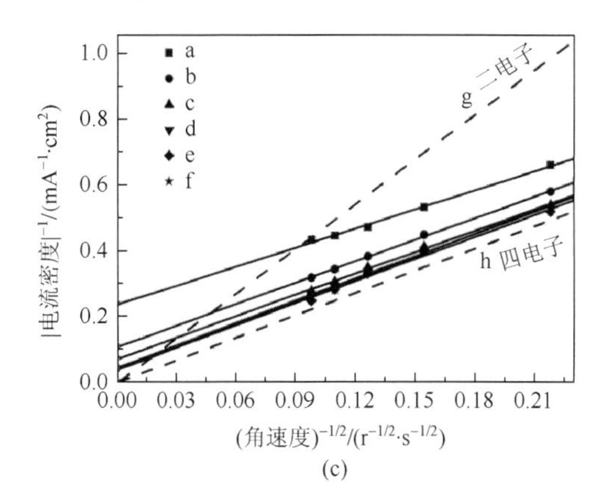

图 3-17　预钝化 Q235 钢旋转圆盘电极在氧气饱和的含有 0.06mol·L^{-1}（a）、0.1mol·L^{-1}（b）和 0.6mol·L^{-1} NaCl（c）的 0.02mol·L^{-1} $Ca(OH)_2$ 溶液中不同电位下的 Koutecky-Levich

a. −0.80V；b. −0.85V；c. −0.90V；d. −1.00V；e. −1.10V；f. −1.20V。
虚线 g 和虚线 h 分别对应二电子与四电子反应的理论斜率直线

3.2.3　不同处理方法对 20 钢在模拟海水中溶解氧还原反应的影响

与纯铁相似，不同表面状态的碳钢上的溶解氧还原反应的路径不同。Wroblowa 和 Qaderi 发现碱性溶液中 SAE 1006 低碳钢上溶解氧经连续的二电子还原转变为水，不存在过氧化氢的再氧化和化学分解；而在钝化的钢表面，溶解氧只能通过二电子还原转变为终产物过氧化氢[25]。在有氧化膜存在的钢电极上，溶解氧还原反应存在两种反应机理模型：一种为氧化还原催化模型，另一种为吸附模型。在氧气发生吸附前，电极表面就已经形成了 Fe(Ⅲ)/Fe(Ⅱ)氧化还原平衡对，Fe(Ⅱ)为催化、吸附活性点。在催化模型中，氧气以桥式模式吸附在活性中心 Fe(Ⅱ)上，Fe(Ⅱ)上的电子由其间形成的给体-受体型键转移到氧分子上，之后 $Fe(Ⅱ)_{ox}$ 氧化成 $Fe(Ⅲ)_{ox}$，氧分子转化为超氧离子［式（3-18）］，反应结束后，产物解吸，氧化铁还原，形成新的活性催化点［式（3-19）］。吸附理论认为在吸附过程中，氧气得到一个电子形成超氧离子，同时超氧离子通过氢氧键吸附在电极表面氧化膜中的 $Fe(Ⅱ)_{ox}OH_2$ 活性中心上，吸附过程是控制步骤，反应方程如式（3-20）和式（3-21）所示。虽然反应步骤可能有所不同，但是大多学者认为，氧分子在 $Fe(Ⅱ)_{ox}$ 表面吸附，生成超氧离子为控制步骤。

$$Fe(Ⅱ)_{ox}OH_2 + O_2 \longrightarrow Fe(Ⅲ)_{ox}OH_2 \cdots O_2^- \tag{3-18}$$

$$Fe(Ⅲ)_{ox}OH_2 + e^- \longrightarrow Fe(Ⅱ)_{ox}OH_2 \tag{3-19}$$

$$Fe(Ⅱ)_{ox}OH_2 + O_2 + e^- \longrightarrow Fe(Ⅱ)_{ox}OH_2 \cdots O_2^- \tag{3-20}$$

$$Fe(Ⅱ)_{ox}OH_2 \cdots O_2^- + H_2O \longrightarrow 产物 \tag{3-21}$$

在此，我们以 20 钢为对象，考察不同处理方法对其在模拟海水中溶解氧还原反应的影响。采用两种方法对抛光后的 20 钢进行处理，将抛光好的电极放入氮气饱和的 3.5% NaCl 溶液中，分别于−1.4V 和−0.3V 电位下处理 30min，以获得预还原和预氧化电极。

采用电化学阻抗谱对氧气饱和 3.5% NaCl 溶液中的预还原和预氧化 20 钢进行表征，结果分别如图 3-18 和图 3-19 所示。就预还原 20 钢来讲，电位为−1.2～−1.05V 时，Nyquist 谱图在高频区存在明显的容抗弧，而在低频区扩散特征不明显，因而整个电极过程主要受电荷转移过程控制。随着电位的负移，Nyquist 图上容抗弧半径减小，表明电荷转移电阻随之减小，反应速度加快。在 Bode 图上，只存在一个时间常数，且在−1.2V 时，相位角突然减小至 35，这与析氢反应的发生相一致。

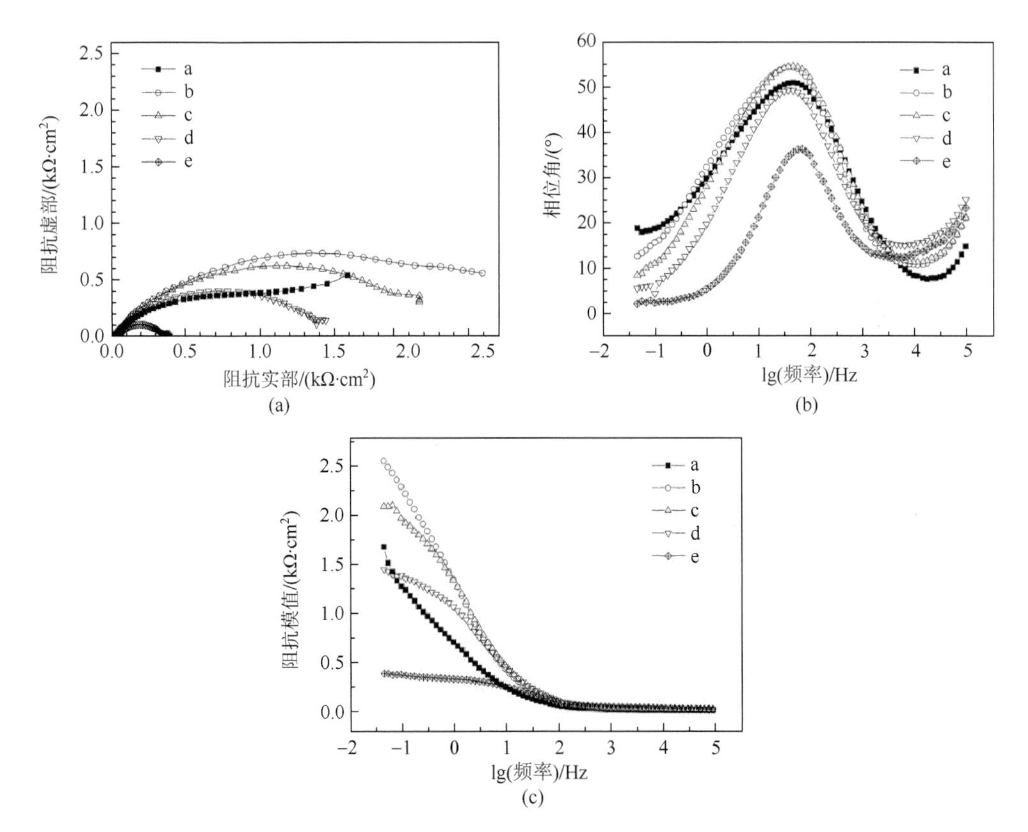

图 3-18　预还原 20 钢在氧气饱和 3.5% NaCl 溶液中不同电位下的 Nyquist 图（a）和 Bode 图［（b）和（c）］

a. 开路电位；b. −1.05V；c. −1.10V；d. −1.15V；e. −1.20V

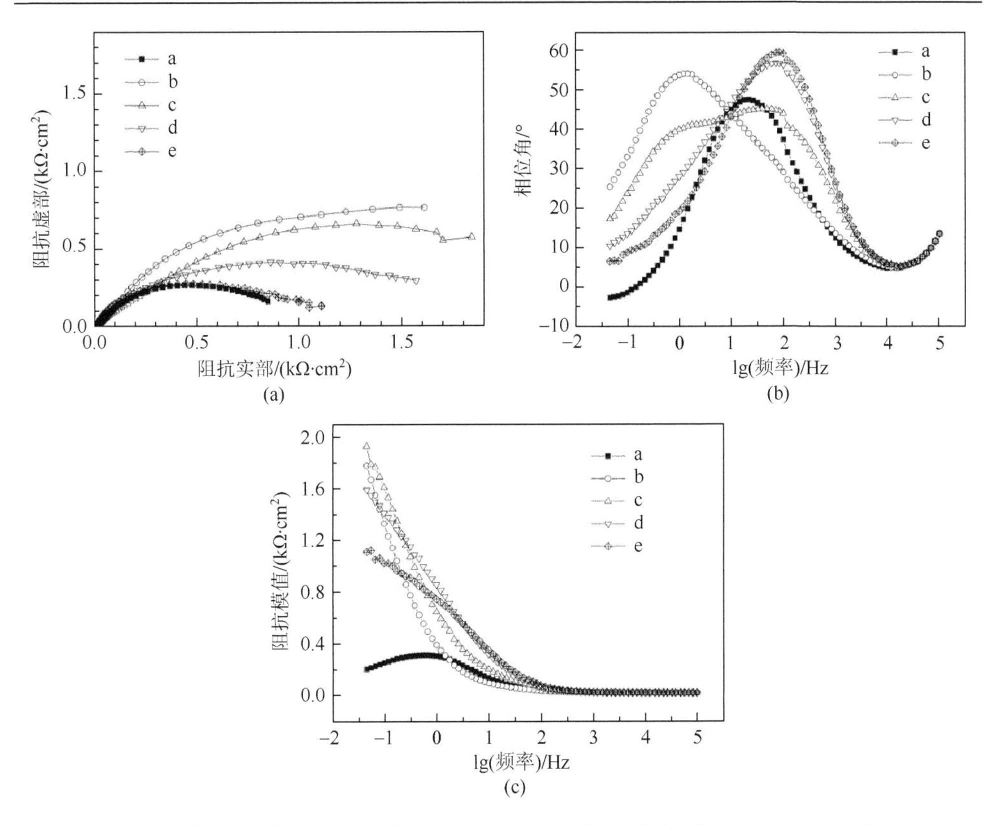

图 3-19　预氧化 20 钢在氧气饱和 3.5% NaCl 溶液中于不同电位下的 Nyquist 图（a）和 Bode 图［（b）和（c）］

a. 开路电位；b. −1.05V；c. −1.10V；d. −1.15V；e. −1.20V

与预还原 20 钢上的电化学阻抗谱测试结果不同，预氧化电极上的 Bode 图较为复杂，时间常数有很大变化（图 3-19）。将其与循环伏安图相比较，高频区的时间常数由溶解氧还原反应引起，低频区的则由铁氧化物还原反应引起。在开路电位下，氧与铁氧化物的还原不明显，出现了一个位于中间的时间常数。随着电位负移至−1.05V，此时电极上主要发生铁氧化物的还原，相应的谱图上只出现低频区的时间常数。当电位进一步负移至−1.1V 时，铁氧化物和氧的还原同时进行，从而在 Bode 图上出现两个时间常数。在−1.15V 和−1.2V 电位下，电极上主要发生溶解氧还原反应，因而 Bode 图上只存在高频区的时间常数。

预还原和预氧化 20 钢在氧气饱和 3.5% NaCl 溶液中于不同电位下的电化学阻抗谱图的差异，证实电极表面状态对碳钢上溶解氧还原反应具有重要影响。但具体的影响机制还需结合其他手段进行进一步的研究。

3.3　低合金钢上的溶解氧还原反应

低合金钢是在碳钢的基础上，加入少量合金元素，提高钢材的强度或改善其某方面的使用性能，而发展起来的工程结构用钢。由于碳钢成分简单、冶炼容易，人们早期使用的钢铁材料主要是碳钢，仅有意加入并控制其碳含量。随着钢铁材料的发展和钢铁生产技术的进步，人们发现，在钢中加入合适的合金元素，可以使钢材的力学性能明显提高，甚至可以使钢材具有其他一些有益的性能（如耐腐蚀性能、耐高温或低温性能、耐磨性能、电磁性能、加工性能等），由此逐步发展起来各种各样的合金钢。而根据钢中所含合金元素的量，可将合金钢分类为低合金钢和合金钢。低合金钢最早出现于 19 世纪 70 年代，在 20 世纪 50 年代以后才逐渐形成钢类，进行大规模工业化生产，并获得十分广泛的应用。目前世界钢产量中有 70%以上属于工程结构用钢，而工程结构用钢中 60%以上均属于低合金钢。由于国民经济各行业使用的工程结构用钢对钢材性能的要求越来越高，因而低合金钢的发展相当迅速，所占比例还将不断提高。

合金元素的加入使得低合金钢的强度明显提高，因而低合金钢通常也被称为低合金高强度钢或高强度低合金钢。由于优越的强度性能，某些合金元素的加入使锈层结构致密、连续、黏附性好，进而提高耐腐蚀性能，低合金钢是海洋环境中使用数量最大的钢铁材料。所以，研究低合金钢上的溶解氧还原反应具有重要意义。

3.3.1　预钝化 X60 钢上的溶解氧还原反应

合金元素种类与含量的差别使得低合金钢钢种具有多样性，不同钢种在表面成分与结构上的差异可能对溶解氧还原反应路径与机理具有重要影响。与碳钢相似，有关低合金钢上溶解氧还原反应的研究报道很少。Bonnel 等使用电化学阻抗谱研究了 N80 低合金钢在 3% NaCl 溶液中的腐蚀行为，发现氧的传输不仅发生在电解液中，还存在于多孔腐蚀产物层中[26]。在腐蚀电位下，溶解氧还原反应受物质传输或物质传输与电荷转移的混合控制，控制形式取决于电极旋转速率和在腐蚀电位下的静置时间。此外，氧不仅以电化学反应的方式被消耗，而且可以以 Fe^{2+} 到 Fe^{3+} 的化学氧化方式被消耗。杨超等采用旋转圆盘电极技术研究了镍铬系低合金钢在空气饱和的天然海水和含有 $10mmol·L^{-1}$ 过氧化氢的海水中的溶解氧还原反应，发现两种溶液体系中低合金钢旋转圆盘电极上的线性扫描伏安曲线均具有明显的氧扩散特征。通过动力学参数解析，他们认为天然海水中镍铬系低合金钢上的溶解氧还原反应以二电子和四电子转变并存的方式进行，且以二电子转变为主；过氧化氢的加入使得氧的电子转移数减小，溶解氧还原反应更偏向于二电子转变[27]。

X60 钢作为典型的低合金钢，常被用于海底石油、天然气的运输管道。我们以该材料为对象，研究其在模拟海水环境中的溶解氧还原反应路径，并进一步考查了不同处理方法的影响。实验所用 X60 钢的化学组成为：C 0.12%、Mn 1.50%、Si 0.25%、S 0.006%、P 0.02%、Al 0.025%、V 0.08%、Nb 0.03%、N 0.007%、Ti 0.12%，其余组分为 Fe。X60 钢的金相组织分析如图 3-20 所示，可以看出其由铁素体和珠光体组成，且呈明显的热轧态特征。

图 3-20　X60 钢的金相图（×100）

与 3.2 节中所述 Q235 和 20 钢的处理方法相似，将 X60 钢浸于在空气饱和的 3.5% NaCl 溶液中使开路电位达到稳定状态，得到预钝化表面，然后采用循环伏安法研究其溶解氧还原反应行为，结果如图 3-21 所示。在氧气饱和 3.5% NaCl 溶液中，预钝化 X60 钢上循环伏安曲线存在四个氧化还原峰（1、2、3 和 4），与氮气中的循环伏安曲线比较可知，峰 2 对应溶解氧还原反应。在还原峰 1′之后存在一个不明显的还原峰 5（曲线 b）。由于峰 1′是由铁的阳极氧化产生的氧化物的还原产生的，为了消除高价铁还原的影响，将扫描电位范围减小至−1.3～−0.7V（曲线 c）。曲线 c 上的氧化还原峰的峰电位分别为−0.95V 和−1.05V，与峰 3 和 5 相对应，可归属为二价铁的生成及还原反应［式（3-22）］。

$$Fe + 4H_2O \longrightarrow Fe(OH)_2 + 2H_3O^+ + 2e^- \quad (3\text{-}22)$$

由于钢铁材料的化学性质活泼，通常情况下表面均覆盖有一层氧化膜，在有氧气存在时，这层氧化膜主要是由 Fe_3O_4 和 γ-Fe_2O_3 组成。大多数学者认为，在氧化膜的最外层，三价铁的存在形式为 γ-FeOOH，它是由 γ-Fe_2O_3 水解转化而来，是一个由氢键和氢氧根离子相连的八面体层状结构，O^{2-}和 HO^{-}配位在八面体中心原子 Fe(III)的周围。当电位为–0.9V 时，即反应峰 1 所在电位，γ-FeOOH 被还原成 $Fe_{3-\delta}O_4$（$0<\delta<0.33$），随着电位的变化，晶格中 Fe(III)/Fe(Ⅱ)的比例也随着变化，当 Fe(Ⅱ)的含量大于 2%时，会生成 Fe_3O_4［式（3-23）］；当电位为–0.6V 时，即反应峰 4 所在电位，峰 3 产生的 $Fe(OH)_2$ 与 γ-FeOOH 作用生成具有高电导率反尖晶石结构的 Fe_3O_4，该氧化还原过程的反应方程式如式（3-24）所示。

$$\gamma\text{-}Fe_2O_3 + 2H^+ + 2e^- \longrightarrow [Fe_{3-\delta}O_4] \longrightarrow 2Fe_3O_4 + H_2O(0<\delta<0.33) \quad (3\text{-}23)$$

$$Fe(OH)_2 + 2\gamma\text{-}FeOOH \longrightarrow Fe_3O_4 + 2H_2O \quad (3\text{-}24)$$

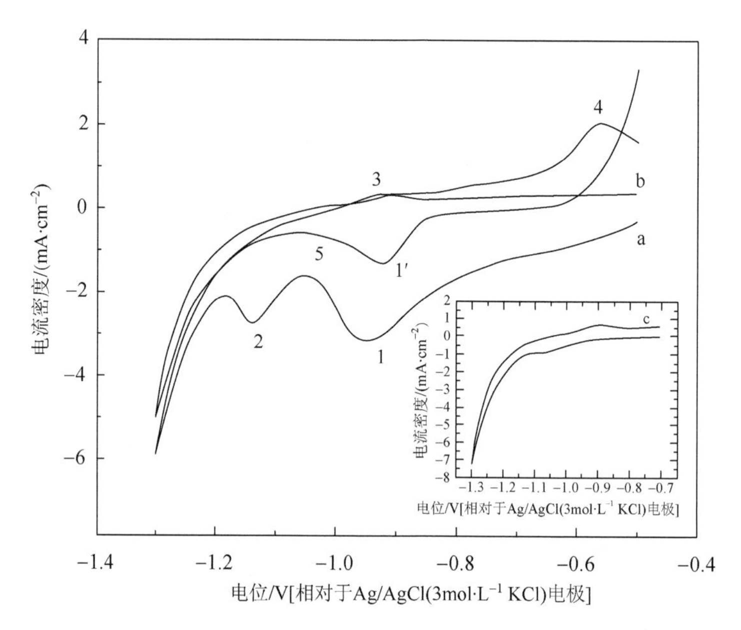

图 3-21　预钝化 X60 钢在氧气（曲线 a）与氮气饱和（曲线 b 和曲线 c）的 3.5% NaCl 溶液中的循环伏安曲线

图 3-22 为不同转速下预钝化 X60 钢在 3.5% NaCl 溶液中线性扫描伏安曲线，可见存在明显的溶解氧还原反应极限扩散电流平台。根据 Koutechy-Levich 等式对不同转速下的线性扫描伏安曲线进行处理，得到不同电位下的 Koutechy-Levich 曲线，结果如图 3-23 所示。在–1.1～–0.7V 的电位范围内，Koutechy-Levich 曲线的斜率介于理论二电子与四电子直线的之间，因而预钝化 X60 钢在 3.5% NaCl 溶液中的溶解氧还原反应以二电子与四电子转变并存的方式进行。

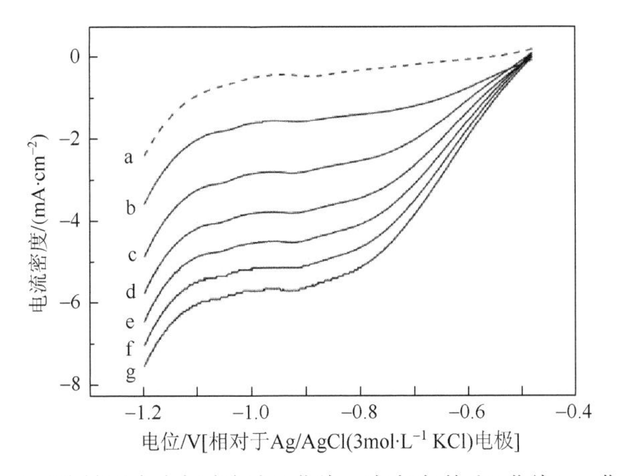

图 3-22　预钝化 X60 钢旋转圆盘电极在氮气(曲线 a)与氧气饱和(曲线 b～曲线 g)的 3.5% NaCl 溶液中于不同转速下的线性扫描伏安曲线

曲线 a～曲线 g 对应的转速分别为 400$r \cdot min^{-1}$、100$r \cdot min^{-1}$、400$r \cdot min^{-1}$、800$r \cdot min^{-1}$、1200$r \cdot min^{-1}$、1600$r \cdot min^{-1}$ 和 2000$r \cdot min^{-1}$

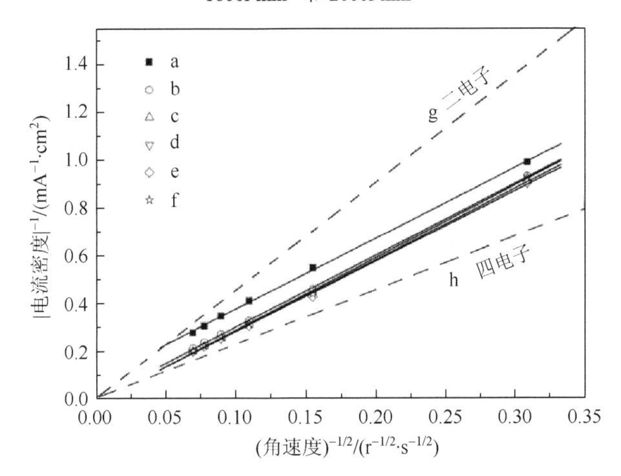

图 3-23　预钝化 X60 钢旋转圆盘电极在氧气饱和 3.5% NaCl 溶液中不同电位下的 Koutecky-Levich 曲线

虚线 g 和虚线 h 分别对应二电子与四电子反应的理论斜率直线

3.3.2　不同处理方法对 X60 钢上溶解氧还原反应的影响

在就预钝化 X60 钢上的溶解氧还原反应路径进行解析后，我们采用电化学阻抗谱对经不同方法处理的电极上的电化学行为进行表征。在此采用两种方法对 X60 钢进行处理，分别为预还原和预钝化处理。预还原的处理方式与 3.2 节中 20 钢的相似，即将抛光清洗后的 X60 钢置于氮气饱和的 3.5% NaCl 溶液中于−1.4V 下处理 30min；预钝化的处理同上所述，即将抛光清洗后的电极置于空气饱和的 3.5% NaCl 溶液中直至稳定状态。

图 3-24 为预还原 X60 钢在氧气饱和 3.5% NaCl 溶液中于不同电位下的电化学阻抗谱。在开路电位下，铁的阳极氧化和溶解氧的阴极还原同时发生，Nyquist 图表现为一个极化电阻 R_p 约为 2kΩ 的容抗弧。当电极电位负移至−0.8V 时，铁的阳极溶解受抑制，容抗弧的半径迅速增大。从−0.8V 开始，随着电位的负移，电荷转移电阻随之减小，电极上开始发生铁氧化物和溶解氧的还原反应。在−0.95～−0.8V 的电位范围内，Nyquist 图存在两个容抗弧，表现出有限层扩散特征，这是由于在预还原电极表面，不存在完整连续的氧化膜，溶解氧能够较容易地扩散至电极表面。当电位负于−1.1V 时，Nyquist 图除了在高频区存在容抗弧外，在低频区出现了一个线性部分——半无限扩散，此时，溶解氧还原反应电荷转移速率大，溶液中的氧不能很快地扩散到电极表面，出现了一个无限扩散区域。就 Bode 图而言，在所测电位范围内存在三个时间常数，对应的频率对数分别是 0、1、2，不同的时间常数代表不同的电化学反应。开路电位下，峰形较宽，峰所对应的时间常数为 1，是阴极反应和阳极反应共同作用的结果。在−0.9～−0.8V 的电位范围内，Bode 图上存在两个时间

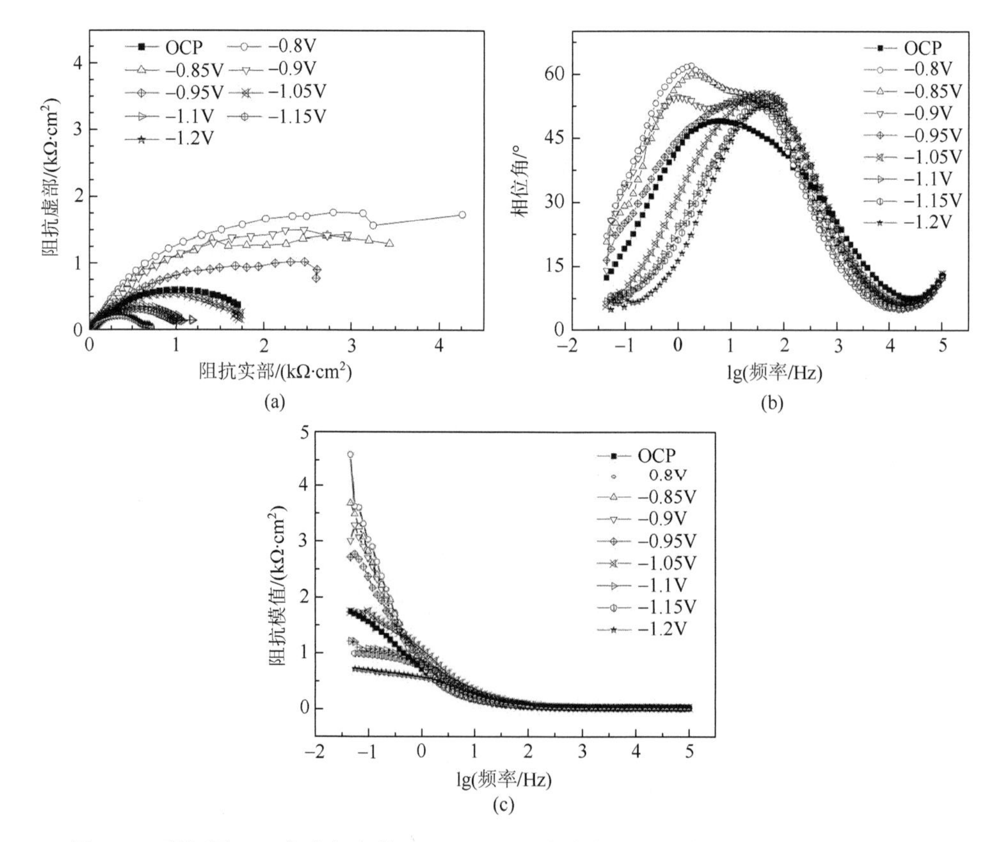

图 3-24　预还原 X60 钢在氧气饱和 3.5% NaCl 溶液中于不同电位下的 Nyquist 图（a）和 Bode 图［（b）和（c）］

常数 0 和 2，由循环伏安结果可知在–0.95～–0.8V 发生铁氧化物的还原，时间常数 0 所代表的峰由铁的氧化物还原产生。随着电位的负移，铁氧化物逐渐被还原，时间常数为 0 的峰逐渐变小，至–1.1V 时，完全消失。时间常数 2 所代表的峰由溶解氧还原反应产生，其位置没有因电位负移而发生太大变化。

相似地，我们得到预钝化 X60 钢在氧气饱和 3.5% NaCl 溶液中于不同电位下的电化学交流阻抗谱，如图 3-25 所示。比较两种不同表面状态的 X60 钢上的谱图，在预钝化表面，Nyquist 图上半无限扩散特征不明显，由于溶解氧是在外层氧化膜上进行还原反应，预钝化电极上二价铁的含量较少（二价铁的存在能催化溶解氧还原反应），因而溶解氧还原反应速率较慢，整个反应受电子转移过程控制。这与人们在纯铁研究中报道的溶解氧还原反应在自由态表面上比钝化态的更容易发生，更易于转变为水的结果相一致。

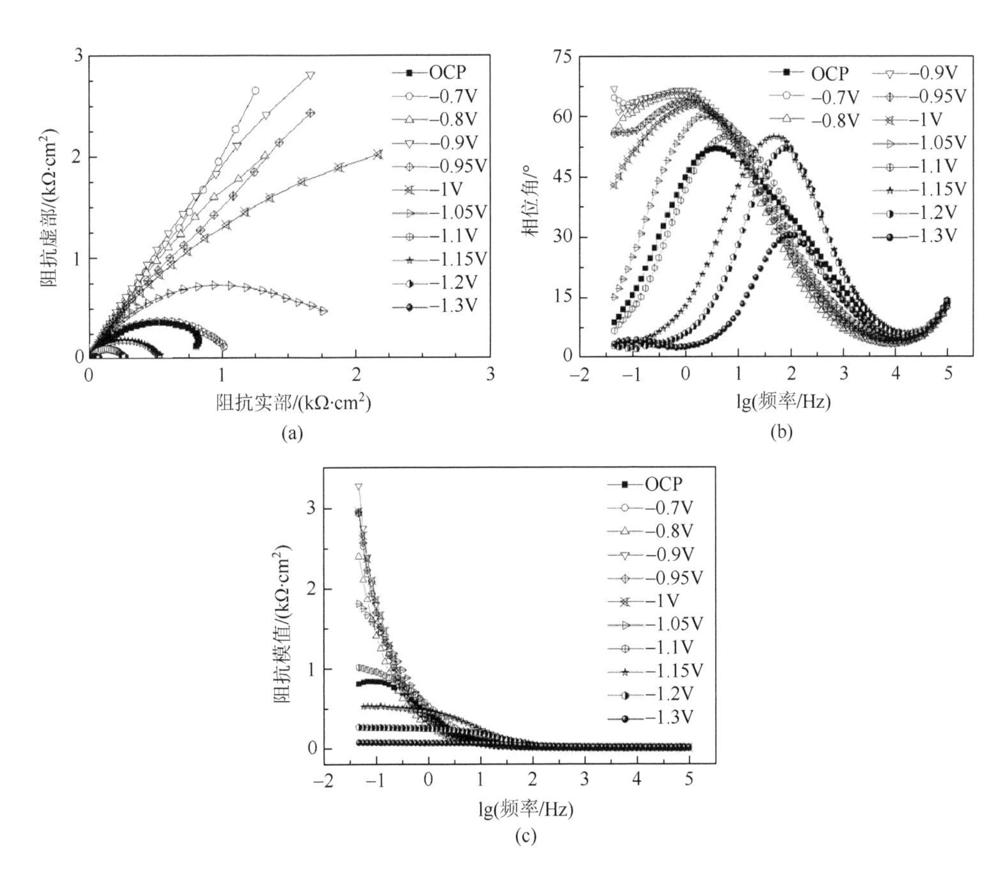

图 3-25　预钝化 X60 钢在氧气饱和 3.5% NaCl 溶液中于不同电位下的 Nyquist 图（a）和 Bode 图［（b）和（c）］

3.4 合金钢上的溶解氧还原反应

与低合金钢相比，合金钢的元素种类和含量高于国标中的限定值，因而赋予了其大的合金元素含量跨度。合金钢可按不同的方式进行分类，按钢中 S、P 杂质含量可划分为普通合金钢（S 含量≤0.05%、P 含量≤0.045%）、优质合金钢（S 含量≤0.035%、P 含量≤0.035%）、高级优质合金钢（S 含量≤0.025%、P 含量≤0.025%）和特殊优质合金钢（S 含量≤0.015%、P 含量≤0.020%），按钢中所含主要合金元素可划分为铬钢、铬镍钢、锰钢和硅锰钢，按用途可划分为合金结构钢、合金工具钢和特殊性能钢（如不锈钢、耐热钢、超强钢等），按钢的金相组织可划分为铁素体钢（如 Cr17、Cr25、Cr28）、奥氏体钢（如 1Cr18Ni9、0Cr19Ni9、Mn13）、马氏体钢（如 3Cr13、4Cr13、1Cr11MoV、1Cr12WmoV）、珠光体钢（如 15CrMo、12CrMoV）、贝氏体钢（如 12MoVWBSiRE）等。合金元素在钢中有两种存在形式，一是溶解于碳钢原有的相中，另一种是形成某些碳钢中所没有的新相，如金属间化合物。虽然合金钢在某些方面具有优异的性能，但由于合金钢对冶炼工艺要求高、合金元素成本高等问题，其在钢的总产量中约占百分之十几，远低于碳钢和低合金钢的。

3.4.1 不锈钢上的溶解氧还原反应

在腐蚀研究中，作为合金钢中重要一员的不锈钢经常被使用。在冶金学中，不锈钢是通常含有 10%～30%铬的合金钢，钢中的铬与氧作用，在钢的表面形成一层很薄的氧化膜，称为自钝化膜，使不锈钢在空气、水和酸、碱、盐中具有良好的耐腐蚀。不锈钢中除铬以外，还可加入镍、钼、铜、钛等合金元素，使其具有更好的耐蚀性、工艺性或机械性能等。不锈钢按组织状态可划分为铁素体不锈钢、奥氏体不锈钢、奥氏体-铁素体（双相）不锈钢、马氏体不锈钢等。铁素体不锈钢的含铬量为 15%～30%，其耐蚀性、韧性和可焊性随含铬量的增加而提高，属于这一类的有 Crl7、Cr17Mo2Ti、Cr25、Cr25Mo3Ti、Cr28 等。铁素体不锈钢因为含铬量高，耐腐蚀性能与抗氧化性能比较好，但机械性能与工艺性能较差，多用于受力不大的耐酸结构及作抗氧化钢使用。奥氏体不锈钢的含铬量大于 18%，还含有约 8%的镍及少量钼、钛、氮等元素。综合性能好，可耐多种介质腐蚀，常用牌号有 1Cr18Ni9、0Cr19Ni9 等。这类钢具有良好的塑性、韧性、焊接性、耐蚀性和无磁或弱磁性，在氧化性和还原性介质中耐蚀性均较好。奥氏体-铁素体双相不锈钢兼有奥氏体和铁素体不锈钢的优点，并具有超塑性，奥氏体和铁素体组织各约占一半。在含碳量较低的情况下，铬含量为 18%～28%、镍含量为 3%～10%，有些钢还含有 Mo、Cu、Si、Nb、Ti、N 等合金元素。该类不锈钢兼有奥氏体和铁素体不锈钢的特点，与铁素体不锈钢相比，塑性、韧性更高，无室温脆性，焊接性能显著提高；与奥氏体不锈钢相比，强度高且耐晶间腐蚀和耐氯化物应力腐蚀有明显提高。双相不锈钢具有优良的耐孔蚀性能，也是一种节镍不锈钢。马氏体不锈钢强度与硬度高、耐磨性好，但塑性与可焊性较差、耐蚀性也稍差，常用牌号有 1Cr13、3Cr13 等，用于力学性能要求较高、耐蚀性能要求一般的零件上。

在溶解氧还原反应的研究中，由于不锈钢表面钝化膜的存在，电极表面状态相对稳定，常被用作研究对象。大多数学者认为在不锈钢上稳定存在的钝化膜具有一个双层的层状结构，氢氧化铬外层和铬-铁氧化物内层。Olefjord 和 Fischmeister 将不锈钢放入水溶液中发现，浸泡初期钝化膜的表层生成 FeOOH，由于铁溶解速度大于铬，同时铬对氧气具有较高的亲合力，随放置时间的增加，铬元素不断地在膜表面富集，从而在最外层形成一层 $Cr(OH)_3$，这一转变可由式（3-25）进行表示[28]。

$$Cr(s) + xFeOOH(s) + \frac{3}{4}O_2(g) + \left(\frac{3}{2} + x\right)H_2O(l) \longrightarrow Cr(OH)_3(s) + xFe^{3+}(l) + 3xOH^- \tag{3-25}$$

式中，x 为时间依赖参数（$1<x<2$）。

与阳极反应不同，不锈钢表面的溶解氧还原反应发生在钝化膜上而非金属表面[20]。在溶解氧还原反应发生的电位范围内，不锈钢表面的氧化膜部分被还原，但表面依然有氧化膜的存在。Vago 等认为，氧化物膜表面溶解氧还原反应的发生需要氧化物的部分还原，一旦还原，不锈钢表面成为溶解氧还原反应的有效催化剂[29]，这与 Zececvic 等认为的氧在铁上发生还原之前需先与 Fe^{2+}进行螯合相一致[30]。既然不锈钢上的溶解氧还原反应发生在钝化膜上，那么钝化膜的结构、化学组成、导电性对溶解氧还原反应具有重要影响。不同不锈钢由于合金元素种类与含量的差别，表面钝化膜可能存在差异，因而其上的溶解氧还原反应路径与机理可能不同。Lu 等的研究表明铈的加入能有效地抑制溶解氧的还原，由于铈对氧气的吸附能力强，在电极表面形成的阻碍层屏蔽了一些溶解氧还原活性点，从而使氧气和质子的还原具有很大的过电位[31]。Babic 等分别研究了 316 和 304 不锈钢在 $0.5mol \cdot L^{-1}$ NaCl 溶液中的溶解氧还原反应，发现溶解氧在这两种奥氏体不锈钢上发生四电子还原[32]。在此，我们就高钼双相不锈钢在 3.5% NaCl 溶液中的溶解氧还原反应进行了研究。实验中所使用的高钼双相不锈钢的化学组成为：C 0.03%、Cr 26.0%、Ni 6.0%、Mo 4.0%、Cu 1.2%、Ti 0.65%、Si 0.5%、Mn 0.5%、S 0.02%、P 0.02%，其余组分为 Fe。

将抛光清洗后的高钼双相不锈钢置于空气饱和的 3.5% NaCl 溶液中，开路电位随着浸泡时间的延长逐渐正移，到 1.5h 后达到稳定状态。电极状态稳定后，采用循环伏安法进行表征，结果如图 3-26 所示。与在氮气饱和溶液中的循环伏安曲线相比，氧气饱和溶液中的曲线在–0.65V 左右出现一明显的阴极峰，其对应溶解氧还原反应。与 3.2 节中的 Q235 碳钢和 3.3 节中的 X60 低合金钢相比，氮气饱和条件下高钼双相不锈钢上循环伏安曲线的铁氧化物氧化还原峰电位较正（–0.3V 左右）、峰电流小，这与高钼双相不锈钢表面存在较为完整钝化膜耐蚀性好相一致。

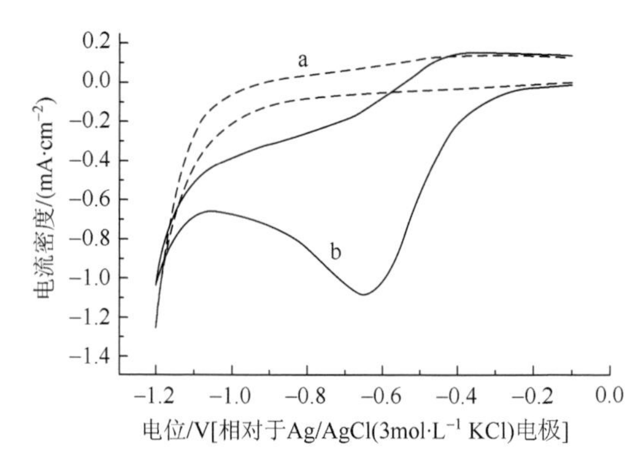

图 3-26 预钝化高钼双相不锈钢在氮气（曲线 a）与氧气饱和（曲线 b）的 3.5% NaCl 溶液中的循环伏安曲线

预钝化高钼双相不锈钢上溶解氧还原反应的旋转圆盘电极线性扫描伏安曲线结果展示在图 3-27 中，与 Q235 钢和 X60 钢相似，随着转速的增加溶解氧还原反

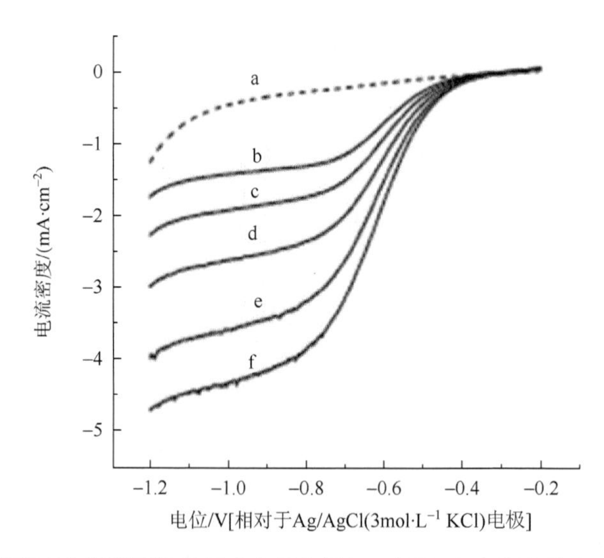

图 3-27 预钝化高钼双相不锈钢旋转圆盘电极在氮气（曲线 a）与氧气饱和（曲线 b～曲线 f）的 3.5% NaCl 溶液中于不同转速下的线性扫描伏安曲线

曲线 a～曲线 f 对应的转速分别为 $400r\cdot min^{-1}$、$100r\cdot min^{-1}$、$200r\cdot min^{-1}$、$400r\cdot min^{-1}$、$800r\cdot min^{-1}$ 和 $1200r\cdot min^{-1}$

应电流增大，且存在明显的极限扩散电流平台。根据 Koutechy-Levich 方程对图 3-27 中不同转速下的线性扫描伏安曲线进行处理得到 Koutechy-Levich 曲线，结果如图 3-28 所示。在–0.6V 时，曲线的斜率与溶解氧的二电子还原对应的理论线的几乎相同，因而该电位下溶解氧发生二电子还原，过氧化氢是反应终产物。随着电位的负移，曲线介于二电子与四电子转变对应的理论线之间，所以此时的溶解氧还原反应同时包含二电子与四电子转变过程。与 304 和 316 不锈钢上溶解氧发生四电子还原相比，高钼双相不锈钢上的二电子与四电子还原并存现象表明合金元素对不锈钢的溶解氧还原反应具有重要作用。

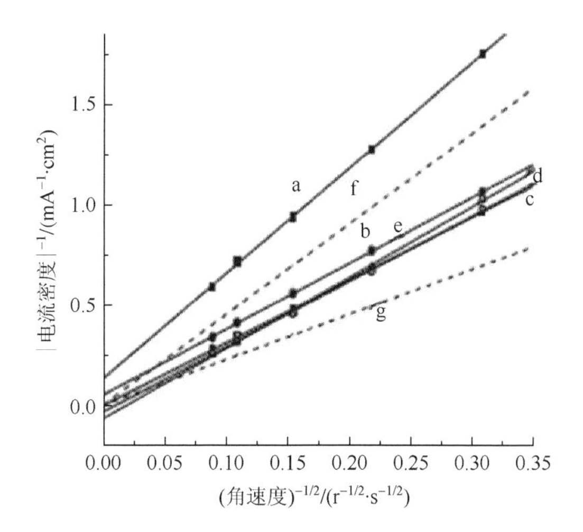

图 3-28　预钝化高钼双相不锈钢旋转圆盘电极在氧气饱和 3.5% NaCl 溶液中不同电位下的 Koutecky-Levich 曲线（虚线 f 和虚线 g 分别对应二电子与四电子反应的理论斜率直线）

实线 a～实线 e 对应的电位分别为–0.6V、–0.7V、–0.8V、–0.9V 和–1.0V

从图 3-29 中所示的预钝化高钼双相不锈钢在氧气饱和的 3.5% NaCl 溶液中于不同电位下的电化学阻抗谱结果上看，当溶解氧还原反应过电位较小时（–0.60～–0.40V），谱图表现出典型的电荷转移控制特征。随着电位的负移，越来越多的经二电子还原产生的过氧化氢在电极表面积累，导致谱图的实部收缩。在–0.90V 和–1.0V 电位下，出现了有限层扩散与半无限扩散并存的特征，这是由电极表面吸附的过氧化氢对氧扩散的阻挡作用引起的。这些结果与旋转圆盘电极伏安曲线结果相一致。

3.4.2　不同处理方法对不锈钢上溶解氧还原反应的影响

除不同种类的不锈钢上溶解氧还原反应的路径不同外，同种不锈钢经不同方法处理后，其上的溶解氧还原反应行为也存在差异。这是因为不同的处理方法，

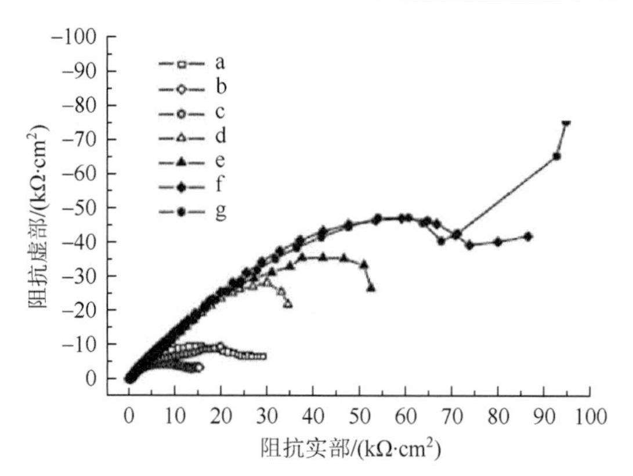

图 3-29　预钝化高钼双相不锈钢在氧气饱和的 3.5% NaCl 溶液中于不同电位下的 Nyquist 图

曲线 a～曲线 g 对应的电位分别为−0.4V、−0.5V、−0.6V、−0.7V、−0.8V、−0.9V 和−1.0V

会改变钝化膜的状态。Bozec 等研究了经不同表面处理的 316L 不锈钢在海水中的溶解氧还原反应，发现溶解氧还原反应速率大小顺序为：化学处理表面＜预钝化表面＜机械抛光表面＜预还原表面[33]。经不同方法处理后的 316L 不锈钢钝化膜的组成和结构不同，具体见表 3-3。经预钝化处理的表面铁氧化物含量低，铬的氧化物和氢氧化物能够阻碍氧的扩散，从而使得溶解氧还原反应活性降低；同时，溶解氧与铁氧化物的还原同时发生。而经预还原处理的电极则表现出良好的溶解氧还原反应活性，溶解氧发生四电子还原。在经机械抛光和预钝化处理的表面，溶解氧还原反应的动力学比较复杂，四电子与二电子还原过程同时存在，过氧化氢的产率为 10%～20%。经机械抛光后，溶解氧还原反应物质传输控制波出现在比铁氧化物还原更负的电位，然而，一部分溶解氧被还原形成氧化物。预钝化处理促进氢氧化铬外层的生长从而抑制氧的扩散。这些差异与钝化膜中 Fe^{2+}的含量密切相关，经不同方法处理的 316L 不锈钢表面 Fe^{2+}与 Fe^{3+}的相对含量见表 3-4，可以看出 316L 不锈钢上的溶解氧还原反应速率与 Fe^{2+}的含量呈正相关性。

表 3-3　经不同方法处理的 316L 不锈钢表面钝化膜的组成、结构与厚度比较[33]

表面处理方法	结构	组成	厚度/Å
机械抛光	非层状膜	0.50 Fe^{3+}ox 0.15 Fe^{2+}ox 0.45 Cr^{3+}ox	20±2
预钝化处理	层状膜	内层 { 0.50 Fe^{3+}ox 0.10 Fe^{2+}ox 0.40 Fe^{3+}ox }	24 } 28±3
		外层 Cr^{3+}hy	4
化学处理	非层状膜	0.20 Fe^{3+}ox 0.40 Cr^{2+}ox 0.40 Cr^{3+}hy	20±2

表3-4 经不同方法处理的316L不锈钢表面钝化膜的铁物种、Fe^{3+}和Fe^{2+}的含量比较[33]

表面处理方法	Fe^{2+}和Fe^{3+}		
	$Fe^{2+,3+}$总量	Fe^{3+}	Fe^{2+}
机械抛光	4.5×10^{15}	3.3×10^{15}	1.2×10^{15}
预还原处理	4.5×10^{15}	0^{a}	4.5×10^{15a}
预钝化处理	4.9×10^{15}	4.1×10^{15}	0.8×10^{15}
化学处理	1.6×10^{15}	1.6×10^{15}	0

a. 估算值。

自 Bozec 之后，多个研究组就经不同方法处理的不锈钢上的溶解氧还原反应进行了研究。Klapper 等采用电化学噪声方法研究了不同表面状态的 S316Ti 不锈钢上的溶解氧还原反应，再次证实了溶解氧还原反应对钝化膜状态的敏感性[34]。他们的结果表明预钝化处理形成的稳定钝化膜能够抑制溶解氧还原反应，而预还原与机械抛光处理的表面的铁氧化物可以被还原生成Fe^{2+}，Fe^{2+}的存在可作为溶解氧还原反应的活性位点。Gojkovic 等研究了双相不锈钢在含与不含氯离子的溶液中的溶解氧还原反应，发现预还原表面上的溶解氧还原反应速率高于预氧化和预腐蚀的，同时，氯离子的存在使得溶解氧还原反应的电子转移数由 2.9 增大为 3.5，这可能与氯离子在钝化膜表面的吸附使得钝化膜局部活化成为活性位点有关[35]。Kim 等采用声发射技术就经抛光、预还原、电化学钝化和化学钝化处理的 316L 不锈钢上的溶解氧还原反应进行了研究，发现不同表面的声发射信号不同（图 3-30），声发射信号来源于溶解氧还原反应，而与析氢、铁氧化物的还原等无关[36]。

总之，不锈钢上的溶解氧还原反应与其表面状态密切相关，其中Fe^{2+}的含量与溶解氧还原反应速率之间存在正相关性，能够提高不锈钢表面Fe^{2+}含量的方法利于溶解氧还原反应的进行。

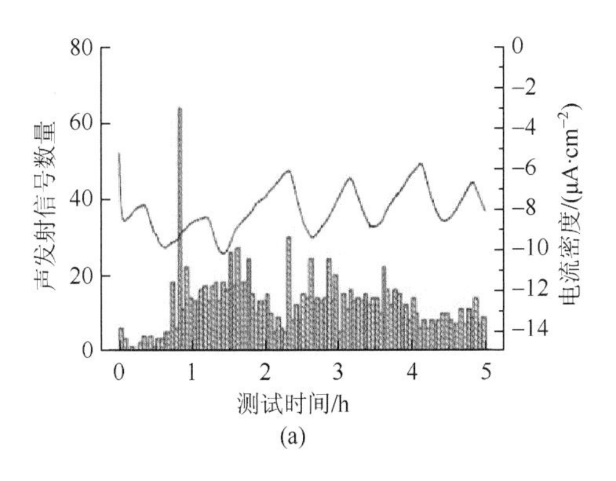

(a)

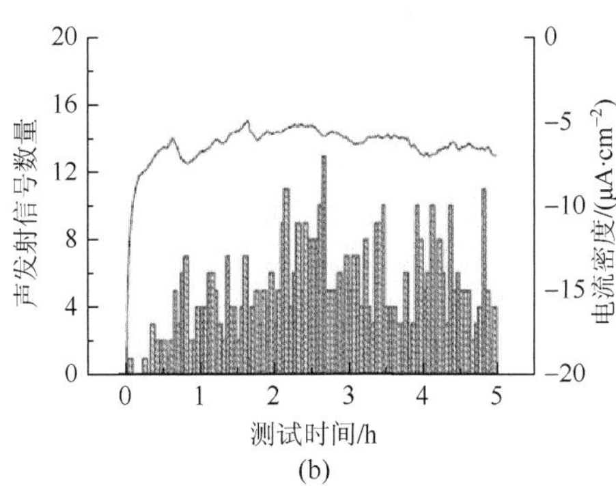

(b)

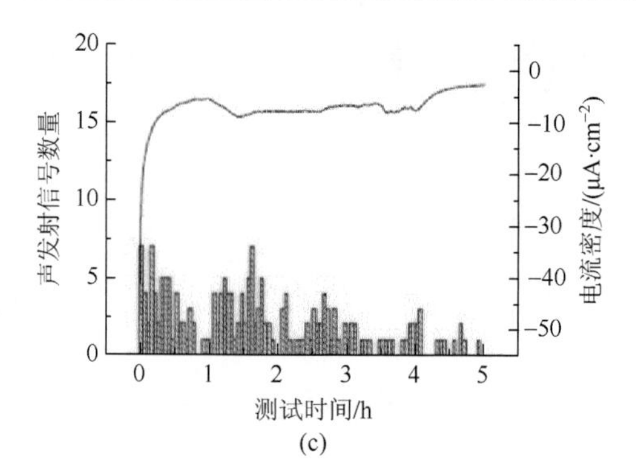

图 3-30 恒电位极化［−0.8V（vs. SCE）］下经预还原（a）、电化学钝化（b）和化学钝化处理（c）的 316L 不锈钢上声发射信号和阴极电流密度随时间的变化图[36]

第 4 章　典型有色金属材料上的溶解氧还原反应

在第 3 章中，我们介绍了钢铁材料上的溶解氧还原反应，钢铁材料是典型的黑色金属。除钢铁材料外，铜、铝等有色金属及其合金由于具有某些特定性能而在海洋环境中有用武之地，这些材料在使用过程中也存在腐蚀问题，且大多数情况下发生氧去极化腐蚀。因此，探讨这些材料上的溶解氧还原反应对深入理解其腐蚀机理具有重要作用。在本章中，我们将就铜、铝、锌、镍四类典型有色金属材料上的溶解氧还原反应进行论述。

4.1　铜及其合金上的溶解氧还原反应

4.1.1　铜及其合金简介

铜是人类最早认识并应用最早的金属之一，其在地壳中的含量约为 0.01%，在个别铜矿床中，铜的含量可达 3%～5%。自然界中的铜，多以化合物即铜矿物存在。导电、导热性是铜的突出优势，在所有金属中，铜的导电性仅次于银，铜的导热性是所有金属中最好的。除优越的导电、导热性能外，铜还具有磁化率极低、摩擦系数小、耐蚀性好、韧性高、抑菌能力强等优点，这些特点使得铜及其合金在诸多行业中具有应用基础。按照化学组成，可将铜及其合金划分为纯铜、黄铜、白铜和青铜四类。

纯铜具有面心立方晶格，无同素异晶转变，密度为 $8.96g·cm^{-3}$，熔点为 1083℃，通常软且有韧性。纯铜一般包括普通纯铜、脱氧铜、无氧铜及特种铜。不同纯度和含某种微量元素的工业纯铜表面常带有玫瑰紫色的氧化膜，故亦称紫铜。紫铜规定的最少铜含量不小于 99.3%（质量分数），材料具有高的导电性、导热性、抗蚀性和塑性。普通纯铜含氧量较高，不能在还原性介质中加热，以免发生“氢脆”，主要用于导电、导热元件。脱氧铜残留一定的脱氧剂元素，强烈降低铜的导电性，只宜作结构材料使用。无氧铜中氧和杂质的含量极低，主要用于电真空器件。特种铜含有不同的微量特定元素，如含砷铜、含银铜、含碲铜、弥散铜等，主要用于导电结构件。黄铜是以锌为主要添加元素的铜合金，含有或不含有少量的其他元素。只含锌的铜-锌二元合金称为普通黄铜或简单黄铜，除锌以外还含有其他添加元素的铜合金称为复杂黄铜或特殊黄铜。黄铜的铜质量分数一般为 55%～96%，黄铜具有良好的力学性能、耐蚀性、导电性、导热性和加工工艺性，价格低，色泽美，是应用最广、最经济的结构用铜合金。白铜是以镍为主要添加元素的铜合金，含有或不含有一定量的其他元素。只含镍的铜-镍二元合金称为普通白铜，除镍以外还含有其他添加元素的铜合金成为复杂白铜。白铜的突出特点是在腐蚀性介质中有极高的化学稳定性，并具有高的力学性能，高的耐热性和耐寒性，足够的加工成形性。青铜是除黄铜和白铜以外的铜合金，通常以铜以外的第一主元素名称命名青铜的类别。青铜品种繁多，其中以锡青铜、铝青铜、铍青铜应用较广；还有硅青铜、锰青铜、钛青铜、铬青铜、锆青铜等。材料具有比黄铜高的力学性能，良好的耐蚀性、耐磨性、耐热性，高的弹性，且加工成形性能好，铸件体积收缩率小，主要用于承力的耐蚀、耐磨零件、弹性元件等。

由于铜不但耐海水腐蚀、导热性高，而且融入水中的铜离子有杀菌作用，可以防止海洋生物污损，铜和铜合金是海洋工业中十分重要的材料。铜及其合金已在船舶、海水淡化工厂、海洋采油采气平台及其他海岸和海底设施中被广泛应用。一般来讲，在军舰和商船的自重中，铜和铜合金占 2%～3%，其使用范围包括螺旋桨、冷凝管、发动机、电动机、通讯系统等。因此，研究铜及其合金上的溶解氧还原反应非常必要。

4.1.2 不同处理方法对铜上溶解氧还原反应的影响

Delahay 于 1950 年首次报道了铜在含有 0.2mol·L^{-1} KCl 的磷酸盐缓冲溶液中的溶解氧还原反应，根据极谱曲线和耗氧量数据得到溶解氧主要发生四电子还原。尽管过氧化氢也会产生，但是其可经催化分解方式转变为水[37]。后来，Balakrishnan 和 Venkatesan 采用旋转圆环-圆盘电极技术研究了经抛光和预还原处理的铜在 NaCl 溶液中的溶解氧还原行为，发现从开路电位向负电位方向扫描获得的伏安曲线仅存在一物质传输极限电流平台（图 4-1），表明未产生大量的过氧化氢[38]。而 King 等的进一步研究表明铜上的溶解氧还原反应以连续的二电子方式进行（图 4-2），涉及过氧化氢中间产物的吸附，且释放到溶液中的过氧化氢的量由其还原和脱附的相对速率决定[39]。这些结果的不完全一致可能与实验中铜的表面状态密切有关，而这一推测也逐渐被人们证实。

Deslouis 等发现铜在 NaCl 溶液中的阴极极化曲线的特征与电化学测试前在溶液中的浸泡时间明显相关[40]。当铜表面覆有腐蚀产物时，在扫速大于 1mV·s^{-1} 的情况下，获得非稳态曲线。当在静止状态下停留 5min 后，线性伏安曲线出现另一个峰叠加于溶解氧还原反应峰上，该峰可归属为静置时间内产生的 CuCl 的还原。进一步延长静置时间至 16h，于−0.9V（相对于饱和甘汞电极）出现一还原峰叠加于溶解氧还原反应极限电流平台上，该峰是由在静置时间内 CuCl 的水解产生的

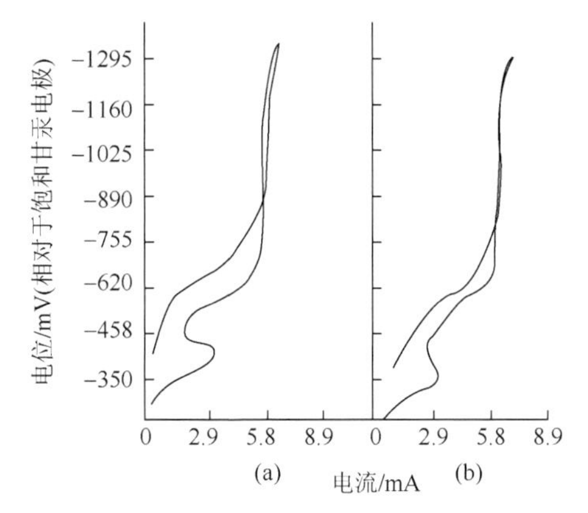

图 4-1　黄铜（a）和铜（b）在 0.5mol·L^{-1} NaCl 溶液中溶解氧还原反应的循环伏安曲线[38]

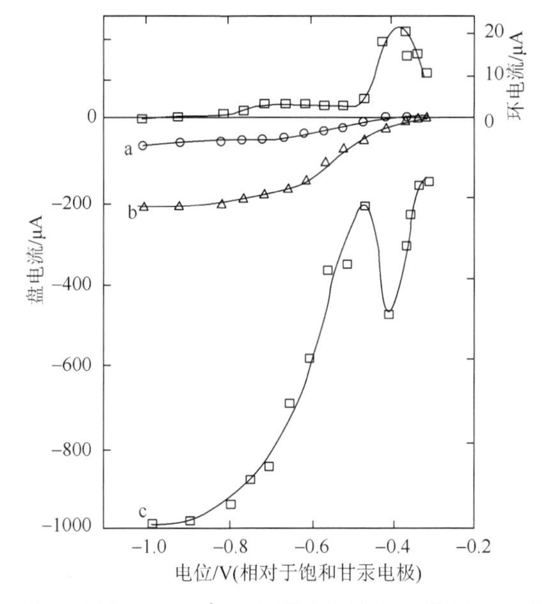

图 4-2　不同气氛下铜电极在 1mol·L^{-1} NaCl 溶液中的稳态溶解氧还原反应电流随电位的变化曲线[39]

a. 5% O_2+N_2；b. 空气；c. 100% O_2

Cu_2O 的还原引起的。Bjorndahl 和 Nobe 也观察到了相似的结果[41]。在搅拌条件下，发生更负电位下还原峰的分离，这是由溶液中的 Cu（Ⅰ）和 Cu（Ⅱ）物种的还原引起的。其他研究者也发现了还原峰分离现象，但将其归属于固体表面膜层中铜物种的还原。

Cu 元素存在三种价态 Cu（0）、Cu（Ⅰ）和 Cu（Ⅱ），不同价态的铜对溶解氧还原反应及其中间产物的作用不同，且铜表面不同价态铜的比例会随着电位、处理方法等的不同而发生变化。Vazquez 等研究了过氧化氢在经预还原、抛光和预氧化处理的铜表面上的溶解氧还原反应，发现过氧化氢可以在含有 Cu（Ⅰ）物种的人工氧化表面发生电化学还原[42]。当电解液中不含氯离子时，还原过程通过 Cu（Ⅰ）/Cu（Ⅱ）氧化还原对实现［式（4-1）和式（4-2)］。在具有 $Cu/Cu_2O/CuO$ 双相层的预氧化表面，Cu（Ⅱ）被发现能够降低过氧化氢的还原速率。相似地，在预还原铜表面，氧化还原催化机理依然适用，但在电荷转移和电荷转移-物质传输混合控制的电位范围内电流减小。他们进一步比较了经预还原、预氧化为 Cu/Cu_2O 和预氧化为 $Cu/Cu_2O/CuO$ 双相层三种不同方法处理的铜表面上的溶解氧还原反应，发现溶解氧还原反应的扩散极限电流密度不因电极表面状态差异而不同，但活化控制电位范围内的溶解氧还原反应活性随着铜氧化程度的增加而降低（图 4-3)。在仅含有 Cu_2O 的非双相层的铜表面，溶解氧发生四电子还原，没有显著的过氧化氢的产生。在 Cu_2O 稳定的条件下，溶解氧还原反应通过涉及 Cu_2O 氧化的连续步骤进行［式（4-3）和式（4-4)］，Cu_2O 通过式（4-2）进行电化学再生。

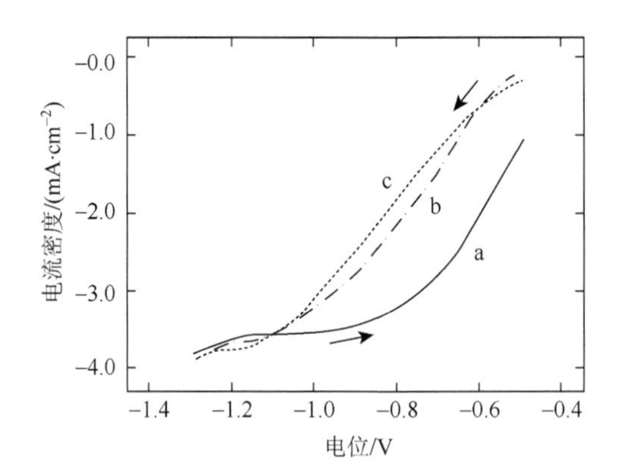

图 4-3　不同表面铜旋转圆盘电极在氧气饱和的 $0.1mol·L^{-1}$ 硼酸钠溶液中的线性伏安曲线[42]

a. 预还原表面；b. 预氧化为 Cu/Cu_2O；c. 预氧化为 $Cu/Cu_2O/CuO$ 双相层

$$Cu_2O + H_2O_2 \longrightarrow 2CuO + H_2O \tag{4-1}$$

$$2CuO + H_2O + 2e^- \longrightarrow Cu_2O + 2OH^- \tag{4-2}$$

$$Cu_2O + O_2 + H_2O \longrightarrow 2CuO + H_2O_2 \tag{4-3}$$

$$Cu_2O + H_2O_2 \longrightarrow 2CuO + H_2O \tag{4-4}$$

King 等也证实了不同状态的铜表面上的溶解氧还原反应路径不同，但与 Vazquez 等认为的 Cu（Ⅰ）/Cu（Ⅱ）氧化还原媒介作用不同，他们认为在铜的表面存在两种不同活性的位点[39]。活性高的位点由 Cu（0）和 Cu（Ⅰ）组成，且 Cu（Ⅰ）以 $Cu(OH)_{ads}$ 或亚单层 Cu_2O 的形式存在；而活性低的位点只由 Cu（0）构成。在 Cu（0）位点上，Cu（0）的价态不发生变化，过氧化氢发生脱附前被还原为水［图 4-4（a)］。而在 Cu（0）/Cu（Ⅰ）位点上，溶解氧还原反应经由

Cu（0）/Cu（Ⅰ）位点与吸附的氧物种之间的电荷传递［图 4-4（b）］，与活性低的 Cu（0）位点不同，该位点上吸附的过氧化氢的还原速率并非远大于其脱附速率，因而部分过氧化氢扩散进入溶液。Cu（0）/Cu（Ⅰ）与 Cu（0）两种位点的表面覆盖比决定了溶解氧还原反应速率及过氧化氢的产率，而高的界面 pH 和更正的电位使得高活性 Cu（0）/Cu（Ⅰ）位点的覆盖率增大。

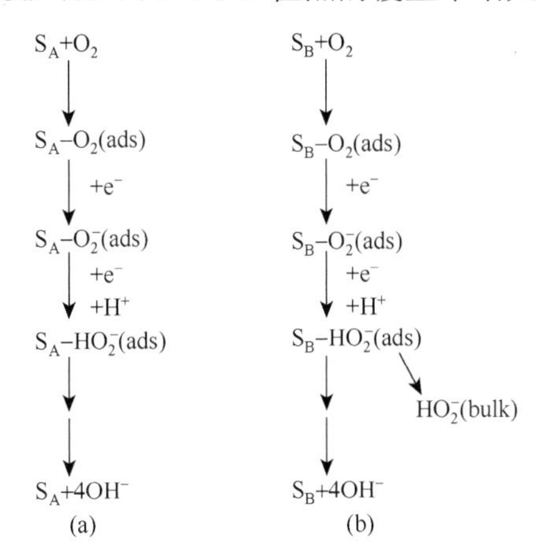

图 4-4　铜表面两种不同活性位点上溶解氧还原反应的反应路径[39]

A 为 Cu（0）位点，B 为 Cu（0）/Cu（Ⅰ）位点

4.1.3　其他因素对铜及其合金上溶解氧还原反应的影响

溶解氧还原反应与电极表面状态、电解液性质、温度等密切相关，在 4.1.2 节中所提及的不同处理方法引起电极表面状态的差异，从而引起溶解氧还原反应速率、路径、机理等的变化。除电极的处理方法外，合金元素、晶面等也会影响铜及其合金的表面状态。同时，在实际情况中，往往多种因素共同作用，从而使得溶解氧还原反应更加复杂。表 4-1 给出了文献报道的铜在含氯介质中的溶解氧还原反应的 Tafel 斜率，可以明显地看出 Tafel 斜率的差别（$-300\sim-46\text{mV}\cdot\text{dec}^{-1}$）与多种因素有关，包括电解液种类、温度、铜表面状态等。

表 4-1　不同文献报道的含氯介质中纯铜上溶解氧还原反应的 Tafel 斜率[43]

电解质	温度/℃	表面状态	Tafel 斜率/($\text{mV}\cdot\text{dec}^{-1}$)	电位/V（相对于饱和甘汞电极）
$0.5\text{mol}\cdot\text{L}^{-1}$ NaCl	30±0.1	机械抛光	−238	—
		预还原	−155	—
$0.5\text{mol}\cdot\text{L}^{-1}$ NaCl	25		−136（$500\text{r}\cdot\text{min}^{-1}$）	—
和人工海水			−194（$1000\text{r}\cdot\text{min}^{-1}$）	—

续表

电解质	温度/℃	表面状态	Tafel 斜率/($mV\cdot dec^{-1}$)	电位/V（相对于饱和甘汞电极）
			−195（$1600r\cdot min^{-1}$）	—
			−173（$2500r\cdot min^{-1}$）	—
			−192（$500r\cdot min^{-1}$）	—
			−190（$1000r\cdot min^{-1}$）	—
			−167（$1600r\cdot min^{-1}$）	—
			−167（$2500r\cdot min^{-1}$）	—
自然海水	25	机械抛光	−150	−0.5～−0.3
		预钝化 3 个月	−210	−0.5～−0.3
	—	预钝化 7 天	−75～−35	—
		预钝化 21 天	−325～−100	—
0.1～1$mol\cdot L^{-1}$ NaCl	28±1	机械抛光	−130±10	—
0.5$mol\cdot L^{-1}$ NaCl+0.1$mol\cdot L^{-1}$硼酸钠	20±1	机械抛光和预氧化	−300	—
人工海水	20	机械抛光	−46	—
天然人工海水	—	预钝化 21 天	−100	—
1.0$mol\cdot L^{-1}$ NaCl	23±2	机械抛光	−130（2% O_2+N_2）	−0.70～−0.35
		预还原	−140（5% O_2+N_2）	−0.75～−0.35
			−150（10% O_2+N_2）	−0.75～−0.35
			−170（20.9% O_2+N_2）	−0.70～−0.35
			−170（50% O_2+N_2）	−0.90～−0.50
			−160（100% O_2）	−0.80～−0.55
天然和人工海水	25±0.2	机械抛光	−134	−0.65～−0.50
		预还原	−148	−0.65～−0.50

铜与黄铜上的溶解氧还原反应也存在差异，Vazquez 等就铜和黄铜在不同溶液中的溶解氧还原反行为进行了研究，突出了溶解氧还原反应速率与化学组成、电极表面状态和电解液性质的相关性[42]。在−0.5～−0.35V 的电位范围内，对表面覆盖有氧化物的铜来讲，溶解氧还原反应速率大小顺序为：$(NH_4)_2SO_4$＞H_2SO_4＞NaCl＞HCl＞Na_2SO_4＞NH_4Cl；对黄铜而言，则有$(NH_4)_2SO_4$＞H_2SO_4＞HCl≈Na_2SO_4＞

NH_4Cl＞NaCl。当铜与黄铜表面不存在氧化物时，溶解氧还原反应速率取决于电极电位，且在$(NH_4)_2SO_4$ 溶液中表现出最高的反应速率，这与NH_4^+使得开路电位正移有关。当Cl^-存在时，NH_4^+对溶解氧还原反应的促进作用得到抑制，这是由Cl^-的吸附性能引起的。在 NaCl 溶液中，铜上的溶解氧还原反应速率高于黄铜上的。

将铜电极置于溶液介质中时，可能发生某些金属氧化物的沉积，从而影响溶解氧还原反应。Presuel-Moreno 等研究了铜在 Ce（Ⅲ）、Co（Ⅱ）和MoO_4^{2-}溶液中处理后的溶解氧还原行为，发现经处理后溶解氧还原反应活性受抑制（图 4-5），但不同溶液中的处理对溶解氧还原反应抑制最明显的 pH 不同[44]。经在 Co（Ⅱ）溶液中处理后，铜在 pH＞9.5 的缓冲液中对溶解氧还原反应的抑制最明显；在 Ce（Ⅲ）溶液中的处理使得 pH 为 7～8.2 的溶液中的溶解氧还原反应活性被显著抑制；MoO_4^{2-}溶液中处理时，pH 为 8.2 的缓冲液中的溶解氧还原反应活性抑制最明显。这些结果与$Co(OH)_2$、$Ce(OH)_3$或CeO_2MoO_2在铜表面的析出相一致。

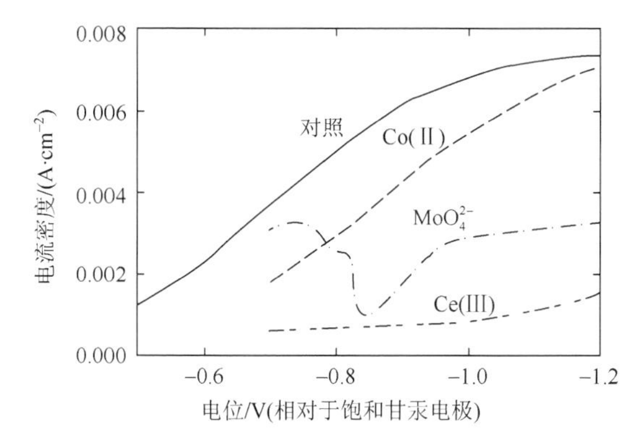

图 4-5　经在 Ce（Ⅲ）、Co（Ⅱ）和MoO_4^{2-}溶液中于−0.7V 电位下处理 4h 后的旋转铜圆盘电极在 pH 为 8.2 的硼酸盐缓冲溶液中溶解氧还原反应的线性伏安曲线[44]

除以上所涉及的化学成分、电解液性质等因素的影响外，铜不同晶面上的溶解氧还原反应也存在差异。Jiang 和 Brisard 研究了不同晶面的铜单晶在高氯酸和硫酸中的溶解氧还原反应，以图 4-6 为例，在 $0.1mol·L^{-1}$ $HClO_4$ 中，Cu（100）上的溶解氧还原反应活性高于 Cu（111）上的[45]。Cu（100）上高的活性来源于其更加开放的特性使得溶解氧的共吸附容易，与此同时，在电位正于−0.35V 的电位范围内，溶解氧在 Cu（111）上的吸附导致二电子还原路径；而在−0.70～−0.10V 的电位范围内，溶解氧在 Cu（100）上发生四电子还原。而在 $0.5mol·L^{-1}$ H_2SO_4 中，Cu（111）和 Cu（100）上的溶解氧还原反应活性顺序随电位范围不同而变化，当过电位小时（−0.35～−0.15V），Cu（100）活性高；随着电位的负移，Cu（111）上的活性高。吸附能力强的硫酸根离子在 Cu（111）表面的脱附导致过氧化氢的生成，而在 Cu（100）表面主要为四电子还原。根据研究结果，他们将不同溶液中不同晶面的铜电极上溶解氧还原反应的动力学参数包括反应级数、动力学电流密度、反应速率常数、Tafel 斜率、电子转移数进行了总结，结果如表 4-2 所示。溶解氧还原反应动力学参数的差异与硫酸根离子、含氧物种对单晶铜上氧分子吸附活性位点的作用密切相关。

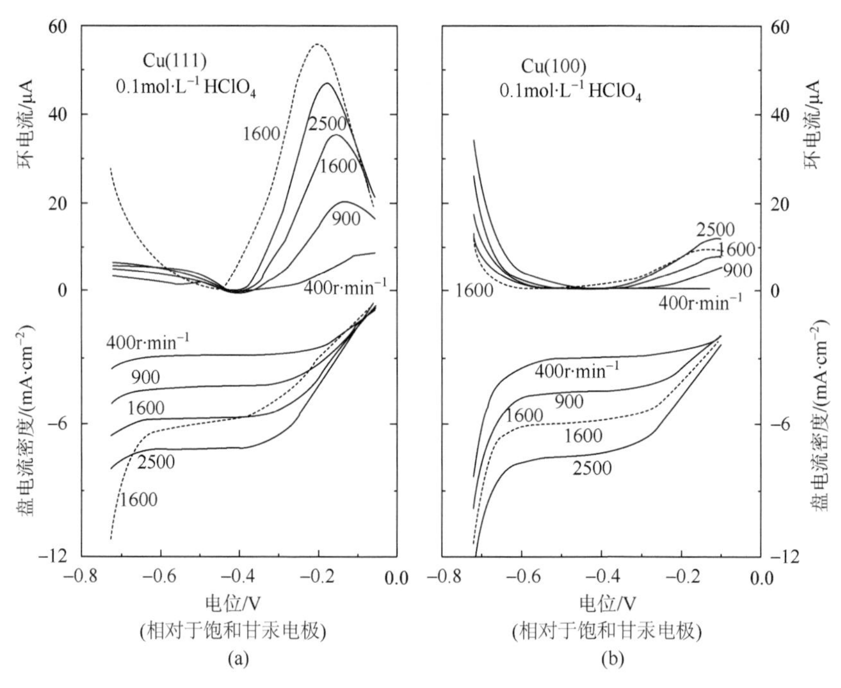

图 4-6　不同晶面的铜电极在氧气饱和的 0.1mol·L^{-1} $HClO_4$ 溶液中溶解氧还原反应的旋转圆环-圆盘电极伏安曲线[45]

（a）Cu（111）；（b）Cu（100）

表 4-2　不同溶液中不同铜晶面上溶解氧还原反应的动力学参数比较[45]

	电位/V	反应级数	电子转移数	动力学电流密度/（mA·cm^{-2}）	反应速率常数/（×10^{-2}，cm·s^{-1}）	Tafel 斜率/（mV·dec^{-1}）
0.1mol·L^{-1} $HClO_4$ Cu（111）	−0.18	0.43	4.0	5.25	1.08	122±4
	−0.20	0.46	4.0	6.66	1.37	—
	−0.22	0.48	3.9	8.49	1.79	—
	−0.24	0.51	3.9	10.75	2.26	—
	−0.26	0.61	3.8	13.75	2.97	—

续表

	电位/V	反应级数	电子转移数	动力学电流密度/（$mA\cdot cm^{-2}$）	反应速率常数/（$\times 10^{-2}$，$cm\cdot s^{-1}$）	Tafel 斜率/（$mV\cdot dec^{-1}$）
$0.1mol\cdot L^{-1}$ $HClO_4$ Cu（100）	−0.18	0.44	4.0	6.40	1.32	149±6
	−0.20	0.51	4.0	7.94	1.63	—
	−0.22	0.54	3.9	10.12	2.13	—
	−0.24	0.49	3.9	11.78	2.48	—
	−0.26	0.55	3.9	14.55	3.07	—
$0.5mol\cdot L^{-1}$ H_2SO_4 Cu（111）	−0.33	0.88	3.3	5.24	1.30	125±8[a]
	−0.34	0.97	3.2	10.24	2.63	36±3[b]
	−0.35	1.05	3.2	19.20	4.93	—
	−0.36	1.11	3.2	30.46	7.83	—
	−0.37	1.31	3.3	35.69	8.89	—
$0.5mol\cdot L^{-1}$ H_2SO_4 Cu（100）	−0.34	1.05	3.0	3.62	0.99	120±2
	−0.36	1.12	3.0	5.92	1.62	—
	−0.38	1.25	2.9	10.36	2.94	—
	−0.40	1.15	3.1	15.56	4.13	—
	−0.42	1.28	3.0	25.60	7.02	—

a. 低电流密度。

b. 高电流密度。

在以上涉及的文献报道中，铜及其合金电极的尺寸大，其上的溶解氧还原反应主要以连续的二电子方式进行，且多以四电子转变为主。而 Colley 等的研究结果却有所不同，他们以直径为 25μm 的铜微电极为工作电极，研究了其在高物质传输条件下的溶解氧还原反应。发现随着物质传输速率的增加，铜微电极上溶解氧还原反应的电子转移数逐渐接近二（表 4-3），而非原来所报道的四电子还原[46]。在铝合金的腐蚀中，常常存在微尺度的铜组分，因此在这些情况下不能简单地认为溶解氧发生四电子还原。

表 4-3　铜微电极在含 $0.1mol\cdot L^{-1}$ KNO_3 的 $10mmol\cdot L^{-1}$ 磷酸缓冲溶液中于不同物质传输速率下的溶解氧还原反应动力学参数分析[46]

流速/($mL\cdot min^{-1}$)	电流/μA	反应速率常数/($cm\cdot s^{-1}$)	Tafel 斜率/V	电子转移数
0.2	0.037	0.12	−0.087	2.87±0.5
0.5	0.056	0.19	−0.091	2.75±0.15
1	0.075	0.27	−0.093	2.6±0.15
2	0.093	0.39	−0.103	2.6±0.1
3	0.104	0.47	−0.095	2.1±0.1
4	0.112	0.55	−0.101	2.0±0.1

综上所述，与钢铁材料相似，铜及其合金上的溶解氧还原反应复杂，且受多种因素影响。

4.2 铝及其合金上的溶解氧还原反应

4.2.1 铝及其合金简介

铝为面心立方结构，其密度小（$2.7g·cm^{-3}$，约为铁的三分之一）、熔点低（600℃）、导电性好、塑性高，易于加工成各种型材、板材。但纯铝的轻度很低，不能够作为结构材料。为了提高铝的强度，人们往往加入合金元素来获得铝合金。添加一定元素形成的合金在保持纯铝质轻等优点的同时还能具有较高的强度，这样使得其“比强度”（强度与相对密度的比值）胜过很多合金钢，成为理想的结构材料。同时，由于铝表面可形成一层连续致密的氧化膜，铝及其合金的耐蚀性高。这些优点使得铝合金在工业上应用广泛，包括车辆、船舶、建筑门窗等，其使用量仅次于钢铁材料。

铝合金依据加工方法可分为变形铝合金和铸造铝合金两大类。变形铝合金可适用于锻造、冲压等加工，因主要合金元素比例不同而有不同的物理、化学、机械性能，进而有不同的应用范围。变形铝合金又可划分为两类：不可热处理强化型铝合金和可热处理强化型铝合金。不可热处理型强化型铝合金包含 1000、3000、4000、5000 系，主要靠固溶强化、冷加工变形来达到强化效果。此类铝合金具有中低强度，其中 5000 系（Al-Mg）具有良好的耐蚀性、焊接性，强度较 3000 系（Al-Mn）和 4000 系（Al-Si）高，但亦未达 400MPa。可热处理强化型铝合金包含 2000、6000、7000 系，主要通过淬火和时效等热处理手段以析出强化方式提高强度，以 7000 系（Al-Zn-Mg、Al-Zn-Mg-Cu）的强度最高，2000 系（Al-Cu、Al-Cu-Mg、Al-Cu-Mg-Si）次之，6000 系（Al-Mg-Si）的最低。铸造铝合金依据合金元素的不同可划分为铝硅合金、铝铜合金、铝镁合金、铝锌合金四大类。铝硅合金又称“硅铝明”，含硅量为 4%～13%，有时添加 0.2%～0.6%镁，热胀系数小，在铸造铝合金中品种最多、用量最大。铝铜合金的含铜量为 4.5%～5.3%时的强化效果最佳，适当加入锰和钛能显著提高强度与铸造性能。铝镁合金是密度最小、强度最高的铸造铝合金，镁含量为 12%左右时强化效果最佳。铝锌合金常被称为“锌硅铝明”，在铸造条件下，该合金有淬火作用，即“自行淬火”，不经热处理即可使用。铸造铝合金具有与变形铝合金相同的合金体系，它们主要的区别在于铸造铝合金除含有强化元素外，还必须含有足够数量的共晶型元素（通常是硅），以使合金有相当的流动性，因而其硅的最大含量超过多数形变铝合金中的硅含量。

铝及其合金在海洋环境中使用时，氯离子的作用往往使其遭受孔蚀破坏。孔蚀一般可分成蚀孔形核（诱导、萌发）阶段和蚀孔生长（发展）阶段，具体来说，可以有四个过程：铝合金表面钝化膜及钝化膜/环境溶液界面处，侵蚀性氯离子吸附，蚀孔萌发；钝化膜内部蚀孔开始形核，此时无法直接观察内部出现的微观变化；低于临界孔蚀电位处，在一段较短的时间内出现属于蚀孔的萌发与生长，又很快再钝化而消失的现象，即亚稳态孔蚀；高于临界孔蚀电位后，稳态蚀孔开始生长，孔烛进入发展阶段。有关孔蚀的形核机理主要有两种，分别为吸附机理和钝化膜破坏机理。

4.2.2　AA2024-T3 高强度铝合金上的溶解氧还原反应

铝上溶解氧还原反应的研究可追溯到 1950 年，Delahay 根据极谱曲线和耗氧量数据得到溶解氧在较宽的电位范围内发生二电子还原转变为过氧化氢，仅当过电位足够大时，才发生四电子还原[37]。但直到目前，有关铝上溶解氧还原反应的文献非常少，这可能与多数条件下，铝表面覆盖一层绝缘的氧化铝钝化膜，使得电荷转移困难；及铝电负性强，往往在电偶腐蚀中充当阳极有关。在极为有限的文献报道中，人们往往使用 AA2024-T3 高强度铝合金（含铜量可达 5%）作为研究对象。而 AA2024-T3 铝合金中存在多种含铜金属间化合物，它们在铝合金的腐蚀中扮有重要角色，因而常被一起研究。

Ilevbare 和 Scully 研究了纯铝、AA2024-T3 高强度铝合金及一些含铜金属间化合物在含与不含氯离子的 $0.1mol \cdot L^{-1}$ Na_2SO_4 溶液中的溶解氧还原反应行为，发现溶解氧还原反应速率与材料化学组分及表面状态、电解液性质密切相关[47]。在 $0.1mol \cdot L^{-1}$ Na_2SO_4+$5mmol \cdot L^{-1}$ NaCl 溶液中，与纯铝相比，AA2024-T3 铝合金及含铜的金属间化合物 Al-Cu、Al-Cu-Mg、Al-Cu-Mn-Fe 上的溶解氧还原反应速率明显提高。与 $0.1mol \cdot L^{-1}$ Na_2SO_4+$5mmol \cdot L^{-1}$ NaCl 溶液相比，AA2024-T3 在 $0.1mol \cdot L^{-1}$ Na_2SO_4 中于开路电位静置 2h 后的溶解氧还原反应电流减小，这与氯离子对孔蚀的诱发密切相关。与未处理电极相比，表面铬转化膜的形成使得 AA2024-T3 铝合金、Al-Cu、Al-Cu-Mn-Fe 金属间化合物的溶解氧还原反应电流减小，使得纯铝上的反应电流增大，但铝上溶解氧还原反应的电流依然小于其他材料的。铬钝化膜对溶解氧还原极限电流的减小作用与其对腐蚀的抑制、溶解氧还原反应电荷转移的阻碍、溶解氧还原反应活性位点的阻挡等有关。

AA2024-T3 铝合金在开路电位时，溶解氧还原反应由电荷转移-物质传输混合过程控制。当溶解氧还原反应处于电荷转移控制时，电极表面部分覆盖钝化膜，电流密度与未覆盖钝化膜的分散的均匀的活性区的电流密度和活性位点的表面覆盖度成正比。当溶解氧还原反应处于物质传输控制时，部分覆盖钝化膜表面上的极限扩散电流密度与均一表面的不同，大尺度的非均一性导致非线性扩散，阴极反应的速率取决于扩散边界层的厚度，而这又与活性位点的尺寸与空间分布有关。Vuknirovic 等研究了 AA2024-T3、以不同直径的铜微电极以不同的间距置于铝中构成的模拟 AA2024-T3 铝合金上的溶解氧还原反应，发现两者具有相似的溶解氧还原反应行为，因而铜是该铝合金溶解氧还原反应的活性位点[48]。Jakab 等在前人的研究基础上研究了 AA2024-T3 铝合金上溶解氧还原反应动力学与表面富铜颗粒尺寸、空间分布之间的定量关系，并建立了数学模型[49]。他们采用化学刻蚀的方法获得具有不同铜覆盖度的 AA2024-T3 表面，其上的溶解氧还原反应展现出电荷转移、物质传输、电荷转移-物质传输混合控制过程。电荷转移控制区的溶解氧还原反应速率随表面铜覆盖度的增加而线性增大，物质传输控制区的速率随表面铜覆盖度的增加而增大，但函数关系复杂，且与边界层厚度存在复杂的负相关性。

由上可以看出，在 AA2024-T3 铝合金上溶解氧还原反应的研究中，铜是活性位点的重要组成成分，而含铜金属间化合物与纯铝的性质相差较远，因而相关研究可归属到铜等金属上溶解氧还原反应的范畴中。

4.3 锌及其合金上的溶解氧还原反应

4.3.1 锌及其合金简介

锌是第四“常见”金属，仅次于铁、铜、铝。其密度为 $7.14g \cdot cm^{-3}$，比铁略小；熔点为 419.5℃，是除了汞和镉以外所有过渡金属里最低的。在常温下锌较脆，在 100～150℃下会变得有韧性，当温度超过 210℃时，锌又重新变脆。锌的化学性质活泼，在常温下的空气中，表面生成一层薄而致密的碱式碳酸锌膜，可阻止进一步氧化。锌在钢铁、冶金、机械、电气、化工、轻工、军事、医药等领域均有重要应用，其中镀锌钢板就是最具代表性的用途。

锌合金是以锌为基础加入其他元素组成的合金，常加的合金元素有铝、铜、镁等。与铝合金相似，锌合金按照制造工艺可分为变形锌合金和铸造锌合金，铸造锌合金的产量远大于变形锌合金的。依铸造方法不同，铸造锌合金又分为压力铸造锌合金（在外加压力作用下凝固）和重力铸造锌合金（仅在重力作用下凝固）。压力铸造锌合金主要有 Zamak 2、3、4、5、7 号合金，高铝锌合金 ZA-8、ZA-12、ZA-27，一般选用纯度大于 99.99%的高纯锌做原料。重力铸造锌合金不仅具有一般压铸锌合金的特性，而且强度高，铸造性能好，冷却速度对力学性能无明显影响，残、废料可循环使用，浇口简单，对过热和重熔不敏感，收缩率小，气孔少，能电镀，可用常规方法精整。变形锌合金的传统牌号有 ZnAl15、ZnAl10-5、

ZnAl10-1、ZnCu1.5、ZnCu1.2、ZnCu1 等。除不同的锌合金外，锌还作为合金元素加到其他金属中，如 4.1 节中提及的黄铜就是铜与锌的合金。

在海洋环境中，锌最大的用途就是作为牺牲阳极，不论以牺牲阳极块的形式还是镀锌钢的形式。在此，以镀锌钢为例对其腐蚀进行简单介绍。在镀锌钢的服役过程中，当镀锌层被破坏后，在腐蚀介质中金属锌与钢铁材料接触发生电偶腐蚀，锌作为牺牲阳极而优先溶解，去极化剂（一般为溶解氧）在钢基体被还原，从而对钢铁进行阴极保护。镀锌钢的腐蚀过程一般可划分为四步：镀锌层完整的覆盖在整个钢基体上，镀锌层发生腐蚀；镀层发生部分破坏，此时金属锌作为牺牲阳极对钢基体提供阴极保护；镀锌层全部破坏，钢基体开始腐蚀，锌的腐蚀产物吸附在基体表面抑制腐蚀过程；钢基体发生快速腐蚀。

4.3.2　锌上的溶解氧还原反应

Delahay 认为与铝在 pH 为 6.9 的缓冲溶液中的溶解氧还原反应相似，锌上的溶解氧还原反应在很宽的电位范围内为二电子转变，以过氧化氢为终产物；当过电位足够大时，氧发生四电子还原[37]。Boto 和 Williams 也报道了在缓冲溶液中，锌上溶解氧还原反应可划分为两步，且当电极表面不存在腐蚀产物时，溶解氧还原反应的电子转移数约为 4，而腐蚀产物的积累使得电子转移数减小至 3 左右[50]。接下来，他人的研究结果也证实了锌上溶解氧既可发生二电子还原，又可发生四电子还原，这与多种因素有关，包括电位、电极处理方法、电解液性质等。

Pilbath 和 Sziraki 研究了经不同方法处理的锌在碱性介质中的溶解氧还原反应，发现在活性锌表面，溶解氧经直接四电子还原转变为氢氧根。而在氧化钝化和预钝化表面，过氧化氢可稳定生成，当电位高于过氧化氢的还原电位时，不存在过氧化氢的化学分解，过氧化氢是终产物；当电位足够负时，过氧化氢可被进一步还原，但过氧化氢还原和化学分解的速率低于它们的形成速率，因而过氧化氢总是存在[51]。Yadav 等研究了抛光和预腐蚀锌在 $0.05mol \cdot L^{-1}$ NaCl 溶液中的溶解氧还原反应，结果与 Pilbath 和 Sziraki 等的存在相似之处[52]。在抛光表面，极化曲线上溶解氧还原反应存在两个扩散极限电流平台，因而溶解氧还原反应可划分为两步。在第一步，涉及过氧化氢的产生，产生的过氧化氢既可脱附进入体相溶液，又可发生进一步的还原转变为水，结果表明约 44%的溶解氧经二电子还原转变为过氧化氢，其余的经连续的二电子还原转变为水。在第二步，随着过电位的增加，锌氧化物/氢氧化物被还原，溶解氧几乎全部经直接的四电子还原转变为水。第一步发生在正于−1.2V（相对于 Ag/AgCl 电极）的电位范围内，此时锌表面存在锌氧化物/氢氧化物薄膜［式（4-5）和式（4-6）］；第二步发生在近均匀的活性表面（$E < -1.2V$）。在预腐蚀表面，在极化曲线上第二个步骤不明显，因为

在−1.2V 左右也同步发生锌腐蚀产物的还原［式（4-7）和式（4-8)］，由腐蚀产物还原引起的电流可将溶解氧还原反应电流覆盖。同时，溶解氧还原反应的第一个步骤因腐蚀产物的覆盖而被抑制。

$$ZnO + 2H^{+} + 2e^{-} \longrightarrow Zn + H_2O \tag{4-5}$$

$$Zn(OH)_2 + 2H^{+} + 2e^{-} \longrightarrow Zn + 2H_2O \tag{4-6}$$

$$ZnCl_2 \cdot 6Zn(OH)_2 + 14H^{+} + 14e^{-} \longrightarrow 7Zn + 2HCl + 12H_2O \tag{4-7}$$

$$ZnCl_2 \cdot 4Zn(OH)_2 + 10H^{+} + 10e^{-} \longrightarrow 5Zn + 2HCl + 8H_2O \tag{4-8}$$

在以上有关锌上溶解氧还原反应的研究中，过氧化氢被认为可经二电子还原转变为水。Pilbath 和 Sziraki 于 2008 年就自钝化的锌腐蚀产物层在含 $0.1mol \cdot L^{-1}$ 的硫酸根、磷酸根和不含其他阴离子的 pH 为 10.5 的 $0.1mol \cdot L^{-1}$ 硼酸缓冲溶液中的溶解氧还原反应进行了研究[53]，发现长时间的浸泡使得锌表面腐蚀层厚度大，溶解氧的二电子还原反应对应的阴极峰小而不明显，短时间浸泡或经阴极活化处理的电极上溶解氧到过氧化氢的还原峰电流大，因而腐蚀产物膜的电导率对反应速率具有影响。并提出了当氧化锌层致密且处于平带电位附近时，溶解氧经二电子还原生成的过氧化氢可能经缺陷机理进行分解。他们认为过氧化氢的氧化如式（4-9）所示，式中 Zn_{Zn}、$P_O^{\cdot}$、V_i、和 Zn_i^{+}分别代表晶格锌、过氧化氢离子取代氧空穴、间隙空穴和间隙锌阳离子。过氧化氢氧化的发生伴随着表面晶格的破坏。式（4-10）为过氧化氢还原的表达式，与式（4-9）结合可得到过氧化氢分解的机理［式（4-11)］。从式（4-11）可以明显看出，在电极表面附近电解液的过饱和可导致 $Zn(OH)_2$ 及 ZnO 的析出。同时，式（4-11）也可被看作锌-过氧化氢的分解反应，而这一反应由氧化物表面的二价氧空穴通过 Zn_i^{2+}/Zn_i^{+}缺陷反应的催化作用实现。

$$Zn_{Zn} + P_O^{\cdot} + V_i = O_2 + H_{ads} + Zn_i^{+} \tag{4-9}$$

$$Zn_i^{+} + HO_{2\,ads}^{-} + H_{ads} = ZnOH^{+}_{sol} + OH^{-}_{ads} + V_i \tag{4-10}$$

$$Zn_{Zn} + P_O^{\cdot} + HO_{2\,ads}^{-} = O_2 + ZnOH^{+}_{sol} + OH^{-}_{ads} \tag{4-11}$$

因此，与钢铁、铜、铝等金属相似，锌上溶解氧还原反应与表面状态紧密相关。活性锌表面利于溶解氧的直接四电子还原，氧化物/氢氧化物覆盖表面涉及过氧化氢的产生，过氧化氢的进一步还原或分解速率与机理取决于氧化物/氢氧化物膜的性质。

4.3.3 锌合金上的溶解氧还原反应

与锌相比，锌合金中含有相当含量的铝等元素，合金元素对溶解氧还原反应的影响如何呢？Dafydd 等研究了热浸锌和锌/铝合金涂层碳钢在含有缓冲剂的 pH 为 9.6 的 $0.86mol \cdot L^{-1}$ NaCl 溶液中的溶解氧还原反应[54]。在氩气饱和的溶液中，锌/

铝合金涂层中的锌表现出与锌涂层相似的氧化还原行为，出现锌与氢氧化锌的近可逆转变峰，而铝依然保持其氧化物/氢氧化物状态。与电位密切相关的锌的状态决定了溶解氧还原反应的路径，与前边有关锌上的报道相似，Zn0.1Al 合金涂层上的溶解氧还原反应可划分为两步。当过电位小（如开路电位），锌表面覆盖氢氧化锌时，溶解氧还原反应以二电子转变为主；当过电位足够大，锌呈活性，溶解氧还原反应以四电子为主。其他的锌/铝合金涂层表现出相似的阴极行为，但 Zn4.3Al 涂层在氢氧化锌覆盖的电位范围内的扩散极限电流密度增大，对应的电子转移数增加；而 Zn55Al 涂层在活性锌的电位范围内的扩散极限电流密度减小，对应的电子转移数降低(表 4-4)。这些结果与 Zn4.3Al 和 Zn55Al 合金涂层中 Zn-Al 共晶相的存在密切相关，在 Zn55Al 中富铝相依然保持溶解氧还原反应的相对惰性。与纯锌相比，锌/铝合金涂层上溶解氧的二电子还原具有更低的过电位，由于铝具有溶解氧还原反应惰性，这可归因为热浸过程中微量的基体铁进入合金涂层，使得合金涂层上溶解氧的二电子还原被加强。

表 4-4　不同涂层表面上的溶解氧还原反应于典型电位下的 Levich 斜率和电子转移数比较
（所有电位相对于标准氢电极）[54]

电极	Levich 斜率/（$\times10^{-6}$A·cm^{-2}·s$^{-1/2}$）		电子转移数	
	−1.06V	−0.86V	−1.06V	−0.86V
锌	70.0	—	4	—
Zn0.1Al	70.1	30.5	4.1	1.8
Zn4.3Al	72.2	49.1	4.2	2.8
Zn55Al	48.0	36.6	2.8	2.1

4.4　镍及其合金上的溶解氧还原反应

4.4.1　镍及其合金简介

镍是一种有光泽的银白色金属，熔点为 1455℃，质硬，能导电和导热，具有磁性和良好的塑性，耐蚀性良好。纯镍的化学活性相当高，这种活性可以在反应表面积最大化的粉末状态下看到，但大块的镍金属与周围的空气反应缓慢，因为其表面已形成了一层带保护性质的氧化物。在自然界中，单质镍都被封在较大的镍铁陨石里面。

镍合金是指以镍为基础加入其他元素，使其在高温下具有较高的强度与一定的抗氧化腐蚀能力等综合性能的合金。不同的合金元素通过不同的方式实现强度的提高，主要包括固溶强化、析出强化、晶界强化等。由于镍合金具有优良的耐蚀性、强度、韧性、冶金稳定性、可加工性及可焊接性的综合性能，许多镍合金又具有卓越的耐热性能，而成为要求耐腐蚀和高温强度用途的理想选择，因而在航空航天、海洋工业、核能等领域有着广泛用途。按照主要性能不同可将镍合金划分为镍基高温合金、镍基耐蚀合金、镍基耐磨合金、镍基精密合金、镍基形状记忆合金等。镍基高温合金的主要合金元素有铬、钨、钼、钴、铝、钛、硼、锆等，其中铬起抗氧化和抗腐蚀作用，其他元素起强化作用，是高温合金中应用最广、高温强度最高的一类合金。镍基耐蚀合金的主要合金元素是铜、铬、钼，具有良好的综合性能，可耐各种酸腐蚀和应力腐蚀。最早应用的是镍铜合金，又称蒙乃尔合金；此外还有镍铬合金、镍钼合金、镍铬钼合金等。镍基耐磨合金的主要合金元素是铬、钼、钨，还含有少量的铌、钽和铟。除具有耐磨性能外，其抗氧化、耐腐蚀、焊接性能也好。镍基精密合金包括镍基软磁合金、镍基精密电阻合金和镍基电热合金等。最常用的软磁合金是含镍 80%左右的坡莫合金，其最大磁导率和起始磁导率高，矫顽力低，是电子工业中重要的铁芯材料。镍基精密电阻合金的主要合金元素是铬、铝、铜，这种合金具有较高的电阻率、较低的电阻率温度系数和良好的耐蚀性。镍基电热合金是含铬 20%的镍合金，具有良好的抗氧化、抗腐蚀性能，可在 1000～1100℃温度下长期使用。镍基形状记忆合金是含钛 50%的镍合金，其回复温度是 70℃，形状记忆效果好。少量改变镍钛成分比例，可使回复温度在 30～100℃范围内变化。

由于镍及其合金的优良耐蚀性，其非常适合于海洋应用，因而非常有必要研究其上的溶解氧还原反应过程。

4.4.2　镍上的溶解氧还原反应

镍上溶解氧还原反应的研究报道并不多，一些研究者指出溶解氧还原反应速率与电极表面状态，尤其是氧化程度密切相关。如 Sawyer 和 Interrante 研究了经不同方法处理的镍在 $0.1mol·L^{-1}$ K_2SO_4 中的溶解氧还原反应[55]。发现，当镍电极未经处理时，数据重现性差难以获得有用信息。当镍在电解液中反复进行还原，最后进行氧化后，其上的溶解氧还原反应表现为两个阶段。第一个还原波的电流密度与溶液 pH 无关，可能代表溶解氧的直接还原；第二个的电流密度则随 pH 的变化而改变，且涉及镍氧化物/氢氧化物的还原。在经预还原处理的镍表面，大多数氧化物/氢氧化物膜被还原，使得溶解氧还原反应的过电位最小，并出现与还原态铂或钯电极相似的曲线特征。

镍的氧化处理使得溶解氧还原反应速率降低，有报道指出与在硝酸中刻蚀的镍电极相比，热氧化的电极上的溶解氧还原反应速率降低 1～1.5 个数量级，阴极还原处理可使得活性提高，而在开路电位的长期暴露又使得镍表面钝化，溶解氧还原反应再次降低。Bagotzky 等在前人的基础上深入研究了不同表面状态的镍上的溶解氧还原反应，并对溶解氧还原反应路径进行了解析[56]。从表 4-5 中可以看出，溶解氧的直接四电子还原（k_1）和二电子还原反应速率常数（k_2）的大小顺序为：预还原表面＞于 0.7V 氧化的表面＞锂化表面＞强氧化表面。与此同时，k_1/k_2 的比值也呈现相似的变化顺序，预还原表面＞于 0.7V 氧化的表面＞锂化表面≈强氧化表面。因而，在预还原表面，溶解氧还原反应速率最大，且以直接四电子还原为主；在强氧化与锂化表面，溶解氧还原反应速率小，且主要发生二电子还原。进一步，他们对经不同方法处理的镍对过氧化氢的电化学还原、电化学氧化、化学分解的影响进行了研究，发现镍不能促进过氧化氢的分解，表面氧化态的增强是通过抑制过氧化氢的还原起作用，而对过氧化氢的氧化影响微弱。

表 4-5　经不同方法处理的镍表面上的溶解氧还原反应于 0.15V 电位下的反应速率常数比较
（k_1 和 k_2 分别对应氧的直接四电子还原和二电子还原）[56]

反应速率常数	强氧化表面	锂化表面	0.7V 氧化表面	预还原表面
$k_1/(cm \cdot s^{-1})$	0.4×10^{-4}	1.0×10^{-4}	2.8×10^{-3}	5.0×10^{-2}
$k_2/(cm \cdot s^{-1})$	4.0×10^{-4}	13.0×10^{-4}	1.7×10^{-3}	7.0×10^{-3}

与铜等相似，除电极表面状态外，电解液的性质也对镍上的溶解氧还原反应具有重要影响。Jiang 等研究了镍电极分别在 $1mol \cdot L^{-1}$ KCl、$1mol \cdot L^{-1}$ CH_3COOK 和 $0.5mol \cdot L^{-1}$ K_2SO_4 溶液中的溶解氧还原行为，发现在各溶液中溶解氧还原反应对氧浓度的反应级数为 1，但反应路径不同。在 KCl 溶液中，溶解氧的二电子还原电流所占比例为 18.2%，而在 K_2SO_4 和 CH_3COOK 中，比例分别为 4.6%和 1.7%。相应地，三种溶液中，溶解氧还原反应的过氧化氢产率分别为 30.8%、8.8%和 3.3%。氯离子的存在极大地促进了溶解氧的二电子还原，且 Langmuir 吸附条件下的第一个电子转移为该介质中溶解氧还原反应的速率控制步骤[57]。

4.4.3　镍合金上的溶解氧还原反应

合金元素的加入能够改变镍的力学与工艺性能，也可能影响其上的溶解氧还原反应。Garcia-Contreras 等采用机械合金法制备了 Co-Ni 合金，钴与镍的质量初始比包括 30∶70、40∶60、50∶50、60∶40 和 70∶30，并研究了不同合金及镍、钴上的溶解氧还原反应。结果表明钴与镍的比例为 30∶70 时的合金具有最大的溶解氧还原反应电流密度，且电子转移数为 4。但这项工作没有就为什么钴镍比为 30∶70 时溶解氧还原反应活性最高进行深入的解释[58]。

第 5 章　海洋微生物对溶解氧还原反应的影响

生物活性是海洋区别于其他一些腐蚀环境的重要特征，将材料浸于海水中，随着时间的推移，其会被群落结构复杂的污损生物膜覆盖。在污损生物膜的形成发展过程中，微生物起着非常重要的作用。微生物不仅影响后续大型污损生物的附着，而且能够改变材料的表面性质，其中，参与腐蚀过程就是其影响材料表面性质的一种典型方式，微生物对金属材料腐蚀过程的影响称为微生物腐蚀。据报道，微生物腐蚀所造成的损失约占总腐蚀的 20%左右。

微生物腐蚀是一个复杂的过程，材料表面微生物膜的形成是微生物对腐蚀作用的重要形式。微生物膜的形成、发展和消亡过程影响了金属的电化学状态和腐蚀过程；同时，金属的电化学状态和腐蚀过程的变化也会影响微生物膜的性质和生长状态。由于在天然微生物膜中多种微生物并存，不同微生物的代谢活动不同，因而导致微生物腐蚀呈多样性。目前，大家比较公认的微生物腐蚀机理主要有：浓差电池的形成，包括氧浓差电池和金属离子浓差电池；代谢产物的影响，包括硫化物、有机酸、无机酸、胞外多聚物等；局部厌氧环境的形成使得硫酸盐还原菌活性增强，腐蚀加剧；铁细菌、锰细菌等金属沉积菌的影响等。在有氧条件下，腐蚀的发生伴随着金属的阳极溶解和溶解氧的阴极还原。既然微生物能够影响金属材料的腐蚀过程，那么它们有可能对溶解氧还原反应有影响，或其对腐蚀的影响有可能通过改变溶解氧还原反应的动力学实现。所以，在本章中，我们将探讨海洋微生物对溶解氧还原反应的影响。多种微生物并存的天然海洋微生物膜作用下的金属材料腐蚀是最早被认识的微生物腐蚀实例之一，因而在本章中我们首先从天然海洋微生物膜的形成过程、其与钝性金属材料开路电位正移现象的相关性、其对溶解氧还原反应的作用机制等方面介绍海洋天然微生物膜对溶解氧还原反应的影响。海洋天然微生物膜的群落复杂性，给更深层次溶解氧还原反应影响机制的研究带来了困难，所以，非常有必要以单菌株为研究对象进行研究。因而，在本章的 5.2 节我们将介绍与海洋腐蚀密切相关的几种典型微生物对溶解氧还原反应的作用。

5.1　天然海洋微生物膜对溶解氧还原反应的影响

5.1.1　天然海洋微生物膜的形成发展过程

在海水环境中，微生物倾向于以吸附在固体材料表面的形式存在，微生物通过这种菌落的效应来与外界交换信息、吸收营养、抵御外界环境的袭击，使得生物膜的存在比水体中的微生物具有生存上的优势。例如，微生物膜中的微生物能够耐受的抗生素浓度比水体系中的微生物高 1000 倍。同时，微生物膜内的微生物更加耐受紫外线的照射、环境干旱、外界生物的捕食行为及外界酸碱的变化。微生物膜的发展是一个复杂的过程，而且对材料表面性质、溶液性质、环境因素等敏感。所以，我们将从微生物膜发展模型和影响因素两个方面进行介绍。

1. 微生物膜形成发展模型与微生物黏附机理

微生物膜是由微生物（藻类、真菌、细菌）及它们代谢活动所产生的胞外多聚物所组成的，其形成发展过程复杂，但往往可用如图 5-1 所示的模型进行描述。该模型将微生物膜的形成发展过程划分为五个阶段：可逆黏附过程、不可逆黏附过程、微生物种群聚集过程、微生物繁殖过程和微生物膜成熟过程。在可逆黏附过程中，海水中游离态的微生物细胞可在材料表面发生黏附，但这种作用是可逆的，即当它们感知材料表面状态不适宜生存发展时，其能够从表面脱附回到海水中。如果在可逆黏附阶段材料表面黏附的微生物不发生可逆脱附，而是在表面重新分布选择适合生长的区域，进一步产生一些黏性的丝状物裹住细菌并且延伸到物体表面和水体中，那么微生物膜发展进入第二个阶段。黏附在材料表面微生物的生长与聚集形成微菌落（第三个阶段），微菌落的进一步繁殖演变为大菌落（第四个阶段）。随着时间的延长，浮游细菌和非生物离子也被吸附在生物膜中，于是生物膜变成一个越来越复杂的群落。在这个阶段，成熟的生物膜用肉眼就可以看到。微生物膜到达这个阶段需要几天或几周时间。随着生物膜厚度的增加，水体中溶解的气体及营养物质到达材料基体表面的阻力变大，膜内靠近固体表面的某些微生物无法得到应有的养料，最后就会逐渐死亡。此时生物膜的基层附着力就会变弱，水流的冲刷就会使得某部分生物膜脱落，然后新的微生物又开始重新附着生长繁殖，逐渐形成新的微生物膜。因此，生物膜实际上处于一个不断变化更新的状态。

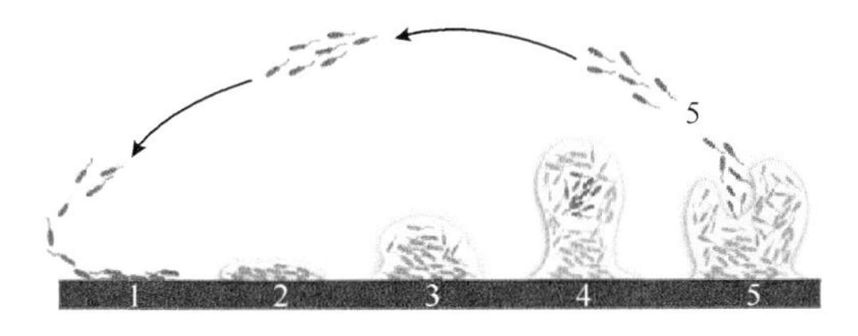

图 5-1　微生物膜形成发展过程

1. 可逆黏附过程；2. 不可逆黏附过程；3. 微生物种群聚集过程；4. 微生物繁殖过程；5. 微生物膜成熟过程

从图 5-1 的模型中可以看出，微生物的黏附是微生物膜形成发展的必要条件，因而非常有必要对微生物的黏附机理进行研究。微生物在材料表面的黏附涉及界面间的多种作用力，主要包括范德华力、静电力、疏水力、氢键等。与原子的化学键相比，这几种作用力都是长程作用力，其大小和效果均与界面的表面性质相关。范德华力是分子之间普遍存在的作用力，其大小与分子间距离的六次方成反比。静电力是由两界面所带电荷引起的，当两界面逐步靠近时（2～20nm），各自形成的双电层相互重叠而产生静电力。静电力的大小和作用效果取决于两表面的带电情况：带相同电荷时表现为静电斥力，使两者互相排斥；带相反电荷时表现为静电引力，使两者互相吸引。疏水力作用是指在水体系中，疏水性表面颗粒间具有相互吸引的作用。当微生物和固体表面的距离小于2nm时，界面间的疏水力作用才有所体现，其作用大小取决于两表面的疏水程度。疏水性越强的两表面间疏水作用力越大，反之越小。氢键是界面反应中广泛存在的分子间作用力，固体表面的羟基，微生物表面的羧基、羟基、氨基、羰基等基团，以及水分子之间均可能形成氢键。研究表明，微生物细胞壁上的氢原子与固体表面的氧原子之间的氢键是微生物细胞在固体表面黏附的机理之一。

在黏附初期阶段，微生物可被视为没有新陈代谢作用的惰性胶体颗粒，其附着是由细胞壁和材料表面之间的物理化学反应控制的，而且在短时间内附着便可达到可逆平衡。在这一阶段，通过细胞的布朗运动、鞭毛的运动及细胞对固相界面某些物质的趋向运动等方式，微生物不断向固相表面迁移。当微生物与固相表面距离较远（＞50nm）时，范德华力对微生物向固相表面的迁移起决定作用；当微生物继续靠近固相表面时，两表面所带电荷产生的电场相互叠加，静电作用支配着微生物向固相表面的迁移；当微生物向固相表面进一步靠近，直至相距仅几个纳米时，短程疏水作用取代长程作用力成为影响微生物迁移的主要机制。可见，非生物学过程在微生物黏附初期阶段起重要作用。初期黏附完成后，微生物与固体材料表面间发生一系列复杂的物理化学反应并紧密结合在材料表面，此后微生物的代谢活性起决定性作用。初期黏附进行较快，几秒钟到几十分钟便可达到动态平衡，微生物与固体材料表面间的结合力较弱，但其是微生物膜形成的第一步。

2. 微生物黏附影响因素

微生物在材料表面的黏附能够改变材料的表面性质，进而影响微生物膜的形成发展过程，而大量研究表明微生物的黏附受多种因素影响。这些因素可划分为三类：细胞类型及表面性质、固体表面性质和环境因素，下边将分别进行介绍。

1）细胞类型及表面性质

（1）细胞壁的组分和结构。

细菌、单细胞藻类等微生物在材料表面的附着是通过细胞壁与固体表面接触实现的。因此，细胞壁的种类和特性与微生物黏附有密切关系。细胞壁中含有多种活性物质，主要包括肽聚糖、磷壁酸、脂多糖、类脂 A 相关蛋白、脂蛋白等。根据革兰氏染色的结果可将细菌分为革兰氏阳性菌和革兰氏阴性菌，两种细菌的细胞壁结构存在显著差异。革兰氏阳性菌的细胞壁厚度大（20～80nm），化学组分简单，一般含 90%的肽聚糖和 10%的磷壁酸，不含或含很少脂多糖。磷壁酸是一种酸性多糖，带有较多负电荷，具有较强吸附能力。而革兰氏阴性菌的细胞壁较薄（15～20nm），包括肽聚糖层和外膜两层，不含磷壁酸。外膜基本成分是脂多糖，厚 8～10nm，由类脂 A、核心多糖和 O-侧链多糖三部分组成，与磷壁酸相似，也带有较强负电荷。革兰氏阳性菌和革兰氏阴性菌的细胞壁结构中均含有丰富的表面功能基团，如羧基、羟基、磷酸基、氨基等，这些基团在溶液中发生解离而使细胞表面带电，其解离情况受体系 pH 的影响。此外，细菌表面还可能有生物大分子及胞外聚合物分布，这些高分子聚合物也是某些黏附产生的物质基础。Ams 等的报道指出，革兰氏阳性菌枯草芽孢杆菌和革兰氏阴性菌门多萨假单胞菌在荷负电的无氢氧化铁覆盖石英表面亲和力较低，而在荷正电的有氢氧化铁覆盖石英表面亲和力增强[59]。同时，在相同的有氢氧化铁覆盖石英表面，枯草芽孢杆菌比门多萨假单胞菌的黏附量更大，这是由于两种细菌的细胞壁结构和成分存在差异，导致革兰氏阳性菌比阴性菌表面带有更多的负电荷。

（2）细胞表面的荷电性。

细胞表面荷电性是影响微生物黏附，尤其是初始附着的重要因素，通常用 ζ 电位表示表面电荷。研究表明，在绝大多数自然环境中，细菌和蓝藻的 ζ 电位为负值，单细胞藻类表面也趋于荷负电，这是由细胞壁的组分和结构决定的。而很少的孢子具有细胞壁，其表面生理机能主要由细胞膜控制，这也是孢子与单细胞藻类之间表面 ζ 电位存在差异的主要原因。受静电力作用的影响，微生物在不同荷电性表面的黏附量和黏附强度会大不相同，如绿藻在荷负电高聚物表面上的黏附数量少且强度低[60]。

（3）细胞表面的疏水性。

微生物的表面疏水性对其在固体表面的黏附也会产生较大的影响，常用接触角表示表面疏水性大小。细胞表面疏水性的强弱同样取决于表面的结构和组成成分，主要体现在细胞表面分子中所含非极性基团的多少。普遍认为，随着表面疏水性增强，微生物在固体表面的黏附量也相应增加。

2）固体表面性质

（1）固体表面的荷电性和润湿性。

正如细胞表面的荷电性和疏水性对微生物在固体材料表面的黏附有重要影响一样，固体表面的荷电性和润湿性同样会影响微生物的附着。例如，铜绿假单胞菌的 ζ 电位为−7mV，其在荷正电（+12mV）的生物移植材料表面的初始黏附率比在荷负电（−18mV）共聚物表面的附着率大两倍，这一差异也直接影响了细菌在材料表面的生长[61]。细菌在玻璃和不同金属氧化物表面的附着量与固相表面的水接触角具有显著的正相关性。在实际环境中，固体表面的荷电性和润湿性，以及微生物细胞表面的荷电性和疏水性，共同控制着微生物在固体表面的初始黏附。现阶段的研究表明，表面疏水性强的细菌更易在强疏水性表面（如聚苯乙烯）黏附，而在玻璃等强亲水性的表面，亲水性强的细菌黏附量较高。细菌在强疏水性表面的黏附受表面电荷影响较少，而在强亲水性表面的附着则在很大程度上受到荷电性质的影响。

（2）表面粗糙度和形貌。

固体表面粗糙度在一定程度上会对微生物的初始黏附产生影响。一项关于钛表面粗糙度对细菌黏附影响的研究表明，在纳米尺度上粗糙度的增加会促进细菌的黏附，而在微米尺度上粗糙度的改变却不能产生这种效果[62]。表面粗糙度成为影响细菌黏附的重要因素，主要是因为纳米尺度上粗糙度的增加为微生物的初始黏附提供了更多的表面积，纳米形貌也改变了材料表面的物理化学性质，包括表面能。也有人提出，在微尺度上存在一个最佳特征尺寸，在这个尺寸粗糙度下，细菌在表面的初始附着会减少。但是，由于微生物在大小和形状上的千差万别，并不存在一个可以使所有微生物初始黏附都降低的最佳尺寸。另外，许多细菌具有改变自身形态以感受和回应表面的机制，从而使得材料表面粗糙度对微生物初始附着的影响更加复杂。材料的表面形貌影响附着细菌的排列样式。研究发现，在具有高纵横比的环氧树脂表面，黏附的细菌规则排列成纳米柱序列，而在这种情况下，鞭毛和菌毛对序列的形成不起作用[63]。

（3）表面化学成分。

材料表面的化学性质会影响微生物之间和生物膜群体内部的物质输送，从而影响微生物在表面的黏附率和脱附率。通过改变固体表面的化学性质可以调控微生物的初始黏附以及生物膜的形成，主要的表面化学改性方法包括共价改性、非共价改性、小分子的控制释放、聚合表面的降解等。近年来，通过在材料表面构建带有不同功能基团的聚合物涂层或自组装膜，进而探讨表面化学组分对微生物黏附的影响成为研究的热点。但是，材料表面的化学成分主要影响微生物的初始黏附。随着时间的延长，黏附在表面的微生物不断分泌胞外分泌物，可引起大量微生物在表面的凝聚，此时，材料表面化学成分对微生物附着的影响就大大减弱。

3）环境因素

（1）pH。

海水 pH 可对微生物和材料表面的润湿性和荷电性产生影响，从而影响微生物在材料表面的初始黏附。一方面，细胞壁和某些固体材料表面均具有丰富的活性基团，可随溶液 pH 的变化而呈现不同的荷电性质。绝大多数细菌的等电点为 1.5～4.0，因此，在大多数环境中，细菌表面荷负电。而对于材料表面来说，表面活性基团的种类更多，因此在具体溶液 pH 条件下的荷电性更加多样化。有研究表明，枯草芽孢杆菌在赤铁矿和石英两种矿物表面的黏附量随 pH 降低而明显增加。另一方面，溶液 pH 在影响微生物和材料表面荷电性的同时，也会改变两种表面的疏水性。枯草芽孢杆菌在刚玉表面的黏附量随 pH 降低而显著增加，主要是随着 pH 升高，细菌所带负电荷增多，疏水性也增强的缘故[64]。

（2）离子强度。

很多认为表面电荷直接影响微生物与固体表面之间吸附的学者往往忽略了离子强度的作用。离子强度影响微生物在材料表面的黏附，主要是因为吸附体系的离子强度决定着微生物和固体的表面荷电性。根据 DLVO 理论，随着离子强度的增加，带相同负电荷的固体和微生物表面的双电层被压缩，使两表面间距离减小，范德华引力增大，从而促进微生物的黏附，即离子强度的增大可促进荷负电固体表面对微生物的吸附。有研究发现，离子浓度大于 $0.1mol \cdot L^{-1}$ 时，随离子强度的增加，细菌在带相同负电荷基质表面的黏附量仍随之增加。但也有研究表明，细菌黏附量随离子强度的增加而降低。

（3）离子种类。

某些离子在微生物的生长代谢中扮有重要角色，因而这些离子可能通过影响微生物的活性进而影响黏附。Fletcher 研究了不同的金属离子（Na^+、Ca^{2+}、La^{3+}和 Fe^{3+}）对荧光假单胞菌在材料表面黏附的影响[65]。对于 H2 型荧光假单胞菌来说，Na^+、Ca^{2+}和 La^{3+}影响微生物可逆的黏附过程。对于黏附能更强的 H2S 型荧光假单胞菌，仅仅只有 Na^+完全影响可逆的黏附过程，Ca^{2+}和 La^{3+}部分影响微生物的黏附过程，Fe^{3+}影响两种微生物的不可逆黏附过程。同时，金属离子的存在可能会降低材料表面与微生物之间的斥力。Fe^{3+}作为某些微生物的一种信号分子能够调控成膜行为，因而对微生物膜的形成发展过程具有重要影响。Banin 等基于分子生物学的手段研究了 Fe^{3+}识别信号基因的突变对微生物膜形貌的影响，发现在富含铁的培养基中，产生基因突变的微生物不能够通过受体的铁的识别系统获得铁，因而所形成的微生物膜与缺铁的培养基中的相比，比较薄[66]。除 Fe^{3+}外，磷酸根离子也被报道对微生物膜的形成发展具有重要影响。在微生物的黏附中，黏附蛋白 LapA 具有非常重要的角色，无机磷酸根离子可以通过控制细胞膜表面黏附蛋白 LapA 的分泌来进一步控制微生物的生长。具体地说，低水平的磷酸根能够被 PhoBR 双组分系统响应，当 PhoB 被磷酸化从而竞争性的激活靶基因的转录。靶基因 rapA 能够编码降低细胞内环状鸟嘌呤的磷酸二酯酶，低浓度的环状鸟嘌呤最终导致 LapA 蛋白的分泌受到抑制[67]。

（4）温度。

有关温度对微生物附着影响的报道不多，且研究结果不尽相同。有研究表明，3℃条件下，海洋假单胞菌在聚苯乙烯（模式疏水性基质）表面的黏附量比 20℃时显著降低[68]。首先，低温增大了介质和细菌表面的黏度，从而使黏附率降低；其次，细菌在材料表面的初始黏附受界面间物理化学作用的影响，而温度升高有利于化学吸附的进行；最后，温度会影响细菌的生理状态，进而对细菌的黏附产生一定的影响。细菌细胞外壁中脂多糖和表面蛋白等成分的含量与细胞表面疏水性密切相关，而温度可通过改变细胞表面蛋白含量来改变表面疏水性。关于温度对粪肠球菌在玻璃和硅树脂表面黏附行为影响的研究表明，温度从 22℃升高到 37℃过程中，细菌表面水接触角从 36°增大到 49°，正如细菌在硅树脂表面（疏水）黏附较多而在玻璃表面（亲水）黏附较少，由温度引起的疏水性增加也使细菌的黏附量增加。另一项研究则表明，酵母细胞的表面物理化学参数不仅与细菌的培养温度有关，而且也随测定温度的不同而异，两者的共同影响改变了细菌在玻璃和硅树脂表面的黏附[69]。

5.1.2 天然海水中钝性金属材料的开路电位正移现象

早在 20 世纪六七十年代，人们就认识到微生物膜及其代谢活性能够影响金属材料的腐蚀过程，而且通过实验证实金属材料在天然海水中的腐蚀速率高于人工海水的。同时，就钝性金属来讲，两种介质中的腐蚀类型也有所差别，在天然海水中的钝性材料表面具有更多严重腐蚀的小孔。Mollica 研究组进一步认识到浸于天然海水中的钝性金属材料，随着时间的延长，开路电位逐渐正移，正移值有的高达+400mV 或+450mV。开路电位的正移使得钝性金属材料容易进入活化态，诱发腐蚀。并且，他们将钝性金属开路电位的正移现象归因为所附着的微生物膜对溶解氧还原反应动力学的促进作用[70]。自此，人们就天然海水中钝性金属材料的开路电位正移现象开展了大量研究。

1985 年，Scotto 等在实验室条件下，将 21Cr-3Mo、18Cr-2Mo、316 和 304 四种不锈钢浸于天然海水、过滤处理的天然海水、高温灭菌处理的人工海水和过滤处理的人工海水等四种介质中，观察开路电位随时间的变化情况[71]。发现只有在天然海水中浸泡时，四种不锈钢的开路电位才能发生显著的正移，正移值可达+300mV，因此，微生物膜的附着是引起开路电位正移的原因。向天然海水中加入叠氮钠酶抑制剂后，附着有微生物膜的不锈钢电极的开路电位负移，恢复到同类电极在灭菌天然/人工海水中的电位数值，所以酶活性在微生物膜引起的不锈钢开路电位正移中起着决定性作用，且他们认为酶通过促进溶解氧还原反应动力学起作用。这项工作与 Mollica 等的研究结果相一致。天然海水中不锈钢开路电位正移现象与附着微生物膜对溶解氧还原反应动力学的促进作用的相关性，再次被 Johnsen 和 Bardal 所证实。他们选取了六种不锈钢，将其浸入不同流速（0～2.5m·s^{-1}）的天然海水中，发现经 5～10 天形成的微生物膜引起不锈钢开路电位的正移。进一步通过对不同阴极极化电位下电流密度随浸泡时间变化曲线的分析，得出微生物能够提高溶解氧还原反应的交换电流密度[72]。

Dexter 和 Gao 在前人的研究基础上进一步研究了 316 不锈钢在天然海水中开路电位和极化曲线的变化情况，他们发现在 3～7 天后电极表面就有可见的绿棕色膜出现，并且测得不锈钢电极的开路电位数值很分散，有的正移，有的负移，而在无菌海水中的不锈钢电极的电位变化很小，他们认为这是由于微生物在电极表面附着的影响，后经检查发现电位负移的电极都出现了缝隙腐蚀[73]。在自然海水中，不锈钢表面上的微生物有两方面的影响：热力学上开路电位负移，这是因为微生物膜内细菌自身活动消耗氧和微生物膜能够阻碍溶液中的氧向电极表面的扩散，从而使得电极表面氧的浓度减小；动力学上开路电位正移，这是因为微生物膜使得溶解氧还原反应的交流电流密度增大、Tafel 斜率减小。这两方面影响的相对强弱将决定不锈钢开路电位的移动方向。一般来讲，只有当微生物膜成熟时，开路电位正移明显，而此时电极表面的氧浓度最低。因此，在该条件下，动力学的影响要大于热力学的。

目前，天然海水中钝性金属材料开路电位正移现象与附着微生物膜对溶解氧还原反应动力学促进作用的相关性已被大量证实，这为我们研究微生物对溶解氧还原反应的影响提供了前提基础。

5.1.3 天然海洋微生物膜对溶解氧还原反应的作用机制

天然海水中钝性金属材料开路电位正移现象与附着微生物膜对溶解氧还原反应动力学促进作用相关性的研究中，人们往往采用极化曲线法就浸泡一段时间的钝性金属材料上的电化学行为进行表征，判定微生物膜附着对溶解氧还原反应动力学的影响。在 1997 年，Mollica 和 Traverso 将不锈钢电极置于天然海水中，并在−0.2V（相对饱和甘汞电极）的电位下进行极化多天，获得了 0.2A·m^{-2} 的电流密度[74]。紧接着，他们在欧洲不同的海域进行了重复性实验，发现 0V 电位极化下获得的电流密度为 0.01～0.1A·m^{-2}，远大于没有微生物膜存在时的电流密度（小于 10^{-5}A·m^{-2}）。这些工作为海洋微生物膜对溶解氧还原反应的促进作用提供了更为直接的证据。既然天然海洋微生物膜能够促进溶解氧还原反应，那么它们的作用机制如何？目前，人们提出了多种作用机制，每种机制都有其合理性和限制性，这可能与微生物膜群落结构复杂，不同微生物对溶解氧还原反应的作用机制存在差异有关。在此，我们将介绍几种典型的作用机制。

1. 微生物释放的胞外酶的直接作用

在 5.1.2 节中所提及的 Scotto 等的研究工作中，在向天然海水中加入叠氮钠酶抑制剂后，不锈钢开路电位由+350mV 负移至+100mV（相对饱和甘汞电极）[71]。为了解释这一实验现象，他们提出海洋微生物膜对溶解氧还原反应的催化作用来源于胞外酶，包括超氧歧化酶、过氧化氢酶、过氧化物酶等。超氧歧化酶能够催化超氧离子的分解［式（5-1)］，过氧化氢酶催化过氧化氢的分解［式（5-2)］，过氧化物酶催化多种物质（以 X-H_2 进行表示）的氧化［式（5-3)］。这些酶在电极表面的吸附能够通过直接的电荷传递实现对溶解氧还原反应的作用，作用示意图如图 5-2 所示。

$$2O_2^- + 2H^+ \longrightarrow O_2 + H_2O_2 \quad (5\text{-}1)$$

$$2H_2O_2 \longrightarrow O_2 + 2H_2O \quad (5\text{-}2)$$

$$2X—H_2 + H_2O_2 \longrightarrow 2X—H^{\cdot} + 2H_2O \quad (5\text{-}3)$$

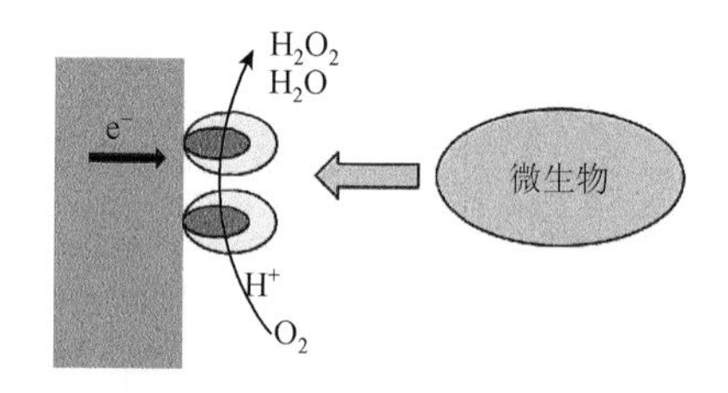

图 5-2　微生物胞外酶对溶解氧还原反应的直接作用示意图

2. 微生物膜中卟啉等金属有机大环化合物的直接作用

卟啉是一类由四个吡咯类亚基的 α-碳原子通过次甲基桥互联而形成的大分子杂环化合物，是过氧化氢酶和一些过氧化物酶辅基的组成部分。金属有机大环化合物对溶解氧还原反应的促进作用早在 20 世纪 60 年代就已被认知，Iken 等的研究结果也证实卟啉铁在不锈钢表面上的局部吸附能够引起局部溶解氧还原反应速率的增加[75]。由于卟啉等金属有机大环化合物的稳定性高于酶的，可以推断当微生物膜内的酶降解后，酶的卟啉辅基仍可吸附在电极表面对溶解氧还原反应起作用（图 5-3）。此外，微生物代谢产生的多聚糖含有丰富的官能团，其可与金属离子进行螯合形成金属有机大环化合物，这类物质也可能促进溶解氧还原反应。但是，由于叠氮钠酶抑制剂的加入能够降低溶解氧还原反应活性，因而酶在溶解氧还原反应中起重要作用，卟啉等金属有机大环化合物可能起次要作用。

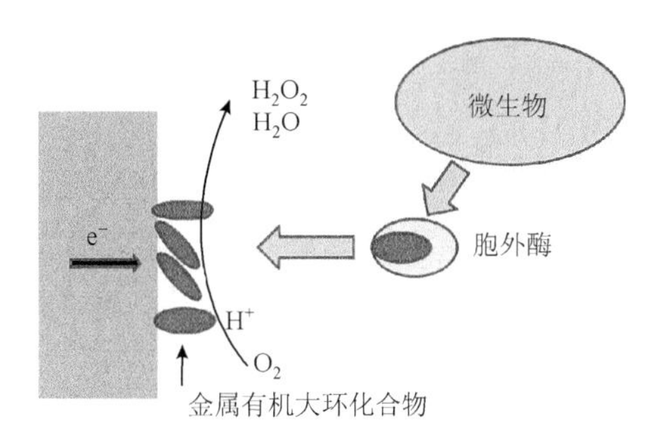

图 5-3　微生物膜中卟啉等金属有机大环化合物对溶解氧还原反应的作用示意图

3. 经由过氧化氢产生的间接催化作用

在天然海洋微生物膜中经常可以检测到过氧化氢，其浓度可以为 0.14～0.73mmol·L^{-1}，有时甚至高达 6mmol·L^{-1}。人们也曾使用葡萄糖（10mg·L^{-1}）和葡萄糖氧化酶进行实验，葡萄糖氧化酶可催化溶解氧还原为过氧化氢［式（5-4）］，结果导致不锈钢开路电位的正移。该模型假定氧化酶存在于天然微生物膜中，并催化有机物的氧化产生过氧化氢（图 5-4）。葡萄糖/葡萄糖氧化酶模型在有氧微生物腐蚀研究中已被广泛用于重现微生物对溶解氧还原反应的促进实验。

$$C_6H_{12}O_6+O_2+H_2O \longrightarrow C_6H_{12}O_7+H_2O_2 \qquad (5\text{-}4)$$

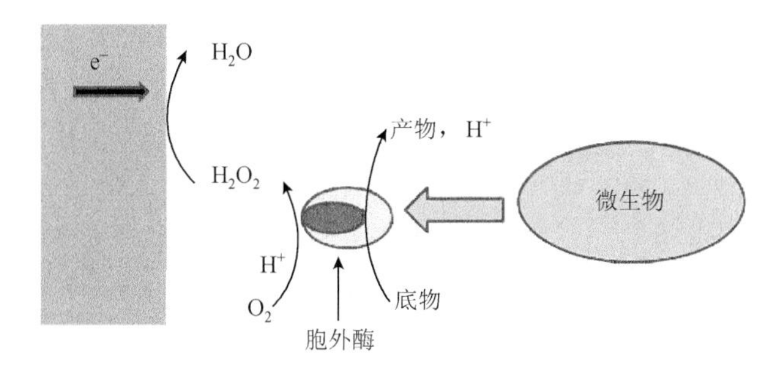

图 5-4　经由过氧化氢产生的间接溶解氧还原反应作用示意图

4. 经由锰氧化物媒介的间接作用

在含有锰离子的环境中，锰氧化菌在氧气存在条件下能够将锰离子氧化为相应的氧化物，然后生成的氧化物又可以在电极表面被还原再次转变为离子。锰氧化菌对锰离子的如此循环作用实现了电子从电极材料到氧的传递，这是有氧微生物腐蚀研究中被广泛认可的一种可能的机制。具体来讲，锰氧化菌可以利用氧将锰离子氧化为氧代氢氧化锰（MnOOH），氧代氢氧化锰能够沉积在电极表面并转变为氧化锰（MnO_2）。在电极表面，MnO_2 被电化学还原经由 MnOOH 转变为锰离子（图 5-5）。一般认为 MnO_2 还原为 MnOOH［式（5-5）］是决定金属材料开路电位的重要反应。该反应仅涉及固态沉积物，因而可以很好地解释在所有现场实验中金属样品表现出相似的开路电位。如果 MnO_2 直接还原为锰离子［式（5-6）］，那么平衡电位将随锰离子浓度的改变而变化，进而导致不同水环境中金属开路电位的跳动。Shi 等在实验室中以典型锰氧化菌生盘纤发菌为对象，证实了该模型的正确性[76]。

$$MnO_2+H_2O+e^- \rightleftharpoons MnOOH+OH^- \tag{5-5}$$

$$MnO_2+2H_2O+2e^- \rightleftharpoons Mn^{2+}+4OH^- \tag{5-6}$$

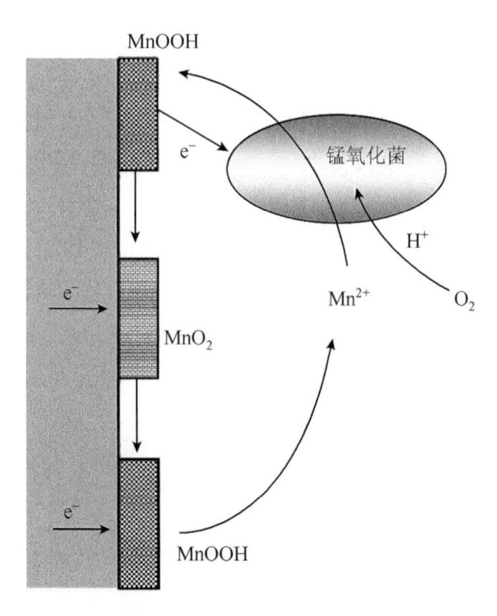

图 5-5　经由氧化锰媒介的间接溶解氧还原反应作用示意图

5. 经由对铁氧化物活性调控的间接作用

不锈钢表面钝化层的性质取决于基体材料性质，并受电解液性质的影响。由于在天然海水微生物膜中存在相当量的过氧化氢，而过氧化氢能够部分还原表面铁氧化物，使得三价铁转变为二价铁。在第 3 章有关钢铁材料上溶解氧还原反应的介绍中，我们也提到二价铁的溶解氧还原反应活性高于三价铁的。因此，微生物有可能通过所产生的过氧化氢对铁氧化物的作用影响溶解氧还原反应，示意图见图 5-6。

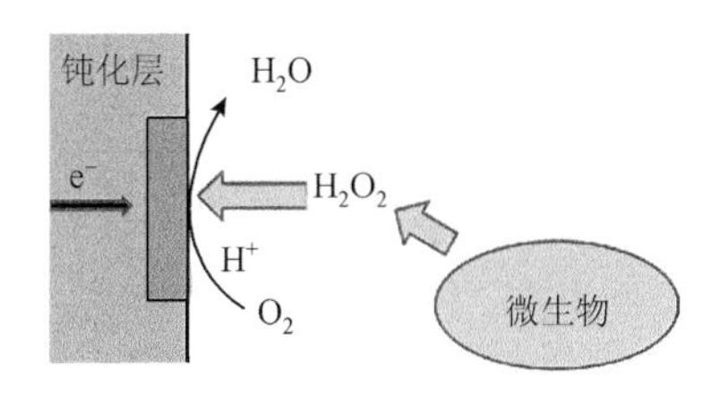

图 5-6　经由对铁氧化物活性调控的间接溶解氧还原反应作用示意图

5.2　典型单菌株对溶解氧还原反应的影响

既然天然海洋微生物膜能够促进溶解氧还原反应，有必要对其进行分离鉴定以获得溶解氧还原反应电活性微生物用于更深层次的研究。Vandecandelaere 等将在天然海水中于–0.2V（相对于 Ag/AgCl 电极）电位极化作用下能够表现出稳定电流密度（$0.5A \cdot m^{-2}$）的不锈钢电极表面的微生物膜的群落结构进行鉴定，结果获得了 356 株可培养菌株，隶属于 α-变形菌纲、γ-变形菌纲、厚壁菌门、放线菌门、黄杆菌科等[77]。具有溶解氧还原反应电化学活性微生物膜的群落结构复杂性及其与周围海水中的群落结构的相似性，使得难以判定哪些微生物能够对溶解氧还原反应起作用。

与此同时，Faimali 等在实验室内将 UNSS 31254 不锈钢置于不同体积（2L、200L 和 2000L）的经不同处理的静止或搅拌海水中，并施加不同的电位，研究不同条件下不锈钢上的开路电位（未施加电位）、电流密度（施加阴极极化电位）、微生物膜覆盖度等随时间的变化曲线以确定微生物膜的溶解氧还原反应电化学活性，并对所获的微生物膜的群落结构采用变性梯度凝胶电泳进行分析[78]。从图 5-7 所示的结果可以看出，同一条件下的平行样品上群落结构的相似度都高于 85%（如 A 和 B、C 和 D 等），表明根据变性凝胶电泳结果对群落结构相似性进行判定具有合理性。不同条件下获得的具有电化学活性的微生物膜的群落结构相差很大，有的相似度低于 10%（如 H 和 O），而非活性微生物膜与活性膜的群落结构的相似性，有的高达 60%（如 L 和 M）。因此，难以建立溶解氧还原反应电化学活性与微生物膜群落结构之间的关系。

既然难以根据不同微生物膜群落结构的差别判定哪些微生物具有溶解氧还原反应电化学活性，那么只能对单菌株进行单独测试以判定其活性。

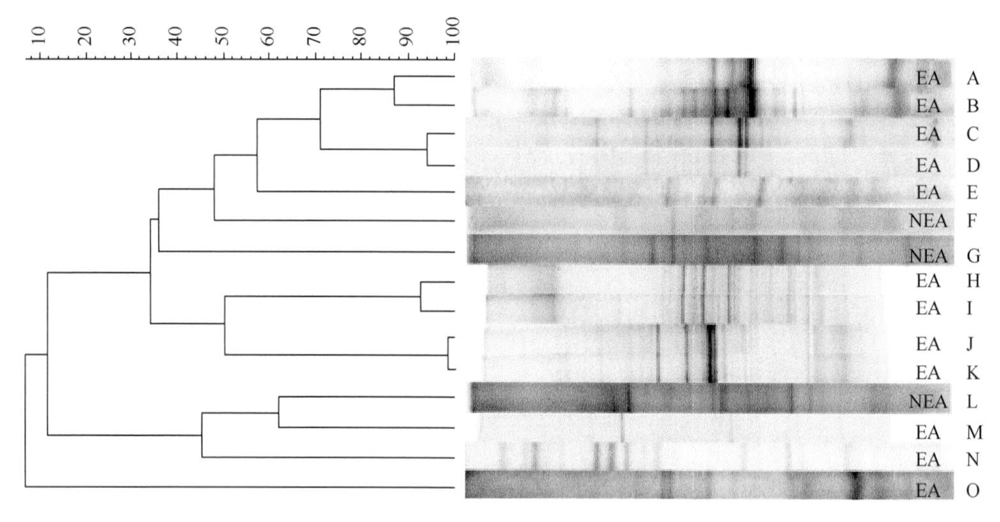

图 5-7　不同条件下获得的海洋微生物膜的变性凝胶电泳条带相似性比较

A 和 B：2000 L-开路电位；C 和 D：开放体系-阴极极化；E：2000 L-阴极极化；F：2 L-天然海水-静置；G：2 L-含无脊椎动物的天然海水-静置；H 和 I：2000 L-开路电位；J 和 K：200 L-开路电位；L：2 L-天然海水-搅拌；M：2 L-含生物养素的天然海水-搅拌；N：2 L-含生物养素和无脊椎动物的天然海水-搅拌；O：200 L-阴极极化；除 F、G 和 L 外，其他的微生物膜均具有溶解氧还原反应电化学活性[78]

5.2.1　溶解氧还原反应电化学活性微生物的菌种多样性

基于天然海洋微生物膜对溶解氧还原反应的促进作用，Parot 等就分离自其中的 7 种典型微生物的溶解氧还原反应电化学活性进行了表征[79]。图 5-8 给出了玫瑰杆菌 *Roseobacter* sp. R-26140 的加入对空气饱和磷酸缓冲溶液（pH=7.5）中玻碳电极上循环伏安曲线的影响，可以明显地看出，微生物的加入使得溶解氧还原

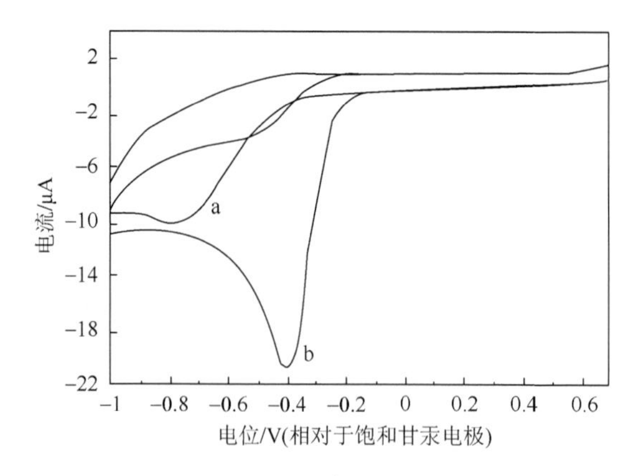

图 5-8　空气饱和磷酸盐缓冲溶液中（$0.1mol·L^{-1}$，pH=7.5）玫瑰杆菌 *Roseobacter* sp. R-26140 加入前（曲线 a）与加入并作用 90min 后（曲线 b）玻碳电极上的循环伏安曲线[79]

反应的峰电流增大、峰电位正移，因而该微生物具有良好的溶解氧还原反应电化学活性。与玫瑰杆菌 *Roseobacter* sp. R-26140 相似，其他 6 种分离微生物也表现出对溶解氧还原反应的促进作用，有关 7 种微生物作用下溶解氧还原反应的峰电位正移值和峰电流的比较如表 5-1 所示。

表 5-1　不同微生物作用 90min 后对溶解氧还原反应峰电位和峰电流的影响比较[79]

菌株	峰电位/V	峰电位正移值/V	峰电流/μA
嗜盐菌 R-28817	−0.41	0.39	−20.1
玫瑰杆菌 R-28704	−0.41	0.31	−18.7
玫瑰杆菌 R-26140	−0.41	0.30	−20.6
玫瑰杆菌 R-26156	−0.45	0.27	−17.0
玫瑰杆菌 R-26165	−0.45	0.30	−17.0
玫瑰杆菌 R-26162	−0.40	0.36	−16.5
庞蒂亚克亚硫酸盐杆菌 R-28809	−0.44	0.20	−19.5

除分离自天然海洋微生物膜的细菌外，其他来源的多种微生物也被报道具有溶解氧还原反应电化学活性，如 Rabaey 自接种河底沉积物的微生物燃料电池阴极上分离出了 8 株活性菌[80]。此外，以现有菌种为研究对象，测定其溶解氧还原反应电化学活性也是一有效途径。Cournet 等测试了 20 株好氧或兼性厌氧菌，其中 14 株菌表现出溶解氧还原反应电化学活性（表 5-2），且不同微生物作用下溶解氧还原反应达到稳定状态的时间、起始电位、峰电流、峰电位不同[81]。表现出溶解氧还原反应电化学活性的微生物在菌属类别、革兰氏阴阳性、过氧化氢酶阴阳性、氧化酶阴阳性等方面都没有规律，这一方面使得人们难以在测试之前就其溶解氧还原反应电化学活性进行判定，另一方面也扩大了潜在活性微生物的存在范围。

表 5-2　不同菌株在表型与溶解氧还原反应活性方面的比较[81]

名称	表型			溶解氧还原反应峰			
	革兰氏阴阳性	过氧化氢酶阴阳性	氧化酶阴阳性	时间/h	起始电位/V（相对于饱和甘汞电极）	峰电流/μA	峰电位/V（相对于饱和甘汞电极）
绿脓假单胞菌	阴性	阳性	阳性	1	−0.19±0.03	−11.71±0.19	−0.45±0.05
荧光假单胞菌	阴性	阳性	阳性	1	−0.18±0.01	−10.01±0.08	−0.45±0.01
缺陷短波单胞菌	阴性	阳性	阳性	1	−0.13±0.02	−14.2±3.97	−0.33±0.01
洋葱伯克霍尔德菌	阴性	阳性	阳性	1	−0.14±0.03	−17.14±2.75	−0.36±0.05
黏膜炎布兰汉球菌	阴性	阳性	阳性	1	−0.18±0.01	−13.43±0.13	−0.44±0.00
固氮阴沟肠杆菌	阴性	阳性	阴性	6	−0.19±0.01	−10.33±1.02	−0.48±0.01
大肠杆菌	阴性	阳性	阴性	3	−0.21±0.02	−10.25±1.37	−0.49±0.01

续表

名称	表型			溶解氧还原反应峰			
	革兰氏阴阳性	过氧化氢酶阴阳性	氧化酶阴阳性	时间/h	起始电位/V（相对于饱和甘汞电极）	峰电流/μA	峰电位/V（相对于饱和甘汞电极）
福氏志贺氏菌	阴性	阳性	阴性	3	−0.21±0.01	−11.54±0.73	−0.51±0.00
不动杆菌	阴性	阳性	阴性	1	−0.16±0.01	−10.14±0.68	−0.41±0.05
产吲哚金氏金菌	阴性	阳性	阴性	3	−0.22±0.01	−9.59±0.99	−0.49±0.01
反硝化金氏菌	阴性	阳性	阴性	1	−0.21±0.01	−12.05±0.21	−0.49±0.01
藤黄微球菌	阳性	阳性	阳性	1	0.19±0.01	−13.48±0.21	−0.46±0.03
枯草芽孢杆菌	阳性	阳性	阳性	1	−0.18±0.01	−11.57±0.81	−0.49±0.02
肉葡萄球菌	阳性	阳性	阴性	1	−0.22±0.01	−9.54±0.49	−0.52±0.00
金黄色葡萄球菌	阳性	阳性	阴性	无	—	—	—
表皮葡萄球菌	阳性	阳性	阴性	无	—	—	—
粪肠球菌	阳性	阳性	阴性	无	—	—	—
海氏肠球菌	阳性	阳性	阴性	无	—	—	—
香肠乳杆菌	阳性	阳性	阴性	无	—	—	—
变性链球菌	阳性	阳性	阴性	无	—	—	—

既然溶解氧还原反应电化学活性微生物具有菌种多样性，目前又无规律可言。那么与腐蚀密切相关的微生物对溶解氧还原反应的作用如何呢？接下来，我们将分别介绍在微生物腐蚀中占有非常重要地位的铁细菌和硫酸盐还原菌对溶解氧还原反应的作用。

5.2.2 铁细菌对溶解氧还原反应的作用

1. 铁细菌及其所致腐蚀机理简介

铁细菌又称铁氧化菌，是利用二价铁到三价铁的氧化来获取能量的一类细菌的总称。铁细菌不是分类学上的概念，这些微生物分别属于不同类群，有的是兼性自养型，如纤发菌、泉发菌，为成串的杆状细胞互相连成丝状，外面包有共同的鞘套，在细胞内或鞘套上常有铁等金属积累。有的是严格化能自养型，并只能在强酸性条件下生活，如氧化亚铁硫杆菌，通常生活在 pH 为 4 以下的环境中，这类菌在细菌浸矿中具有重要作用。铁细菌的生长需要铁，但对铁浓度的要求并不高，在铁含量为 1～6mg·L^{-1} 的水中，其可生长良好。大多数的铁细菌是好氧菌，有的需在微好氧条件下才能生长。

由于铁细菌能将二价铁氧化为三价铁，而三价铁的溶解度低，因而往往造成大量氧化铁的累积，在管道中形成锈瘤，引起管道堵塞，同时还能加速钢铁材料的腐蚀，降低钢铁管道的使用寿命。铁细菌对腐蚀的影响一般认为通过锈瘤建立氧浓差腐蚀电池实现，示意图如图 5-9 所示。当钢铁材料浸入腐蚀性介质中时，由于表面不均匀性，往往形成微电池。在微电池的阳极区铁发生阳极氧化产生二价铁，当介质中含有铁细菌时，二价铁可被铁氧化菌快速的转化为三价铁氧化物。三价铁氧化物在钢铁材料表面的积累形成锈瘤，而锈瘤能够阻碍氧的传输，使锈瘤覆盖下的金属处于贫氧区而成为腐蚀原电池的阳极。在小阳极大阴极的作用下，钢铁材料的腐蚀速率被加快。

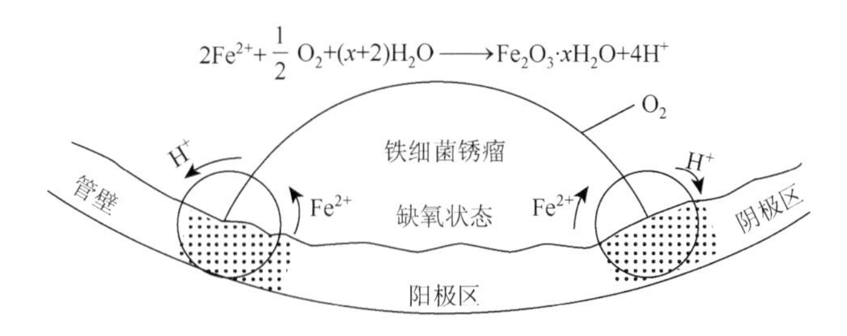

图 5-9　铁细菌通过锈瘤建立浓差腐蚀电池引起钢铁腐蚀示意图

2. 铁细菌 *Thalassospira* sp.对溶解氧还原反应的作用

图 5-10 展示了于含有铁细菌 *Thalassospira* sp.的 $0.01mol \cdot L^{-1}$ 磷酸盐缓冲溶液（pH=7.4）中浸泡不同时间的玻碳电极上的循环伏安曲线。氮气饱和条件下，在所研究的电位范围内，没有特征峰（曲线 j′）。空气饱和条件下，在铁细菌 *Thalassospira* sp.加入前（曲线 a），循环伏安曲线在−0.7V 左右有一还原峰，对应玻碳电极表面的醌类活性官能团媒介作用下溶解氧的二电子还原。3.3h 后（曲线 b），在−0.5V 左右出现一新的还原峰，且随着浸泡时间的延长，峰电流不断增大、电位逐渐正移。与此同时，−0.7V 附近的还原峰不再明显。这可能是由于在较短时间内，铁细菌 *Thalassospira* sp.及某些代谢产物在电极表面的附着不足以覆盖所有活性位点，从而能观察到来自裸玻碳电极上溶解氧还原反应的信号。随着时间的延长，覆盖度增大，当电极表面的所有活性位点被覆盖时，−0.7V 左右的峰不再显现。当浸泡时间超过 96h 时（曲线 g～曲线 j），峰电流与峰电位不再发生明显变化，可能是由于铁细菌 *Thalassospira* sp.及其代谢产物在电极表面的附着达到相对稳定状态。与空白玻碳电极相比，浸泡 96h 后的循环伏安曲线的峰电位正移 350mV 左右，峰电流增大约一倍，这表明铁细菌 *Thalassospira* sp.具有良好的溶解氧还原反应电化学活性。

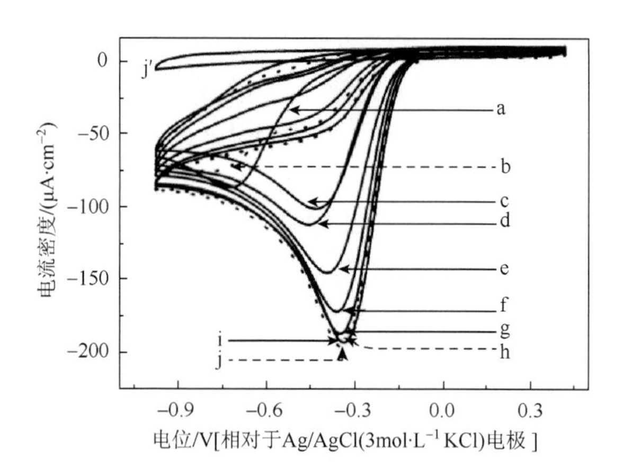

图 5-10　置于含有铁细菌 *Thalassospira* sp.的空气饱和 0.01mol·L^{-1} 磷酸盐缓冲溶液（pH=7.4）中不同时间的玻碳电极上的循环伏安曲线

曲线 a～曲线 j 对应的时间分别为：0h、3.3h、17h、24h、48h、72h、96h、120h、144h 和 168h，曲线 j′为 168h 后于氮气饱和溶液中测得的曲线

由于所有电极均在含有铁细菌 *Thalassospira* sp.的磷酸盐缓冲溶液中测得，溶解氧还原反应电化学活性能可能来自于电极本身，也可能来自溶液。为了确定各自的作用，我们一方面将浸泡 96h 的玻碳电极取出置于新鲜的不含铁细菌 *Thalassospira* sp.的磷酸盐缓冲溶液中，另一方面将抛光处理的电极置于滤液中分别进行循环伏安曲线测定，结果如图 5-11 所示。覆盖有铁细菌 *Thalassospira* sp.

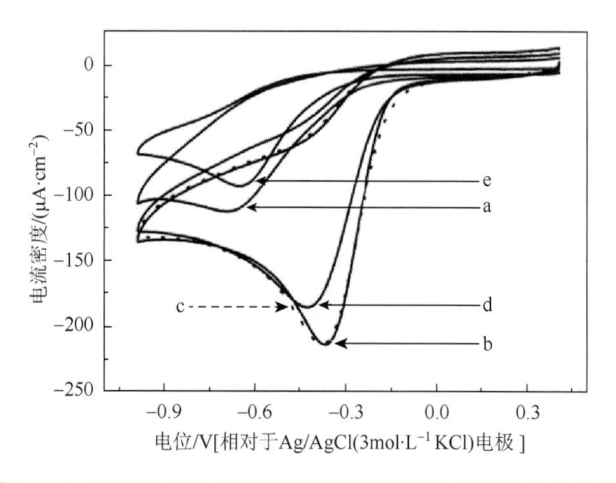

图 5-11　不同电极于空气饱和的不同溶液中的循环伏安曲线

a. 空白玻碳电极+空白磷酸盐缓冲溶液；b. 附着有铁细菌的玻碳电极+含有铁细菌的磷酸盐缓冲溶液；c. 附着有铁细菌的玻碳电极+空白磷酸盐缓冲溶液；d. 经戊二醛固定的附着有铁细菌的玻碳电极+空白磷酸盐缓冲溶液；e. 空白玻碳电极+铁细菌滤液

及代谢产物的电极在新鲜磷酸盐缓冲溶液中的循环伏安曲线（曲线 c）与在含铁细菌 *Thalassospira* sp.的接近（曲线 b），而置于滤液中的电极（曲线 e）则表现出裸玻碳电极的性能（曲线 a），因此，附着在电极表面的铁细菌 *Thalassospira* sp.及代谢产物是引起溶解氧还原反应行为变化的原因。采用戊二醛对附着的生物膜进行固定，溶解氧还原反应性能未有显著变化（曲线 d），这表明细胞活性不是主要原因。

在图 5-12 中，我们得出滤液对溶解氧还原反应的影响微弱。为了进一步确定其作用，我们延长玻碳电极在滤液中的时间，结果发现 24h 后在−0.5V 左右出现一宽的还原峰，溶解氧还原反应被促进。但与在含铁细菌 *Thalassospira* sp.的磷酸盐缓冲溶液中的相比，促进能力偏低。这是因为溶解氧还原反应性能与电极表面的代谢产物量密切相关，当铁细菌 *Thalassospira* sp.存在时，其可在电极表面进行附着并进行代谢，电极表面有较高的代谢产物浓度；经过滤后，仅有部分代谢产物残留在溶液中，且没有新的代谢产物来补充，因而附着在电极表面的量降低，从而导致溶解氧还原反应性能的下降。

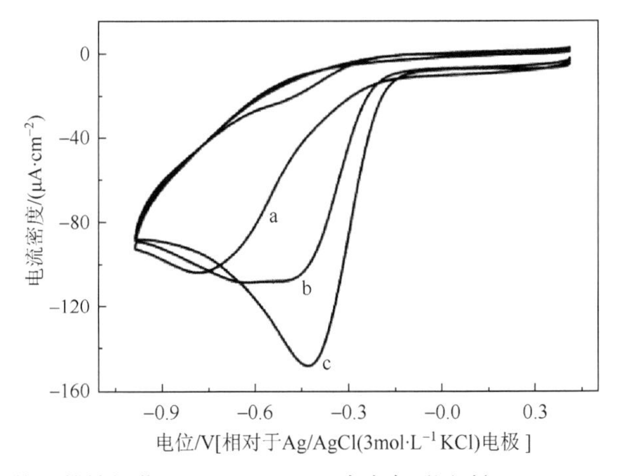

图 5-12　置于空气饱和的铁细菌 *Thalassospira* sp.滤液中不同时间（a. 0h；b. 24h）的玻碳电极上的循环伏安曲线

曲线 c 对应玻碳电极在含有铁细菌的磷酸盐缓冲溶液中浸泡 24h 后的情况

从图 5-13 所示的在含铁细菌 *Thalassospira* sp.的磷酸盐缓冲溶液中浸泡不同时间的玻碳表面的扫描电镜图片中可以看出，铁细菌呈杆状，尺寸在 1μm 左右。与 3.3h 的相比，浸泡 24h 和 48h 后的表面均有胞外聚合物的黏附，但铁细菌 *Thalassospira* sp.的数量并没有显著地增加。根据图 5-10 的结果，在 3.3h 时，除由铁细菌 *Thalassospira* sp.引起的溶解氧还原反应促进外，空白玻碳电极的性能也得到体现。假使我们将溶解氧还原反应的促进作用仅归因于铁细菌 *Thalassospira* sp.的附着，那么在 24h 和 48h 时，也应该观察到−0.7V 左右的还原峰，因为此时绝大多数表面也未被菌体细胞覆盖，这与图 5-10 的结果不符。因此，铁细菌 *Thalassospira* sp.对溶解氧还原反应的促进作用与其在电极表面的附着量无关，而且代谢产物的附着扮有重要角色。

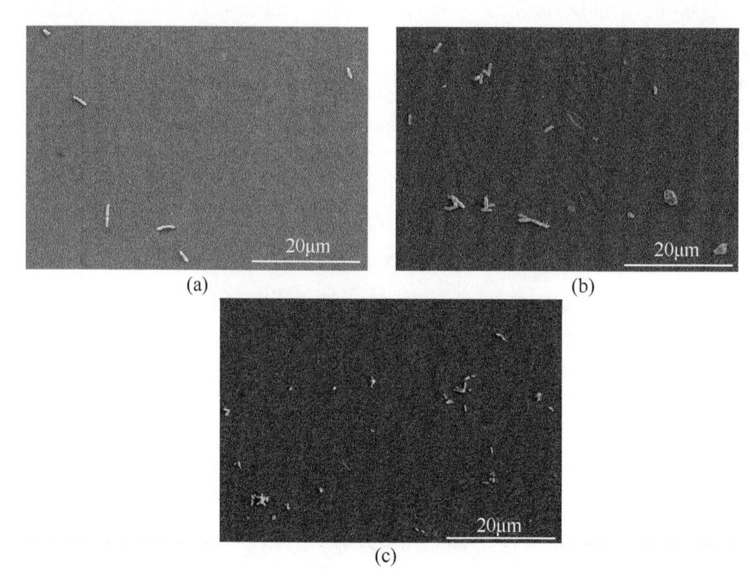

图 5-13　于含有铁细菌 *Thalassospira* sp.的 $0.01mol \cdot L^{-1}$ 磷酸盐缓冲溶液中（pH=7.4）浸泡不同时间的玻碳片的扫描电子显微镜图片

（a）3.3h；（b）24h；（c）48h

进一步采用旋转圆环-圆盘电极伏安法就铁细菌 *Thalassospira* sp.附着电极上的溶解氧还原反应进行表征，以获得动力学信息，结果如图 5-14 所示。与空白电极相比，在含有铁细菌 *Thalassospira* sp.的磷酸盐缓冲溶液中浸泡过 96h 的玻碳电极上的溶解氧还原反应具有更正的起始与半波电位，更大的盘电流，这与循环伏安曲线的结果相一致。与此同时，环电流显著减小。根据电子转移数、过氧化氢产率对收集效率、盘电流和环电流的关系表达式[式(2-68)和式(2-69)]，可以得到过氧化氢产率和电子转移数随电位的变化曲线，如图 5-14 内插图所示。在空白玻碳电极上，溶解氧还原反应以二电子为主；而铁细菌 *Thalassospira* sp.及其代谢产物的附着使其由二电子转变为四电子，该条件的四电子还原可能是直接的四电子，也可以先通过二电子还原转变为过氧化氢，过氧化氢迅速经进一步二电子还原或化学分解转变为水。铁细菌 *Thalassospira* sp.对溶解氧还原反应的作用机制与其抵御过氧化氢的毒害密切相关，要么抑制其产生，要么迅速将其转化。

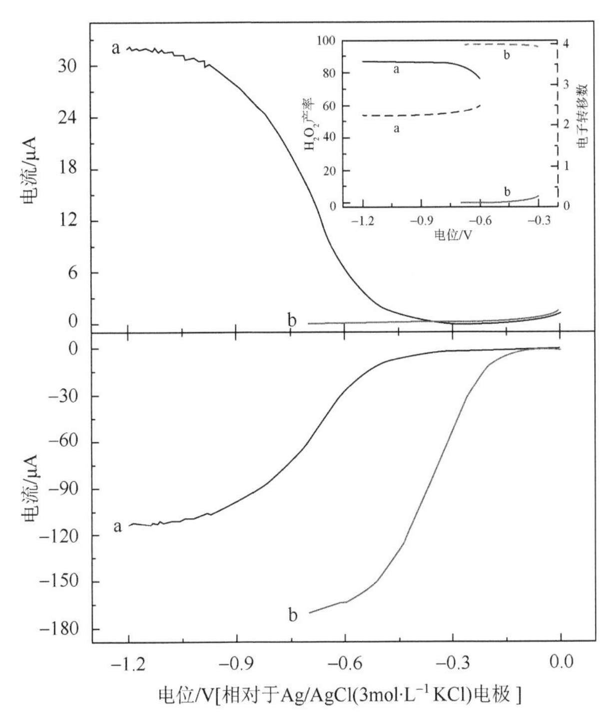

图 5-14　不同电极在空气饱和的 0.01mol·L^{-1} 磷酸盐缓冲溶液（pH=7.4）中的旋转圆环-圆盘电极伏安曲线，内插图为对应的两个电极上溶解氧还原反应的过氧化氢产率和电子转移数随电位的变化曲线

a. 空白玻碳；b. 在含铁细菌 *Thalassospira* sp.的溶液中浸泡 96h 后的玻碳电极

5.2.3　硫酸盐还原菌对溶解氧还原反应的作用

1. 硫酸盐还原菌及其所致腐蚀机理简介

硫酸盐还原菌是一类能够利用硫酸盐或者其他氧化态硫化物作为电子受体来异化有机物的微生物，与铁细菌相似，其也不是分类学上的概念，而是能够将氧化态硫化物还原的一类微生物的统称。硫酸盐还原菌在自然界中的各类环境中普遍存在，如海洋、河流、土壤、油田等。由于它们能够将高价态的硫还原为低价态的硫，因此在硫的生物地球化学循环中起到极其重要的作用。此外，它们代谢产生的硫化氢具有很高的反应活性，能够与很多金属离子发生反应生成难溶的化合物。因此，硫酸盐还原菌不仅在海洋生态平衡中起着很重要的作用，而且它的存在还会给海洋用工程材料，如 Q235 碳钢、304 不锈钢和铜，造成严重腐蚀危害，是海洋资源开发利用过程中需要克服的主要问题之一。

硫酸盐还原菌自 1895 年被 Beijerinck 发现以来，一直是微生物腐蚀的研究热点。目前已经发现的硫酸盐还原菌有 13 个属，40 个种。通常情况下，硫酸盐还原菌是嗜温的革兰氏阴性、不产芽孢的类型，但在某些特殊的环境中，也存在革兰氏阳性、产芽孢的菌株，如脱硫肠状菌属。硫酸盐还原菌在其酶系统作用下，能够利用氢和 100 种以上有机物，如醇、脂肪酸（单梭基酸、二梭基酸）、某些氨基酸、糖、环状芳香族化合物、长链溶解性烷烃等进行代谢。

图 5-15 所示的是硫酸盐还原菌的代谢过程，可以用三步来简单描述。第一步，在厌氧条件下有机物初步降解，产生少量腺苷三磷酸（ATP）。第二步，上一步产生的高能电子通过黄素蛋白、细胞色素 C 等电子媒介逐级传递，产生大量 ATP。第三步，在 ATP 的作用下电子传递给氧化态的硫酸盐，生成腺苷酰硫酸（APS）和焦磷酸根（PPI），APS 继续反应，转化为 3′-磷酸腺苷-5′-磷酰硫酸（PAPS），PAPS 与还原型辅酶 II（NADPH）相互作用，生成 3′-磷酸腺苷-5′-磷酸（PAP）、三磷酸吡啶核苷酸（TPN+）和亚硫酸盐。生成的亚硫酸盐在多种酶催化下，通过多步反应最终被还原成硫化物，排入环境中。

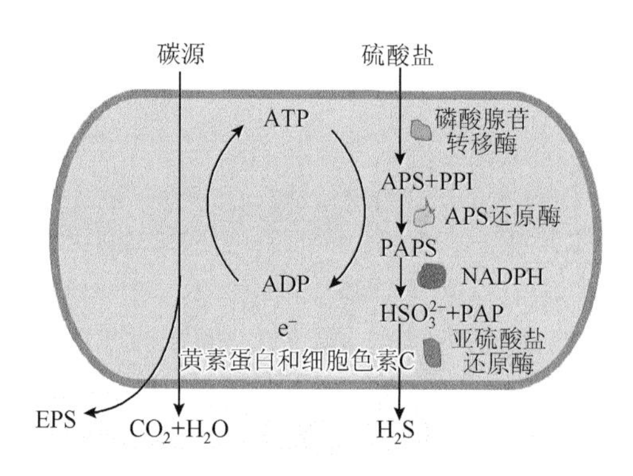

图 5-15　硫酸盐还原菌代谢机理图

硫酸盐还原菌作为最重要的厌氧腐蚀微生物，其腐蚀机理研究可追溯到 20 世纪 30 年代。最经典的是阴极去极化机理，它最早在电化学角度上解释了硫酸盐还原菌所致的腐蚀。后来随着研究的深入，其他的几种理论相继被提出，如浓差电池理论、阳极区固定理论、直接电子转移理论等。这些丰富和发展了硫酸盐还原菌厌氧腐蚀理论。在实际环境中往往多种机理共同存在，根据实际情况的不同，某个机理可能起到主要作用。

1）氢化酶引起的阴极去极化作用

早在 1934 年，Kühr 和 Flugt 就提出了阴极去极化理论[82]。在厌氧腐蚀中，阴极反应为析氢反应，氢原子到氢分子的转变为速率控制步骤。他们认为硫酸盐还原菌中的氢化酶能够将碳钢阴极析氢反应产生的氢原子移除用于进行自身的硫酸盐还原，从而加速腐蚀（图 5-16）。这个理论中，铁作为电子供体被腐蚀，产生的电子通过电子中间转移体（氢）传递给硫酸盐还原菌进行无机营养微生物代谢过程。后来，Booth 等通过测定硫酸盐还原菌对低碳钢阴极过程的影响，支持了氢化酶引起阴极去极化理论[83]。另外，他们还通过测定在不同种类硫酸盐还原菌的氢化酶体系中碳钢的腐蚀速率和极化曲线，证明了阴极去极化为硫酸盐还原菌厌氧腐蚀的机制。有些研究者还发现氢化酶能够直接消耗吸附在电极表面的氢原子。Keresztes 等研究发现，表面有硫酸盐还原菌细胞黏附的金属材料在可溶性介体分子存在的条件下阴极反应很容易进行，电极的氧化还原电位与微生物氢化酶的氧化还原电位一致，说明微生物能够直接消耗电极表面的活性氢[84]。还有些学者认为，金属材料表面的电子直接转移到氢化酶的同时，活性氢在氢化酶表面形成。Silva 等在研究 316L 不锈钢与 NAD 依赖的氢化酶的直接电子转移中发现，氢化酶与 NAD^+存在的情况下，电子转移的电量增加，说明金属材料的电子直接转移到氢化酶[85]。此外，有研究也发现 SRB 与金属材料之间不用直接接触，也可以进行阴极去极化作用，加速金属材料的腐蚀。

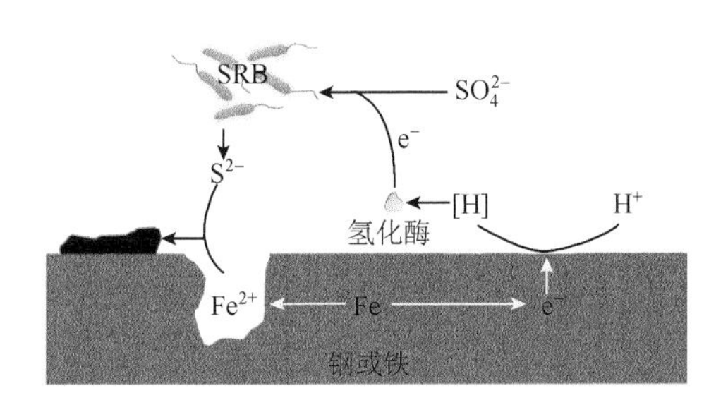

图 5-16　氢化酶引起的阴极去极化机理模型

由氢化酶引起的阴极去极化机理是硫酸盐还原菌的经典腐蚀机理，然而这个理论也有很多的争议。Costello 等在研究硫酸盐还原菌电化学腐蚀理论过程中发现，氢化酶阴极去极化理论存在一定缺陷：根据该理论，被腐蚀的金属铁与转化成的铁硫化物的比例应是 4∶1，但实验证明，该比例在 0.9～1 之间变动[86]。氢化酶引起的阴极去极化理论虽然在一定程度上解释了硫酸盐还原菌腐蚀的过程，但在某些方面还不是很完善，并没有彻底地揭示硫酸盐还原菌腐蚀机理。因此，该理论在后继的研究中得到了发展。

2）FeS 引起的阴极去极化作用

除了氢化酶阴极去极化理论外，在电极表面形成具有催化活性的 FeS 也能够刺激 H^+还原成 H_2，这就是 FeS 引起的阴极去极化作用理论。Lee 等认为由于硫酸盐还原菌的生命活动，铁表面产生了硫化亚铁沉积层。Q235 碳钢作为阳极，硫化亚铁作为阴极去极化剂，从而加速了 Q235 碳钢的腐蚀[87]。King 等后来通过失重实验发现，预先沉积有 FeS 的碳钢具有较快的腐蚀速率，并且腐蚀速率与 FeS 的沉积量直接相关。因此他们提出，由硫酸盐还原菌产生的 S^{2-}与铁作用产生 FeS 附着在铁表面上形成阴极，与铁阳极形成局部电池，析氢反应的阴极去极化作用在 FeS 表面上进行，使金属发生腐蚀（图 5-17）[88]。

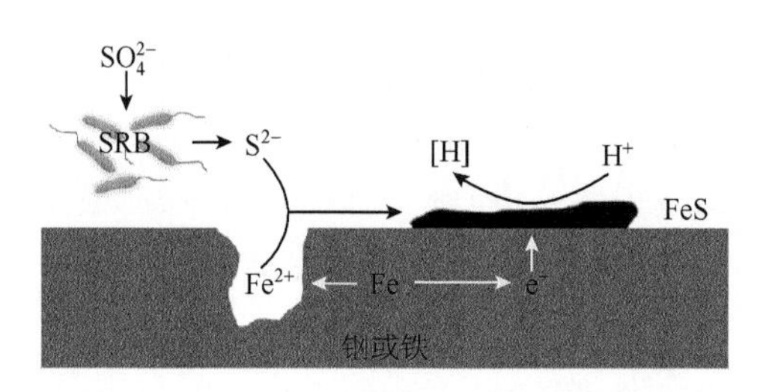

图 5-17　FeS 引起的阴极去极化机理模型

由于阴极析氢反应需要较高的活化能，因此腐蚀过程加速必须在一个低于可逆氢电极的电位范围内。例如，在中性的硫酸盐还原菌介质中电位低于–0.65V（相对于饱和甘汞电极）时，碳钢的腐蚀被加速。然而，很多情况下，在硫酸盐还原菌介质中（pH=7）电位高于–0.65V 时腐蚀同样被促进。Booth 等的研究发现在无氧的硫酸盐还原菌体系中含有较高含量的 Fe（Ⅱ），腐蚀过程被促进，然而，此时的腐蚀电位为–0.50V，高于可逆氢电极[89]。Mewman 等在无氧含硫的体系中发现了同样的现象，在开路电位下腐蚀破坏被促进表明阴极过程的速率较快[90]。然而，在无氧条件下，电位高于可逆氢电极时发生较快的阴极过程，这用传统的阴极去极化理论难以解释。后来人们发现在开路电位下金属表面沉积的铁硫化物的还原改变了阴极去极化过程，加速了钢的腐蚀。Starosvetsky 等的研究同样发现金属材料表面的硫酸盐还原菌腐蚀产物硫化亚铁能够产生一个替代的阴极去极化作用材料，加速金属材料的腐蚀[91]。在硫酸盐还原菌的培养基中，当电位高于氢的可逆电位时，钢铁电极表面的硫化亚铁沉淀能发生阴极还原。

3）H_2S 引起的阴极去极化作用

还有一种阴极去极化作用是硫酸盐还原菌代谢产生的 H_2S 直接引起的。Costello 等的研究证明硫酸盐通过新陈代谢产生的 H_2S，是阴极反应的活性化合物[86]。后来 Hardy 等在缺少乳酸钠的情况下，证明在硫酸盐还原菌的介质中当把铁作为唯一的电子来源时，微生物进行的阴极去极化作用不会发生，阴极过程的加速是具有活性溶解的硫化氢导致的[92]。

4）阳极区固定理论

在实际环境中，大部分的微生物以菌落的形式固定在金属材料的特定区域，使阳极区固定。约 90%以上微生物引起的孔蚀都可以用这种理论来解释。Pope 等研究发现，在金属表面细菌一般以菌落形式生长繁殖，导致金属表面形成的微环境内出现一个闭塞电池，导致孔蚀的发生[93]。大部分细菌在蚀坑周围的聚集导致阳极区固定。他们进一步的研究表明，若微生物腐蚀进入较高阶段，简单的化学处理方法已不能杀死微生物，必须采用化学清洗、化学处理、机械清除或三者的结合的方法才能除去。Antony 等在研究含有硫酸盐还原菌的培养基中 2205 双相不锈钢材料的腐蚀中发现，2205 双相不锈钢的腐蚀电位急剧下降，阳极电流显著增加，同时硫酸盐还原菌能够对奥氏体不锈钢产生选择性的腐蚀[94]。Hardy 和 Bown 研究发现当氧进入硫酸盐还原菌腐蚀体系时，腐蚀速率加快，点蚀变严重，并且局部破坏主要发生在微生物聚集的膜下[95]。

5）直接电子转移理论

近年来研究发现，有些硫酸盐还原菌能够通过一种与以往不同的途径来获取自身代谢所需要的能量，在这个过程中加速金属的腐蚀。2004 年，Dinh 等利用铁作为唯一的电子供体分离培养了一种新的海洋腐蚀性硫酸盐还原菌，在研究过程中发现，这种细菌类似脱硫菌属，能够直接利用铁还原 SO_4^{2-} 的速度要比利用 H 的脱硫弧菌快得多。这说明在这种细菌所致的腐蚀过程中，通过直接获得来自金属铁的电子，而不是来自 H，促进阴极过程的进行（图 5-18）[96]。Venzlaff 等在研究厌氧条件下铁的腐蚀时，发现硫酸盐还原菌通过半导体的腐蚀产物膜直接从金属表面获取电子，加速阴极反应的进行[97]。人们进一步研究发现在缺少碳源的情况下，硫酸盐还原菌表面生成大量纳米线，吸附在金属表面，从金属表面直接获取电子，进而影响腐蚀过程的进行。

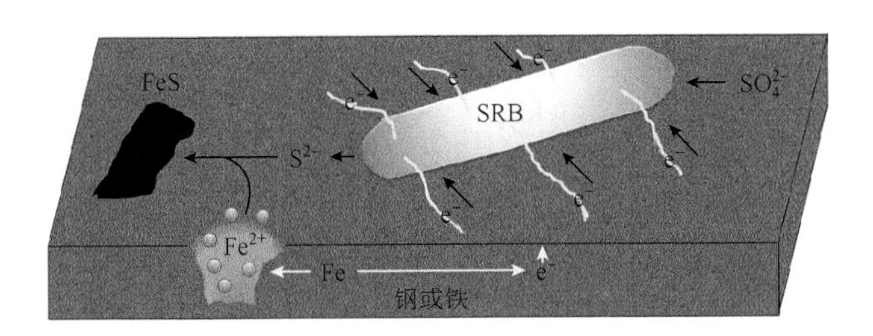

图 5-18　直接电子转移模型

2. 硫酸盐还原菌 *Desulfovibrio* sp.对溶解氧还原反应的作用

由于硫酸盐还原菌最初是在厌氧环境中被发现的，在很长一段时间内被认为是严格的厌氧细菌，其腐蚀机制的提出也集中在厌氧的情况下，但最近的研究发现，硫酸盐还原菌能够在有氧条件下生存。我们前期研究中发现，硫酸盐还原菌在氮气饱和、空气饱和和氧气饱和培养基中的生长状态及其对 Q235 钢的腐蚀行为不同，突出了氧对硫酸盐还原菌的影响[98]。那么，反过来，硫酸盐还原菌对溶解氧还原反应的影响如何呢？在此，我们以硫酸盐还原菌 *Desulfovibrio* sp.为对象介绍其对溶解氧还原反应的作用。

图 5-19 给出了 Q235 碳钢在含有不同数量硫酸盐还原菌 *Desulfovibrio* sp.的氮气和氧气饱和的 3.5% NaCl 溶液中的循环伏安曲线。从图 5-19（a）中可以看出，在氮气饱和溶液中除析氢反应外阴极没有明显的还原反应峰，在硫酸盐还原菌 *Desulfovibrio* sp.数量较少时，几乎与无菌溶液中的曲线重合，在硫酸盐还原菌 *Desulfovibrio* sp.数量较多时，电位为–1.3V 时的析氢电流减小。这可能是由于硫酸盐还原菌 *Desulfovibrio* sp.代谢产物有机物在电极表面的吸附，导致 Q235 碳钢

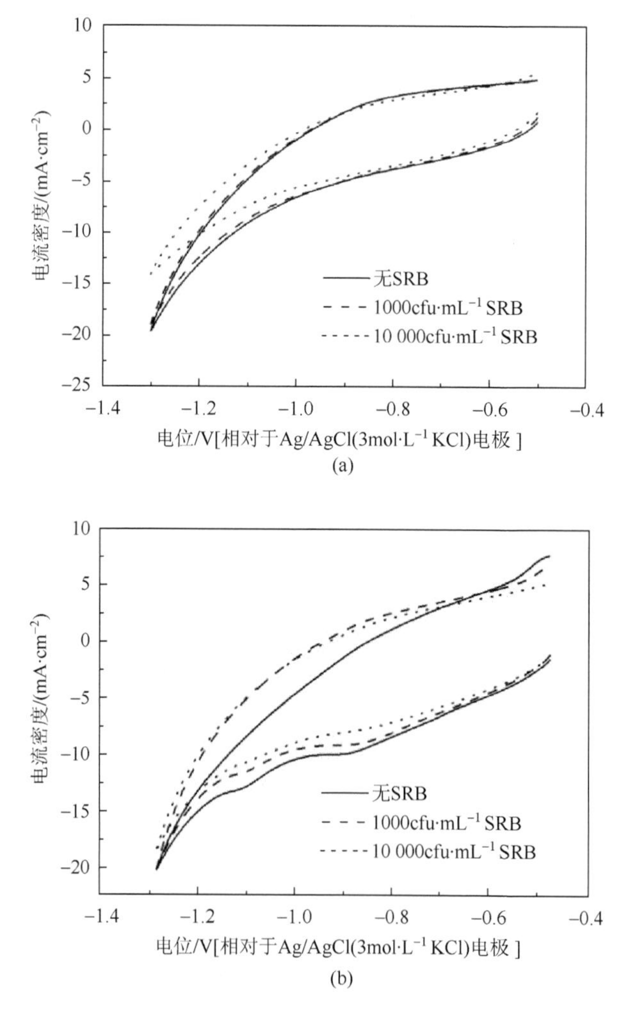

图 5-19　Q235 碳钢在含有不同数量硫酸盐还原菌 *Desulfovibrio* sp.的氮气（a）和氧气（b）饱和的 3.5% NaCl 溶液中的循环伏安曲线

表面的 H^+浓度减小所致。在图 5-19（b）中，在没有硫酸盐还原菌 *Desulfovibrio* sp.时阴极有两个还原反应峰，根据我们 3.2.1 节中的介绍，两个反应峰分别为溶解氧的还原反应峰和铁氧化物的还原反应峰。随着硫酸盐还原菌 *Desulfovibrio* sp.数量的增加，溶解氧的还原峰和铁的还原峰均逐渐减小，这可能是由于硫酸盐还原菌 *Desulfovibrio* sp.在电极表面形成的生物膜阻止了溶解氧到达电极表面发生还原反应。使用 Q235 钢作为电极时，铁氧化物的还原峰也发生变化，这给研究硫酸盐还原菌 *Desulfovibrio* sp.对溶解氧还原反应的影响带来困难。所以，在后续的研究中，我们选用玻碳电极作为对象。

1）含菌体细胞和代谢产物的培养液的影响

图 5-20 为玻碳电极在含有不同体积百分数硫酸盐还原菌 *Desulfovibrio* sp.培养液的 3.5% NaCl 溶液中的循环伏安曲线。在氮气饱和条件下［图 5-20（a）］，含有硫酸盐还原菌 *Desulfovibrio* sp.培养液的加入，明显增大了析氢电流。以前关于硫酸盐还原菌厌氧腐蚀机理的研究表明硫酸盐还原菌能够通过阴极去极化作用促进析氢反应的进行，这与本结果相一致。在氧气饱和条件下［图 5-20（b）］，玻碳电极在空白 3.5% NaCl 溶液中的循环伏安曲线在析氢反应之前存在三个还原峰，在 2.1.2 节中对此已经做过解释，分别对应溶解氧以醌类官能团为媒介超氧离子为中间产物的二电子还原、溶解氧的直接二电子还原和生成的过氧化氢的还原。随着含有硫酸盐还原菌 *Desulfovibrio* sp.培养液的加入，–0.32V 对应的溶解氧还原反应峰逐渐减弱，这说明含有硫酸盐还原菌 *Desulfovibrio* sp.培养液抑制了溶解氧还原成为超氧离子的反应。在硫酸盐还原菌 *Desulfovibrio* sp.菌液所占比例较小的情况下，仍然是三步还原反应，只是溶解氧还原为超氧离子的第一步反应明显受到抑制。

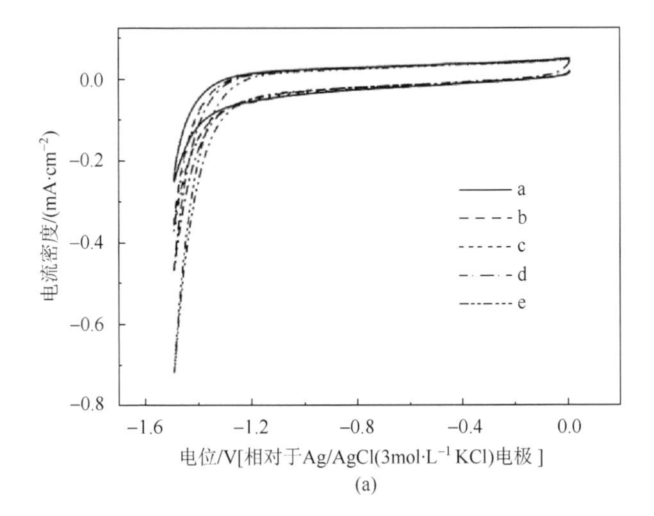

(a)

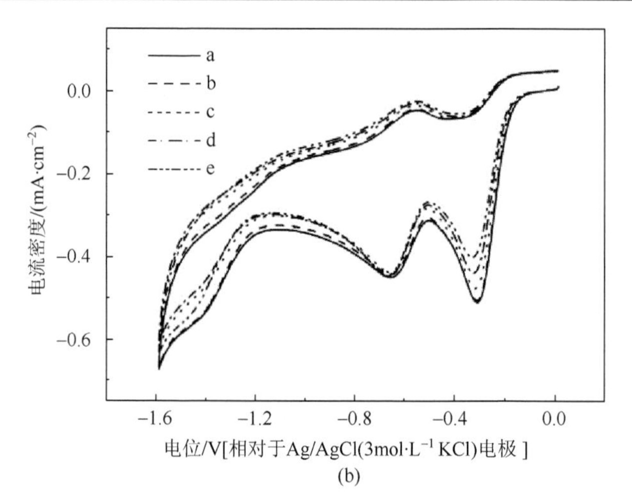

图 5-20　玻碳电极在氮气（a）和氧气饱和（b）的含不同体积百分数硫酸盐还原菌 *Desulfovibrio* sp.培养液的 3.5% NaCl 溶液中的循环伏安曲线

a. 0%；b. 0.01%；c. 0.1%；d. 1.0%；e. 10.0%

采用含有更高比例硫酸盐还原菌 *Desulfovibrio* sp.培养液的 3.5% NaCl 溶液进行测试，结果如图 5-21 所示。当硫酸盐还原菌 *Desulfovibrio* sp.培养液的浓度比较高时，−0.32V 电位附近的还原峰消失，表明溶解氧经由超氧离子转变为过氧化氢的步骤被抑制。同时，位于−1.40V 附近的阴极还原峰电流峰也消失，这说明含硫酸盐还原菌 *Desulfovibrio* sp.培养液的加入同样抑制了过氧化氢的还原。

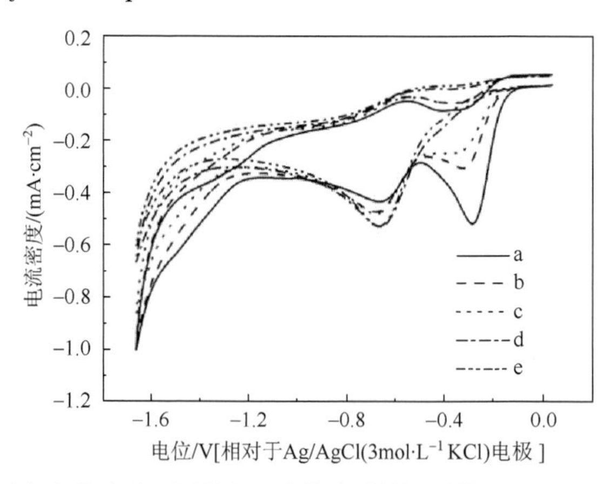

图 5-21　玻碳电极在氧气饱和含不同体积百分数硫酸盐还原菌 *Desulfovibrio* sp.培养液的 3.5% NaCl 溶液中的循环伏安曲线

a. 0%；b. 0.6%；c. 1.0%；d. 3.0%；e. 10.0%

采用电化学阻抗谱技术进一步对溶解氧还原反应进行研究。图 5-22 展示了玻碳电极在不同溶液中于−0.32V（溶解氧还原反应第一个还原峰峰电位）电位下的 Nyquist

图。可以看出，硫酸盐还原菌 *Desulfovibrio* sp.培养液的加入导致了该电位下的电化学阻抗明显增加，这与循环伏安曲线上该电位下反应电流减小的结果相一致。

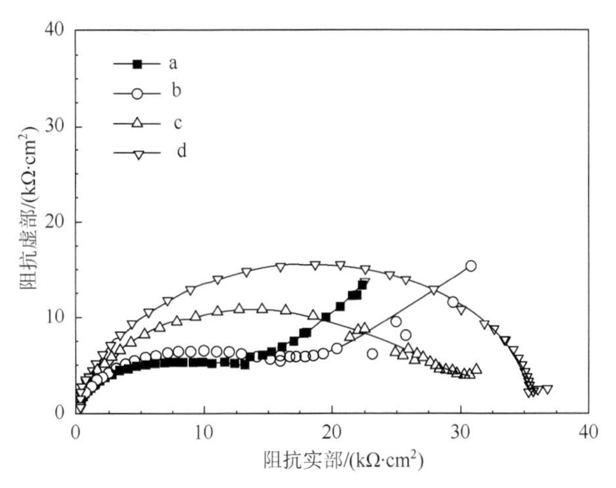

图 5-22　玻碳电极在氧气饱和的含不同体积百分数硫酸盐还原菌 *Desulfovibrio* sp.培养液的 3.5% NaCl 溶液中于−0.32V 的 Nyquist 图

a. 0%；b. 0.03%；c. 0.1%；d. 1.0%

将极化电位负移至−0.38V 处，此时对于未加入含有硫酸盐还原菌 *Desulfovibrio* sp.培养液的 3.5% NaCl 溶液来说，Nyquist 图呈现明显的阻挡层扩散特征（图 5-23）。这与铁由活性溶解状态突然转化为钝态的阻抗谱相类似，铁由活性状态突变为钝态的电化学阻抗谱变化，是由于铁表面吸附的氧分子层被金属腐蚀产物取代而导

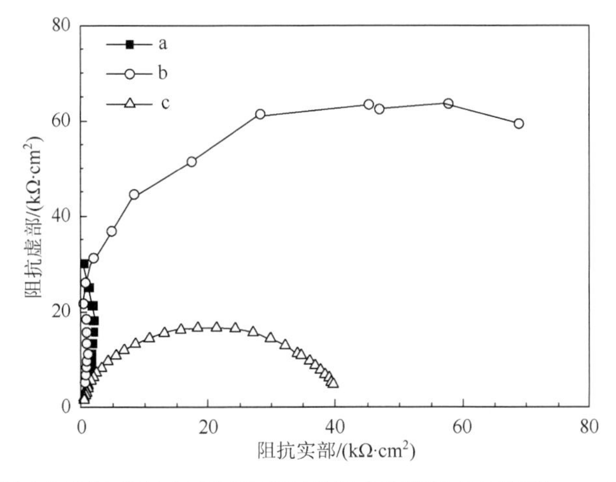

图 5-23　玻碳电极在氧气饱和的含不同体积百分数含有硫酸盐还原菌 *Desulfovibrio* sp.培养液的 3.5% NaCl 溶液中于−0.38V 的 Nyquist 图

a. 0%；b. 0.3%；c. 1.0%

致的。本研究采用的是惰性电极，不可能产生腐蚀产物，所以这种活性态到钝态的变化是玻碳电极表面的氧分子被其他产物取代导致的。在 2.3.2 节的介绍中，我们曾对这一现象进行解释，这是由于超氧离子在电极的吸附达到了一个极大值，对应的电荷转移电阻达到最大，从而使得超氧离子能够阻挡氧气向电极表面的扩散和电极表面的电子传递过程。硫酸盐还原菌 *Desulfovibrio* sp.培养液含量的增加，导致阻抗谱的阻挡层扩散特征逐渐消失。一方面是由于溶解氧的第一步还原反应会受到抑制，另一方面是由于硫酸盐还原菌 *Desulfovibrio* sp.的菌体或者其分泌的代谢产物会吸附到电极表面，从而导致超氧离子在电极表面的强吸附特征消失。

图 5-24 为电极于–0.68V 电位下的 Nyquist 图，可以发现，在该电位下的电化学阻抗明显小于–0.32V 和–0.38V 下的。在 3.5% NaCl 溶液中加入硫酸盐还原菌 *Desulfovibrio* sp.培养液后，阻抗谱没有发生明显变化，阻抗谱上仍然呈现出介于半无限扩散和有限层扩散的特征。这说明硫酸盐还原菌 *Desulfovibrio* sp.培养液的加入并没有显著改变该电位下的溶解氧还原，这与循环伏安曲线结果相一致。

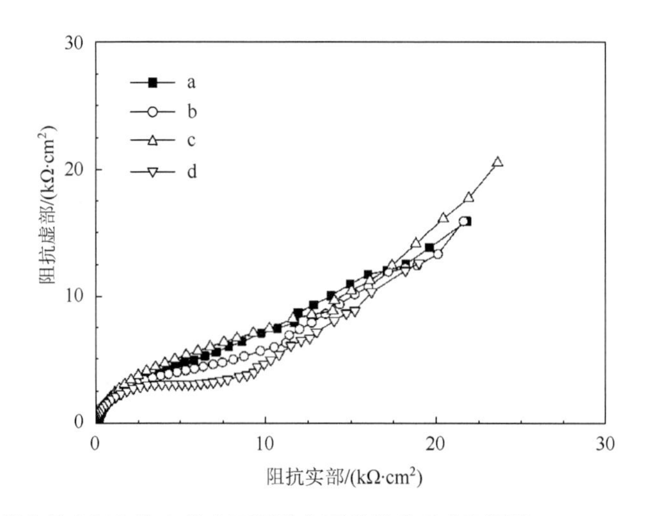

图 5-24　玻碳电极在氧气饱和的含不同体积百分数硫酸盐还原菌 *Desulfovibrio* sp.培养液的 3.5% NaCl 溶液中于–0.68V 的 Nyquist 图

a. 0%；b. 0.06%；c. 0.3%；d. 1.0%

在–1.40V 电位下，溶解氧还原反应中间产物过氧化氢会发生电化学还原，而在氧气饱和溶液中，会受到前两步还原反应电流的影响，为避免此干扰，可以通过配制除氧并且含 1mmol·L^{-1} 过氧化氢的 3.5% NaCl 溶液，单独研究其对过氧化氢的电化学还原的影响。图 5-25 为玻碳电极在氮气饱和的含 1mmol·L^{-1} 过氧化氢的 3.5% NaCl 溶液中的循环伏安曲线，可以看出硫酸盐还原菌 *Desulfovibrio* sp.培养液的加入不但减弱了过氧化氢还原的电流，还改变了反应电位。这是由于硫酸盐还原菌 *Desulfovibrio* sp.

培养液中含有硫化物等强还原性代谢产物，它们会迅速与中间产物过氧化氢发生化学反应，引起过氧化氢含量的减少导致了溶液中反应电流的减小，此外由于硫化物等代谢产物的加入，还会改变溶液本身的化学性质，从而导致反应电位的移动。

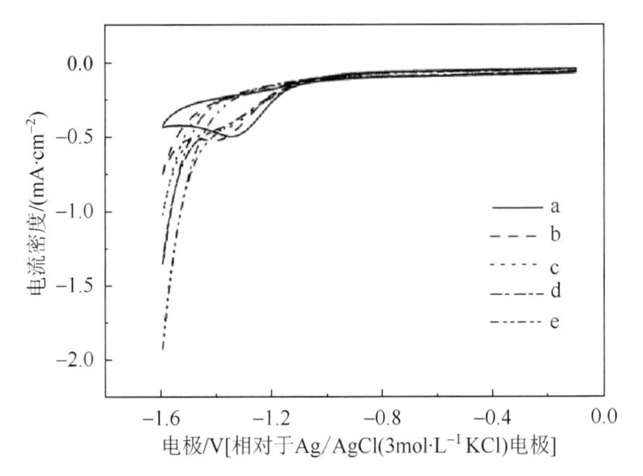

图 5-25　玻碳电极在氮气饱和的含 1mmol·L^{-1} H_2O_2 和不同体积百分数硫酸盐还原菌 *Desulfovibrio* sp.培养液的 3.5% NaCl 溶液中的循环伏安曲线

a. 0%；b. 0.1%；c. 0.6%；d. 3.0%；e. 10.0%

相应地，我们测试了玻碳电极在氮气饱和的含 1mmol·L^{-1} H_2O_2 和不同体积百分数硫酸盐还原菌 *Desulfovibrio* sp.培养液的 3.5% NaCl 溶液中于−1.35V 电位下的电化学阻抗谱，结果如图 5-26 所示。在没有加入培养液之前，阻抗谱呈现具有实部收缩的有限层扩散特征，这是由于此电位下，过氧化氢进行电化学还原反应，过氧化氢通过扩散并吸附在电极表面，导致了有限层扩散特征。在加入硫酸盐还原菌 *Desulfovibrio* sp.培养液之后，过氧化氢的还原反应发生了明显变化，有限层扩散特征消失，开始呈现一定的半无限扩散特征，说明过氧化氢在玻碳电极表面的吸附消失。有限层扩散特征的消失可能是由于过氧化氢与硫酸盐还原菌 *Desulfovibrio* sp.培养液中的某些代谢产物直接作用，从而使该电位下的电化学反应中析氢反应所占比例出现增高，从而出现半无限扩散特征。

2）菌体细胞的影响

由于培养液中既含有硫酸盐还原菌 *Desulfovibrio* sp.菌体细胞，又含有其代谢产物，因而非常有必要对两类物质进行分离分别研究其作用。将培养液离心获得硫酸盐还原菌 *Desulfovibrio* sp.菌体细胞，并将其加到氧气饱和的 3.5% NaCl 溶液中，检测其对玻碳电极上溶解氧还原反应的影响。如图 5-27 所示，硫酸盐还原菌 *Desulfovibrio* sp.菌体细胞的加入，同样明显地改变了溶解氧还原反应，使得−0.32V 电位附近还原峰的电流密度减小，−0.68V 电位附近的电流密度增大。这种影响与硫酸盐还原菌 *Desulfovibrio* sp.培养液的影响非常相似，但是在影响程度上小于培养液的。逐渐加入硫酸盐还原菌 *Desulfovibrio* sp.菌体细胞，即使其数量达到 $2\times10^5mL^{-1}$（对应培养液的体积百分数为 20.0%），仍然没有能够使−0.32V 电位附近的溶解氧还原反应峰消失，这说明在硫酸盐还原菌 *Desulfovibrio* sp.培养液中的菌体细胞不是影响溶解氧还原反应的主要原因。

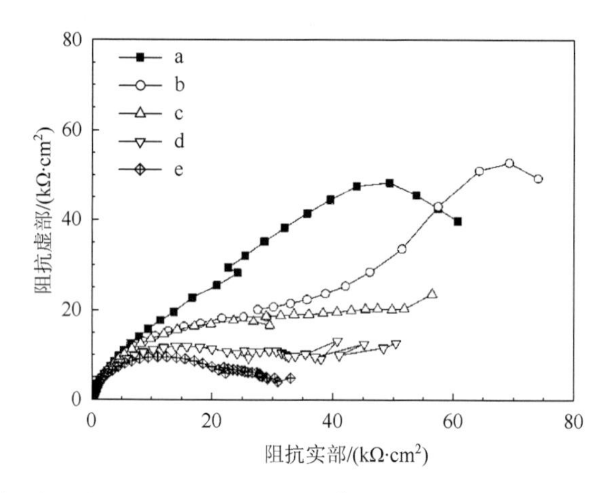

图 5-26　玻碳电极在氮气饱和的含 $1mmol\cdot L^{-1}$ H_2O_2 和不同体积百分数硫酸盐还原菌 *Desulfovibrio* sp.培养液的 3.5% NaCl 溶液中于−1.35V 的 Nyquist 图

a. 0%；b. 0.3%；c. 1.0%；d. 6.0%；e. 10.0%

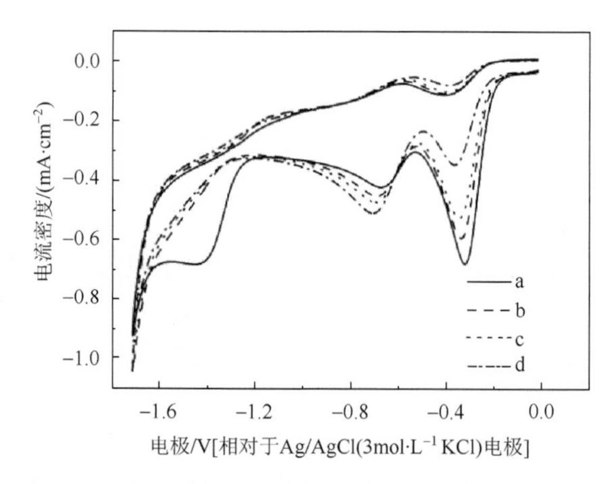

图 5-27　玻碳电极在氧气饱和的含不同数量硫酸盐还原菌 *Desulfovibrio* sp.的 3.5% NaCl 溶液中的循环伏安曲线

a. $0cfu\cdot mL^{-1}$；b. $6\times10^3cfu\cdot mL^{-1}$；c. $60\times10^3cfu\cdot mL^{-1}$；d. $200\times10^3cfu\cdot mL^{-1}$

相似地，采用电化学阻抗谱技术对玻碳电极在含有不同数量硫酸盐还原菌 *Desulfovibrio* sp.菌体细胞的 3.5% NaCl 溶液中的溶解氧还原反应进行表征。图 5-28

为–0.32V 电位下的 Nyquist 图，可以看出，未加入硫酸盐还原菌 *Desulfovibrio* sp.菌体细胞时，谱图呈现有限层扩散特征，这是由于该电位下生成的超氧离子吸附在电极表面导致。随着硫酸盐还原菌 *Desulfovibrio* sp.菌体细胞的增多，该电位下的有限层扩散特征消失，说明该电位下吸附在电极表面的超氧离子减少。这与图 5-27 中该电位下阴极还原电流减小的结果相一致，说明硫酸盐还原菌 *Desulfovibrio* sp.的菌体细胞抑制了溶解氧经由超氧离子到过氧化氢的转变。

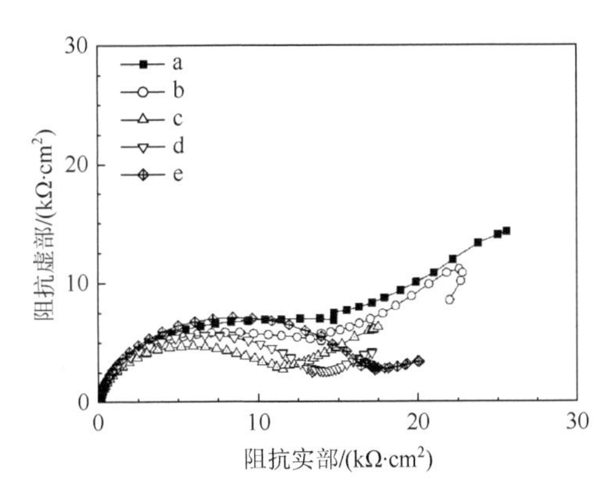

图 5-28 玻碳电极在氧气饱和的含不同数量硫酸盐还原菌 *Desulfovibrio* sp.菌体细胞的 3.5% NaCl 溶液中于–0.32V 电位下的 Nyquist 图

a. $0cfu{\cdot}mL^{-1}$；b. $6\times10^3cfu{\cdot}mL^{-1}$；c. $20\times10^3cfu{\cdot}mL^{-1}$；d. $120\times10^3cfu{\cdot}mL^{-1}$；e. $200\times10^3cfu{\cdot}mL^{-1}$

图 5-29 展示了玻碳电极在含有不同数量硫酸盐还原菌 *Desulfovibrio* sp.菌体细胞的氧气饱和 3.5% NaCl 溶液中于–0.38V 电位下的 Nyquist 图。对于未加入硫酸盐还原菌 *Desulfovibrio* sp.菌体细胞的 3.5% NaCl 溶液，玻碳电极上的电化学阻抗谱呈现强的阻挡层扩散特征，这是由于电极表面吸附的氧分子层被强吸附性的超氧离子取代而导致，这种阻挡层扩散特征在加入硫酸盐还原菌 *Desulfovibrio* sp.培养液之后很快消失，但是在加入菌体细胞后，阻挡层扩散特征还是比较明显，直到硫酸盐还原菌 *Desulfovibrio* sp.菌体细胞的数量达到 $2\times10^5cfu{\cdot}mL^{-1}$，阻挡层扩散特征才消失。这说明硫酸盐还原菌 *Desulfovibrio* sp.菌体细胞对溶解氧的第一步还原反应的抑制作用比较弱，硫酸盐还原菌 *Desulfovibrio* sp.对溶解氧还原反应的影响主要通过代谢产物来实现。

图 5-30 给出了对应溶解氧到过氧化氢直接二电子还原和过氧化氢还原典型电位下的 Nyquist 图。在–0.68V 时，硫酸盐还原菌 *Desulfovibrio* sp.菌体细胞的加入导致了电化学阻抗值的减小，但减小幅度不是特别大。在–1.40V 时，未加入硫酸盐还原菌 *Desulfovibrio* sp.菌体细胞时，阻抗谱呈现带有实部收缩的有限层扩散特征，这是由过氧化氢的吸附引起的，菌体细胞的加入并未使得有限层扩散特征消失，这说明仍有过氧化氢在此电位下发生电化学还原。

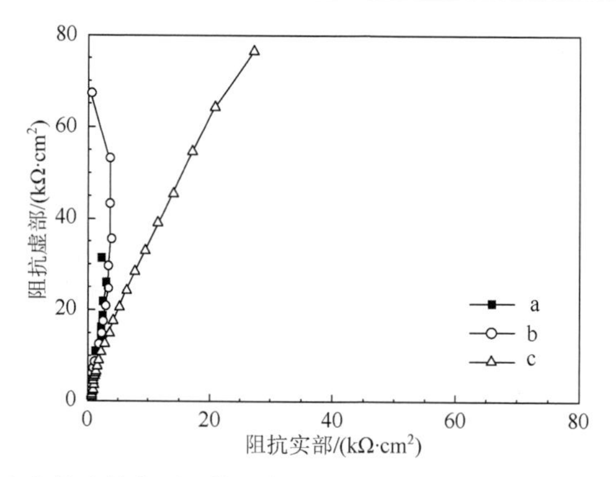

图 5-29　玻碳电极在氧气饱和的含不同数量硫酸盐还原菌 *Desulfovibrio* sp.菌体细胞的 3.5% NaCl 溶液中于−0.38V 电位下的 Nyquist 图

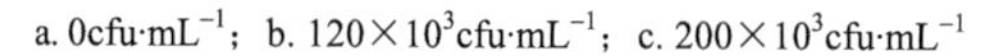
a. 0cfu·mL^{-1}；b. 120×10^{3}cfu·mL^{-1}；c. 200×10^{3}cfu·mL^{-1}

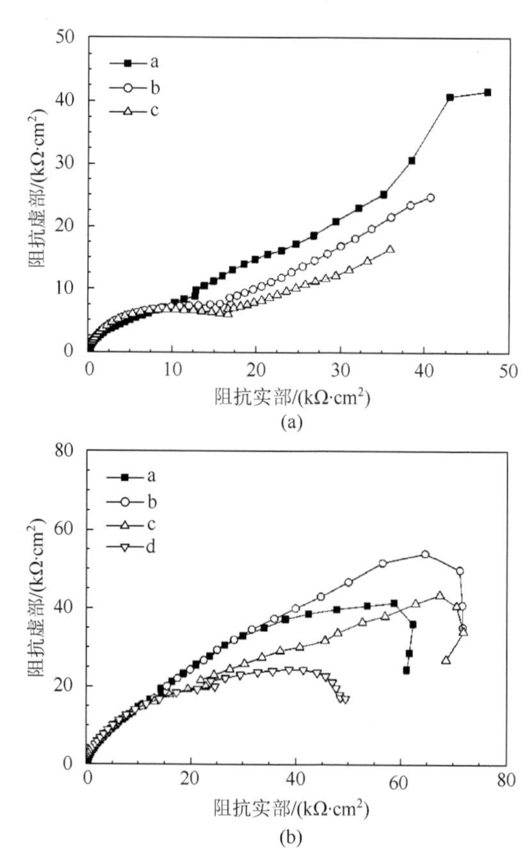

图 5-30　玻碳电极在氧气饱和的含不同数量硫酸盐还原菌 *Desulfovibrio* sp.菌体细胞的 3.5% NaCl 溶液中于−0.68V（a）和−1.40V 电位下（b）的 Nyquist 图

a. 0cfu·mL^{-1}；b. 120×10^{3}cfu·mL^{-1}；c. 200×10^{3}cfu·mL^{-1}

3）代谢产物的影响

在 2）中我们得出结论，硫酸盐还原菌 *Desulfovibrio* sp.菌体细胞对溶解氧还原反应的影响与含有菌体细胞和代谢产物的培养液的相似，但影响程度小很多，我们推测可能代谢产物是影响溶解氧还原反应的主要原因。因而，在此我们就将硫酸盐还原菌 *Desulfovibrio* sp.菌体细胞过滤掉的培养液（即代谢产物）对溶解氧还原反应的影响进行探讨。

图 5-31 为玻碳电极在氧气饱和的含有不同体积百分数的硫酸盐还原菌 *Desulfovibrio* sp.代谢产物的 3.5% NaCl 溶液中的循环伏安曲线。可以看出，硫酸盐还原菌 *Desulfovibrio* sp.代谢产物的加入明显减弱了–0.32V 电位下的阴极还原电流，当代谢产物浓度足够高时，该电位附近的阴极还原峰消失，表现出与含有菌体细胞和代谢产物的培养液相似的结果。这证实，培养液中的代谢产物对溶解氧还原反应起主要作用。

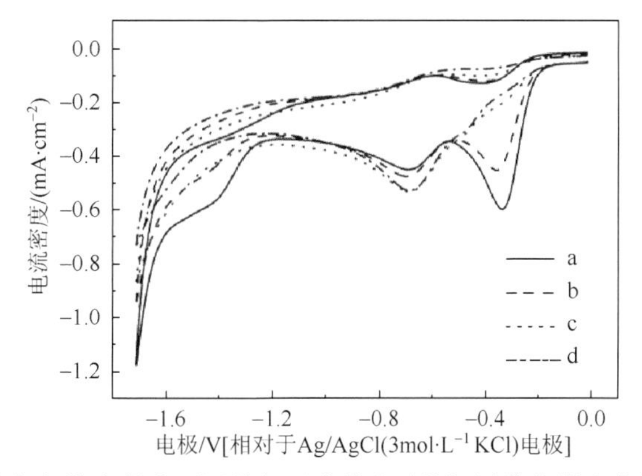

图 5-31　玻碳电极在氧气饱和的含不同体积百分数硫酸盐还原菌代谢产物的 3.5% NaCl 溶液中的循环伏安曲线

a. 0%；b. 0.3%；c. 6.0%；d. 10.0%

采用电化学阻抗谱技术对溶解氧还原反应进行进一步研究，图 5-32 为硫酸盐还原菌 *Desulfovibrio* sp.代谢产物在溶解氧经由超氧离子到过氧化氢还原的典型电位–0.32V 和–0.38V 下对溶解氧还原 Nyquist 图的影响。在–0.32V 电位下，硫酸盐还原菌 *Desulfovibrio* sp.代谢产物的加入明显导致了该电位下的电荷转移电阻的增大，说明代谢产物明显抑制了溶解氧的第一步还原反应。这与循环伏安图上该电位附近阴极电流减小的结果相一致。在–0.38V 电位下，随着硫酸盐还原菌 *Desulfovibrio* sp.代谢产物的增加，电化学阻抗谱中的阻挡层扩散特征迅速消失，这说明代谢产物对超氧离子的生成和吸附具有很强的抑制作用。与 2）的结果相比较，硫酸盐还原菌 *Desulfovibrio* sp.代谢产物对阻抗的影响大于菌体细胞的，这再次表明含有硫酸盐还原菌 *Desulfovibrio* sp.及其代谢产物培养液对溶解氧还原反应的影响主要由于其中的代谢产物的作用。

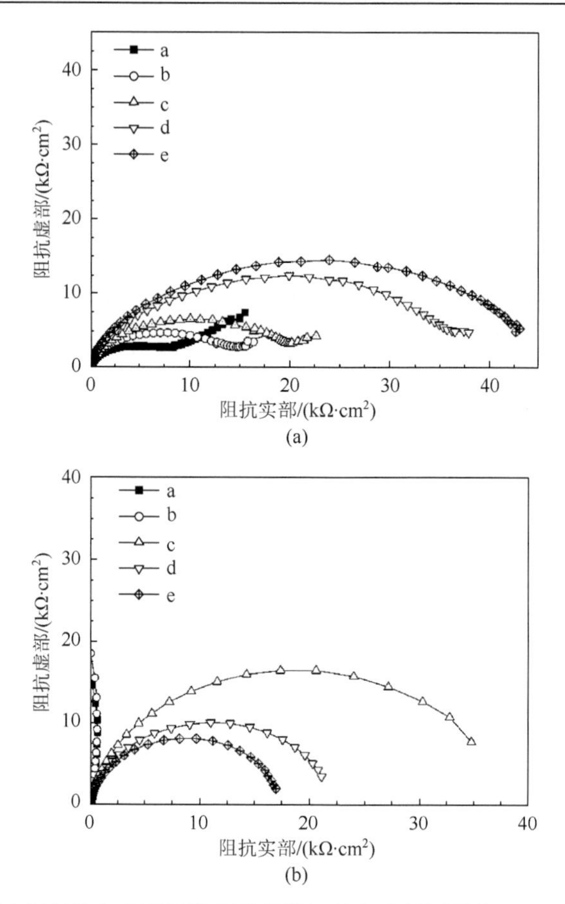

图 5-32　玻碳电极在氧气饱和含不同体积百分数灵敏硫酸盐还原菌 *Desulfovibrio* sp.代谢产物的 3.5% NaCl 溶液中于−0.32V（a）和−0.38V 电位下（b）的 Nyquist 图

a. 0%；b. 0.1%；c. 1.0%；d. 3.0%；e. 10.0%

与对溶解氧的第一步还原反应的影响不同，硫酸盐还原菌 *Desulfovibrio* sp.代谢产物对第二步反应的 Nyquist 图影响微弱（图 5-33），这也与图 5-31 中循环伏安曲线的结果相一致。

在培养液中多种代谢产物并存，因而体系复杂。为了更深层次地理解硫酸盐还原菌 *Desulfovibrio* sp.代谢产物的影响，需要对典型代谢产物进行单独研究。硫酸盐还原菌的代谢产物可划分为两类：无机代谢产物和有机代谢产物，其中，硫化物是最重要的无机代谢产物。胞外多聚物是最重要的有机物，此外，还有有机酸等。在有机酸中，糖醛酸是一种含量较多的酸。糖醛酸不但具有酸性，能够加速金属材料腐蚀，而且其本身具有一定黏性，这对于硫酸盐还原菌在材料表面的黏附具有重要意义。所以，在接下来的内容里，我们将就硫化物、胞外多聚物、糖醛酸对溶解氧还原反应的影响进行介绍。

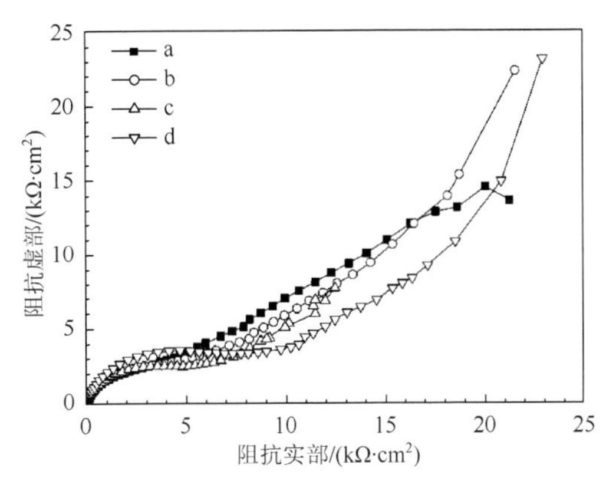

图 5-33　玻碳电极在氧气饱和含不同体积百分数硫酸盐还原菌 *Desulfovibrio* sp.代谢产物的 3.5% NaCl 中于–0.68V 的 Nyquist 图

a. 0%；b. 0.3%；c. 3.0%；d. 10.0%

4）硫化物的影响

图 5-34 为玻碳电极在含不同浓度硫化物的 3.5% NaCl 溶液中开路电位的变化曲线。可以看出，硫化物的加入导致了氮气饱和与氧气饱和溶液中开路电位的变化，其中氮气饱和溶液中开路电位的变化比氧气饱和溶液中开路电位的变化更加明显，这是因为硫化物具有强的还原特性，它的加入导致了整个体系开路电位的负移。在氧气饱和溶液中，硫化物被部分氧化，因而其对开路电位的影响不如氮气饱和溶液的体系那样明显。

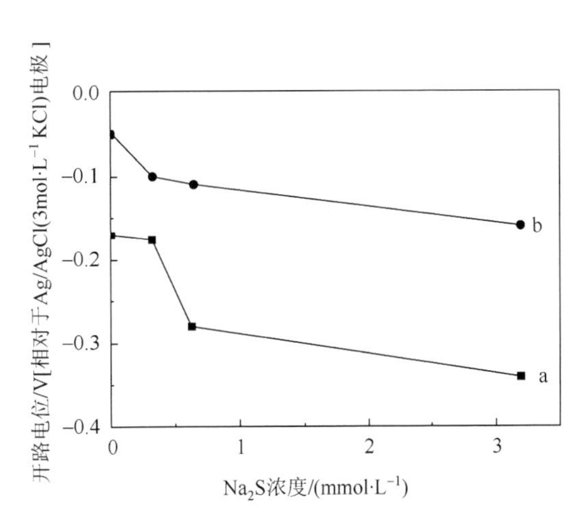

图 5-34　在氮气饱和（曲线 a）和氧气饱和（曲线 b）的含不同浓度硫化物的 3.5% NaCl 溶液中的玻碳电极的开路电位变化情况

在进行溶解氧还原反应研究之前，我们首先对氮气饱和溶液中的行为进行表征。图 5-35 表示在氮气饱和的 3.5% NaCl 溶液中，硫化物的加入对阴极反应的影响。如图所示，在电位正于−1.0V 时，循环伏安曲线没有表现出明显的还原峰，而在相对更负的电位（−1.7～−1.0V），阴极电流随着电位的变负显著增加，这是由于在电极表面附近，溶液中的氢离子被还原成为了氢原子，继而再结合成为氢分子。硫化物的加入增大了溶液的析氢反应电流。

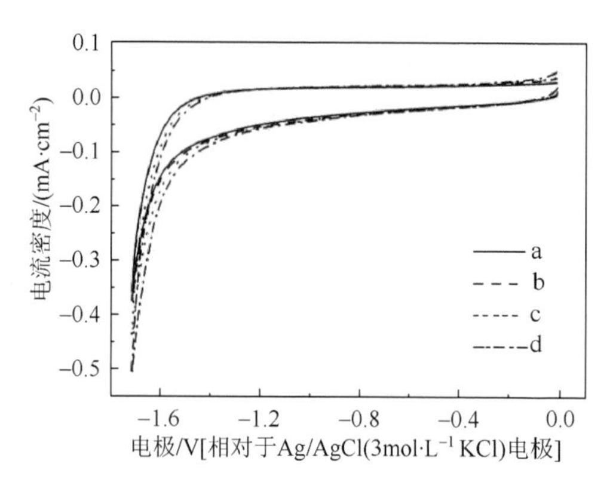

图 5-35 玻碳电极在氮气饱和的含不同浓度硫化物的 3.5% NaCl 溶液中的循环伏安曲线

a. 0.00mmol·L^{-1}；b. 0.35mmol·L^{-1}；c. 0.70mmol·L^{-1}；d. 3.52mmol·L^{-1}

采用电化学阻抗谱技术对硫化物对析氢反应的影响进行进一步表征，结果如图 5-36 所示。硫化物的加入使得阻抗显著减小，这与循环伏安图上的结果相一致。这表明，除了硫酸盐还原菌厌氧腐蚀机理中提及的 FeS 去极化作用外，溶解态的硫化物本身也有利于加速析氢反应。

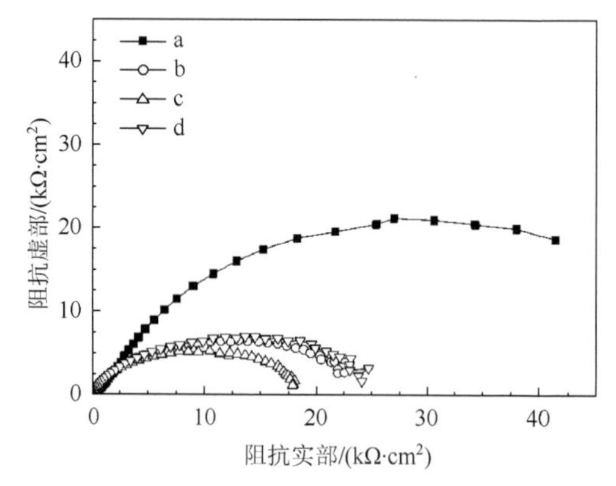

图 5-36 玻碳电极在氮气饱和的含不同浓度硫化物的 3.5% NaCl 溶液中于−1.46V 下的 Nyquist 图

a. 0.00mmol·L^{-1}；b. 0.32mmol·L^{-1}；c. 0.64mmol·L^{-1}；d. 3.19mmol·L^{-1}

图 5-37 展示了在氧气饱和的 3.5% NaCl 溶液中，硫化物的加入对溶解氧还原反应的影响。从图中可以看出，硫化物的加入对−0.34V 电位下溶解氧经超氧离子到过

氧化氢转变的还原峰没有影响，但使得–0.70V 左右的溶解氧的直接二电子转变的还原峰电流减小，–1.46V 对应的过氧化氢还原的阴极峰消失。这可能是由于溶液中的氧或者电化学反应中间产物过氧化氢与硫化物发生的作用导致。但是根据相关报道，硫化物在水溶液中与氧并不会迅速发生反应。它们之间的反应可分为诱导期和反应期两个部分，在诱导期硫化物的浓度基本上不会发生改变。在本实验条件下，硫化物反应的诱导期超过了半个小时，大于电化学实验时间，因而可以认为氧与硫化物的反应微弱，硫化物与中间产物过氧化氢发生反应导致了循环伏安曲线的变化。

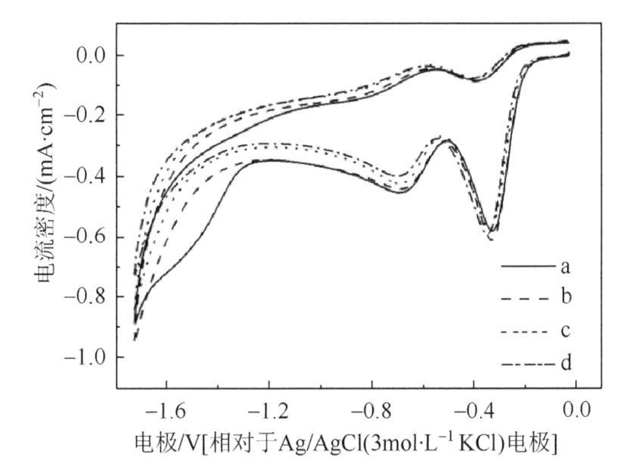

图 5-37　玻碳电极在氧气饱和的含不同浓度硫化物的 3.5% NaCl 溶液中的循环伏安曲线

a. 0.00mmol·L^{-1}；b. 0.43mmol·L^{-1}；c. 0.87mmol·L^{-1}；d. 4.34mmol·L^{-1}

既然硫化物对溶解氧到过氧化氢的直接二电子还原和过氧化氢到水的还原有影响，我们采用电化学阻抗谱技术对其进行表征，结果如图 5-38 所示。在–0.70V 和–1.46V 电位下，随着硫化物浓度的增加，由过氧化氢在电极表面吸附引起的具有实部收缩的有限层扩散特征消失，表明硫化物和中间产物过氧化氢发生了作用，使得过氧化氢在电极表面的吸附减弱。

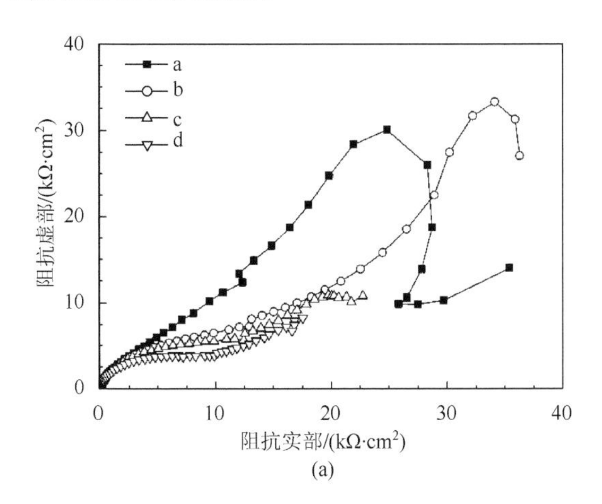

(a)

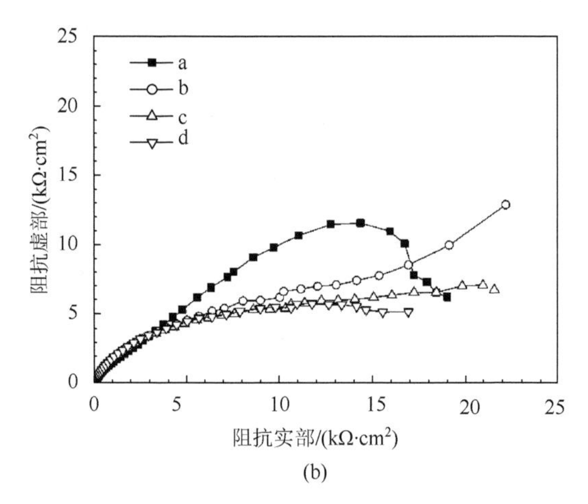

(b)

图 5-38　玻碳电极在氧气饱和的含不同浓度硫化物的 3.5% NaCl 溶液中于−0.70V（a）和−1.46V 电位下（b）的 Nyquist 图

a. 0.00mmol·L^{-1}；b. 0.32mmol·L^{-1}；c. 0.64mmol·L^{-1}；d. 3.19mmol·L^{-1}

在以上的研究中，我们认为由于硫化物与过氧化氢的作用而影响溶解氧还原反应，为了进一步证实该想法，我们单独配制了含过氧化氢的 3.5% NaCl 溶液，在氮气饱和条件下，研究其中的过氧化氢的电化学还原。图 5-39 为当溶液中不存在硫化物时的循环伏安曲线结果，可以看出，随着过氧化氢含量的增加，阴极还原电流也在逐渐增加。溶解氧还原反应在−1.46V 电位附近有一个还原峰，而在氮气饱和含 1.1mmol·L^{-1} 过氧化氢的 3.5% NaCl 溶液中，仍然在−1.46V 附近发现还原峰，这进一步验证了此电位下进行的是过氧化氢的电化学还原反应。以过氧化氢的含量为横坐标，以−1.46V 电位对应的电流作为纵坐标，得到图 5-40，过氧化氢还原的电流与过氧化氢的含量呈线性关系。

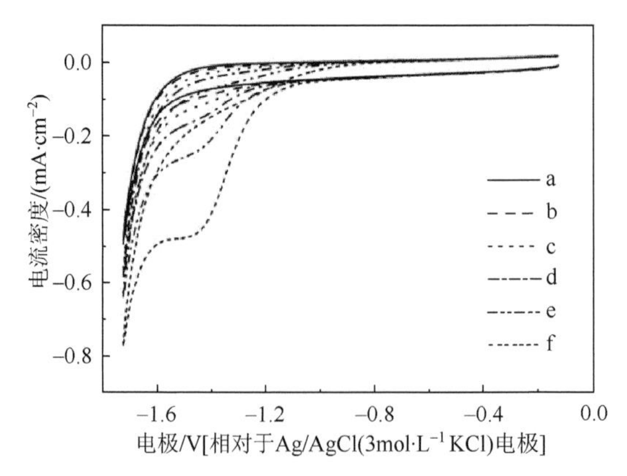

图 5-39　玻碳电极在氮气饱和的含不同浓度过氧化氢的 3.5% NaCl 溶液中的循环伏安曲线

a. 0.0mmol·L^{-1}；b. 0.04mmol·L^{-1}；c. 0.1mmol·L^{-1}；d. 0.2mmol·L^{-1}；e. 0.5mmol·L^{-1}；f. 1.1mmol·L^{-1}

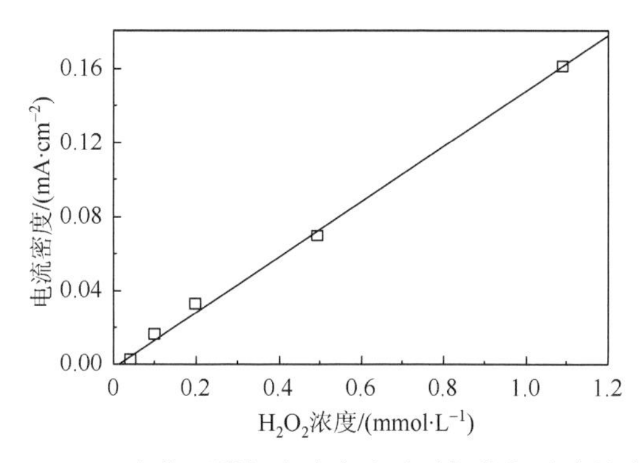

图 5-40　−1.46V 电位下阴极电流密度随过氧化氢浓度的变化曲线

当向含有 1.1mmol·L^{-1} 过氧化氢的 3.5% NaCl 溶液中加入硫化物时，循环伏安曲线发生变化，结果如图 5-41 所示。随着硫化物浓度的增大，过氧化氢还原峰减弱甚至消失，这可归因为硫化物与过氧化氢发生了快速的化学反应，导致用于发生电化学还原的过氧化氢量降低。随后析氢电流的增加则是由于过量的硫化物导致，这种析氢电流增加的现象与图 5-35 的结果相一致。

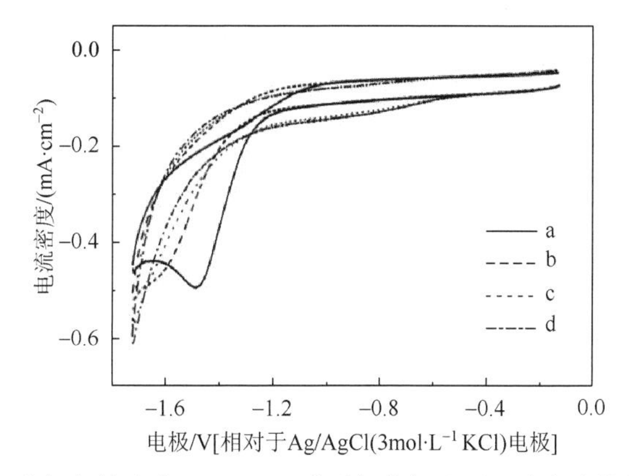

图 5-41　玻碳电极在氮气饱和含 1.1mmol·L^{-1} 过氧化氢和不同浓度硫化物的循环伏安曲线

a. 0.00mmol·L^{-1}；b. 0.08mmol·L^{-1}；c. 0.38mmol·L^{-1}；d. 0.75mmol·L^{-1}

过氧化氢是溶解氧还原反应的中间产物，它的存在对钢铁材料的腐蚀以及硫酸盐还原菌的生存都具有很大影响。硫化物的加入能够快速消除过氧化氢，这说明硫酸盐还原菌尽管能够加速钢铁材料腐蚀，但是在某些时候也能够减少钢铁材料表面涂层受到的破坏。过氧化氢会危害硫酸盐还原菌的生存，硫化物的加入消除了过氧化氢，这有利于硫酸盐还原菌的生存，尤其是对一些没有能力分泌过氧化氢酶的硫酸盐还原菌种类，硫化物的这种作用可能对其生存至关重要。

5）胞外多聚物的影响

胞外多聚物是一种具有超大分子量的有机化合物，结构复杂多变，没有通用化学式，即使同种细菌分泌的胞外多聚物也不完全相同。胞外多聚物是由很多相同或相似的基本单元组成的（表 5-3）。多聚糖是胞外多聚物中含量最多的组分，具有很强的黏性，对于微生物在材料表面的吸附和微生物膜的形成具有重要的作用。多聚糖含有丰富的官能团，如乙酰基、琥珀酰基、羧基、羰基等，具有一定的催化能力。此外，其还具有很强的络合能力，金属与多聚糖的络合引起材料表面金属离子浓度的不均匀分布，导致浓差电池的形成，从而加速腐蚀的进行。

表 5-3 胞外多聚物的构成

胞外多聚物	主要组成单元	结合键	分子结构	取代基
多聚糖	单糖、糖醛酸和氨基糖	糖苷键	线形和分枝形	有机：邻位乙酰基和琥珀酸基；无机：硫酸根和磷酸根
蛋白质（多肽）	氨基酸	肽键	线形	低聚糖、糖蛋白、脂肪酸和脂蛋白
核酸	核苷酸	磷酸二酯键	线形	—
磷脂	脂肪酸、甘油、磷酸、乙醇胺、胆碱和糖	酯醚	边链	—

采用离心透析的方法自硫酸盐还原菌 *Desulfovibrio* sp.培养液中提取胞外多聚物，冷冻干燥后备用。在研究其对溶解氧还原反应的影响之前，首先就其组分进行分析。图 5-42 为分散于超纯水中的胞外多聚物的紫外-可见吸收光谱图。谱图在 260nm 和 280nm 处未见明显吸收，表明分离自硫酸盐还原菌 *Desulfovibrio* sp.的胞外多聚物中的核酸和蛋白质含量很低，胞聚多糖为主体成分。进一步的红外光谱结果表明大量羟基和羧基基团存在。因此，分离自硫酸盐还原菌 *Desulfovibrio* sp.的胞外多聚物的主要成分为侧链带大量羟基和羧基基团的多糖。

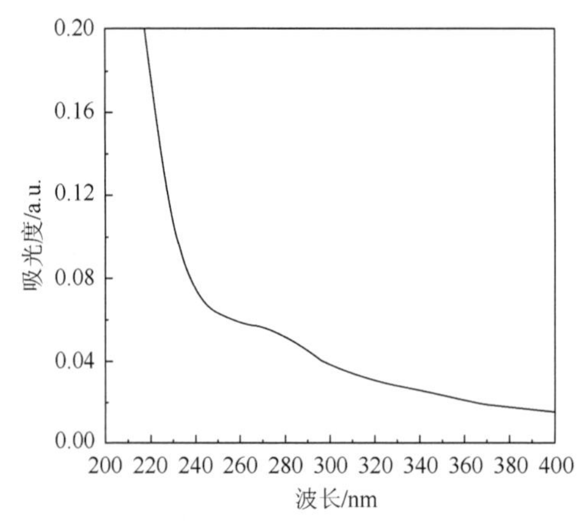

图 5-42 分离自硫酸盐还原菌 *Desulfovibrio* sp.的胞外多聚物的紫外-可见光吸收光谱图

图 5-43 为玻碳电极在氧气饱和含不同浓度胞外多聚物的 3.5% NaCl 溶液中的循环伏安曲线，可以看出，胞外多聚物的加入显著抑制溶解氧经由超氧离子转变为过氧化氢的反应，使得溶解氧的直接二电子还原的阴极峰电流增大，并明显地促进了过氧化氢的还原。胞外多聚物对溶解氧的第一步反应的影响可能是因为其在电极表面的吸附能够覆盖玻碳原有的醌类官能团，使得溶解氧到超氧离子的活性降低。由于用于间接二电子还原的溶解氧的量减少，用于直接二电子还原的比例增大，使得第二个还原峰峰电流增大。胞外多聚物对过氧化氢还原的促进作用，可以通过单独配制含过氧化氢的 3.5% NaCl 溶液，检测胞外多聚物对过氧化氢电化学还原的影响来进一步说明，结果如图 5-44 所示。将胞外多聚物加入到氮气饱和含 $1mmol·L^{-1}$ 过氧化氢的 3.5% NaCl 溶液后，过氧化氢的还原电流有所增大，说明胞外多聚物能够催化过氧化氢电化学还原，这可能与胞外多聚物含有的丰富羧基和羟基官能团密切相关。

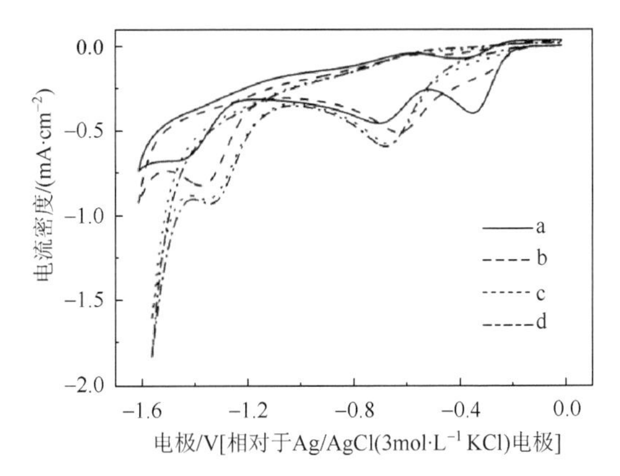

图 5-43 玻碳电极在氧气饱和含不同浓度胞外多聚物的 3.5% NaCl 溶液中的循环伏安曲线

a. $0g·L^{-1}$；b. $1.61g·L^{-1}$；c. $4.02g·L^{-1}$；d. $4.82g·L^{-1}$

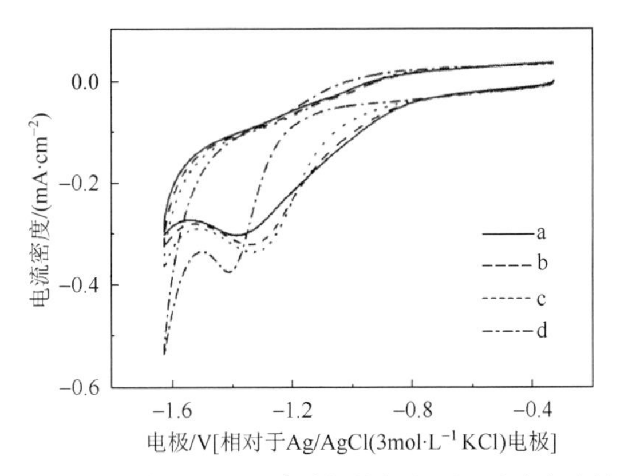

图 5-44 玻碳电极在氮气饱和的含 $1mmol·L^{-1}$ 过氧化氢和不同浓度多聚糖的 3.5% NaCl 溶液中的循环伏安曲线

a. $0g·L^{-1}$；b. $0.04g·L^{-1}$；c. $0.12g·L^{-1}$；d. $2.01g·L^{-1}$

采用电化学阻抗谱技术进行进一步表征，不同电位下的 Nyquist 图如图 5-45 所示。在开路电位下，胞外多聚物的加入改变了开路电位下的电化学阻抗谱特征［图 5-45（a)］，由于该电位下没有电化学反应，这说明胞外多聚物在玻碳电极表面吸附。在–0.32V 电位下，阻抗随着胞外多聚物浓度增加而升高［图 5-45（b)］，因而溶解氧到超氧离子的转变阻力变大，这与循环伏安曲线结果相一致。在–0.38V 下，胞外多聚物的加入使得超氧离子吸附引起的阻挡层扩散特征的消失［图 5-45（c)］，再次证明超氧离子的产生被抑制。在–0.68V 电位下，胞外多聚物的加入对阻抗谱特征没有明显影响，这说明胞外多聚物对溶解氧的直接二电子还原的电化学过程没有明显影响。在–1.40V 电位下，胞外多聚物的加入明显降低了电化学阻抗，这与循环伏安曲线上电流的增大相一致。

6）葡萄糖醛酸的影响

图 5-46 和图 5-47 均为玻碳电极在氧气饱和含不同浓度葡萄糖醛酸 3.5% NaCl 溶液中的循环伏安曲线，从图 5-46 中可以看出葡萄糖醛酸的加入使得–0.34V 附近溶解氧经由超氧离子还原为过氧化氢的反应峰的峰电流减小，峰电位负移。这可能由于葡萄糖醛酸吸附在电极表面，将醌类活性位点覆盖，故溶解氧还原为超氧离子的活性减弱。

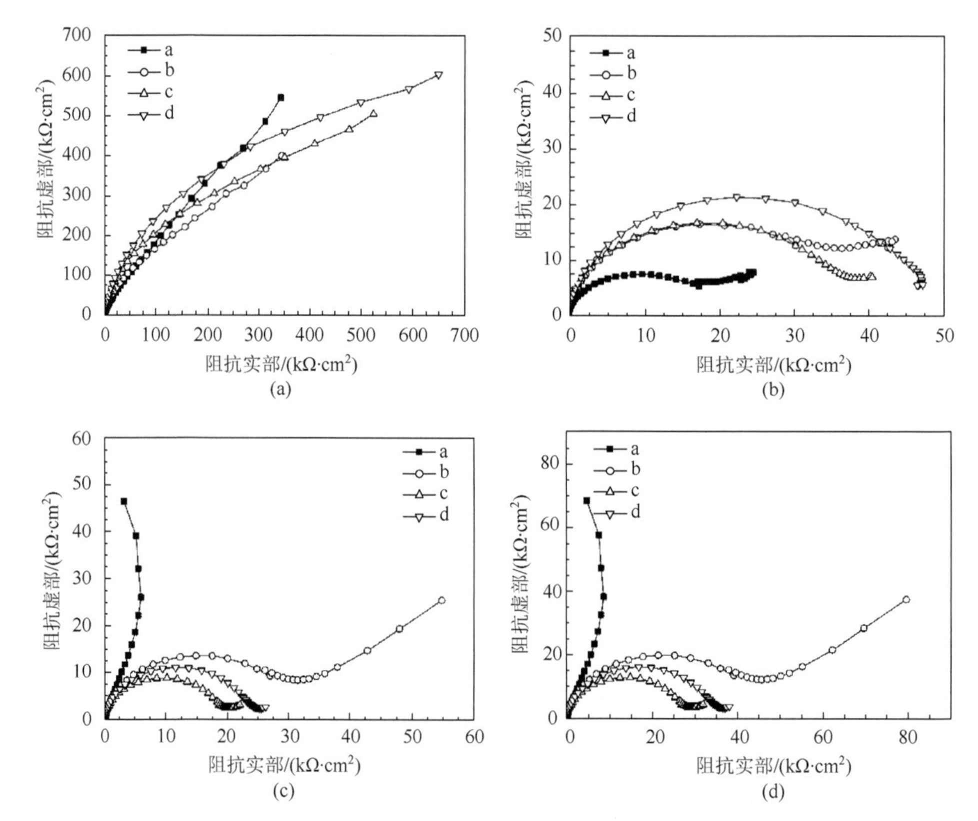

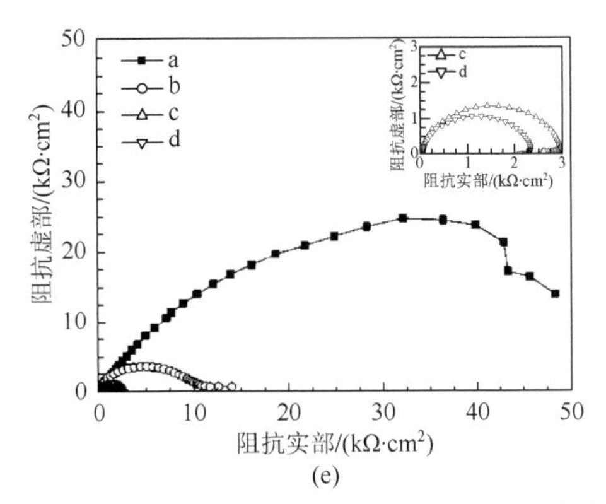

图 5-45　玻碳电极在氧气饱和的含不同浓度胞外多聚物的 3.5% NaCl 溶液中于开路电位（a）、–0.32V（b）、–0.38V（c）、–0.68V（d）和–1.40V（e）下的 Nyquist 图

a. $0g·L^{-1}$；b. $1.61g·L^{-1}$；c. $4.02g·L^{-1}$；d. $4.82g·L^{-1}$

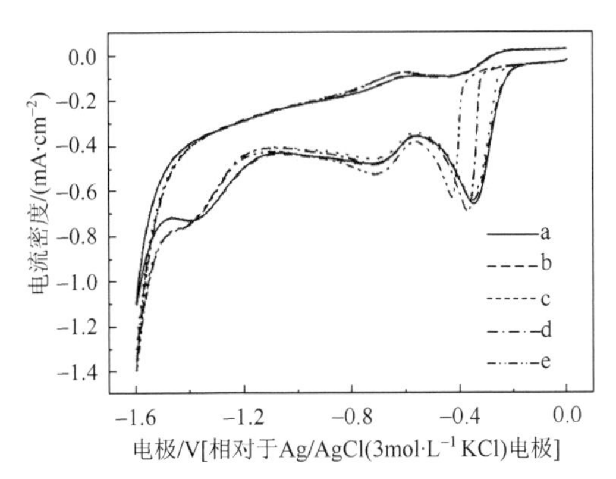

图 5-46　玻碳电极在氧气饱和的含不同浓度葡萄糖醛酸的 3.5% NaCl 溶液中的循环伏安曲线

a. 0ppm；b. 1ppm；c. 3ppm；d. 6ppm；e. 10ppm（$ppm=10^{-6}$）

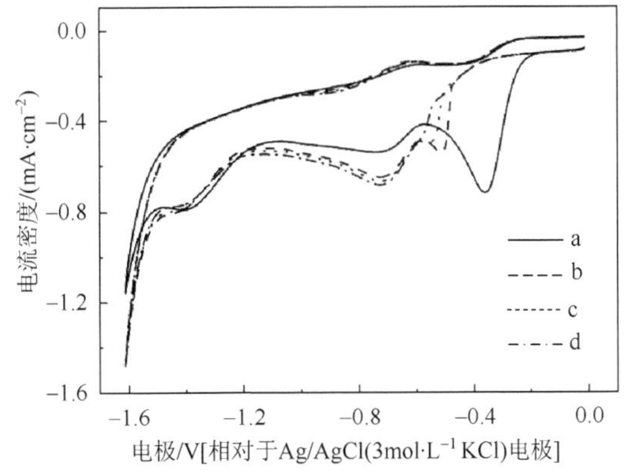

图 5-47　玻碳电极在氧气饱和的含不同浓度葡萄糖醛酸的 3.5% NaCl 溶液中的循环伏安曲线

a. 0ppm；b. 20ppm；c. 30ppm；d. 50ppm

进一步提高葡萄糖醛酸的浓度，–0.34V 电位附近代表超氧离子生成的还原峰消失。对于–0.68V 和–1.40V 电位附近溶解氧的第二步和第三步还原反应，葡萄糖醛酸并没有给其带来明显影响，表明葡萄糖醛酸没有直接和过氧化氢发生作用。–1.6V 电位附近析氢电流的增大，可归因为葡萄糖醛酸的酸性。

图 5-48 为玻碳电极在氧气饱和的含不同浓度葡萄糖醛酸的 3.5% NaCl 溶液中于–0.34V 电位下的 Nyquist 图。由图可见，随着葡萄糖醛酸浓度升高，电化学阻抗也随之升高，说明葡萄糖醛酸的加入抑制了超氧离子的生成，这与图 5-46 和图 5-47 中循环伏安曲线上第一个还原峰峰电流减小的结果相一致。

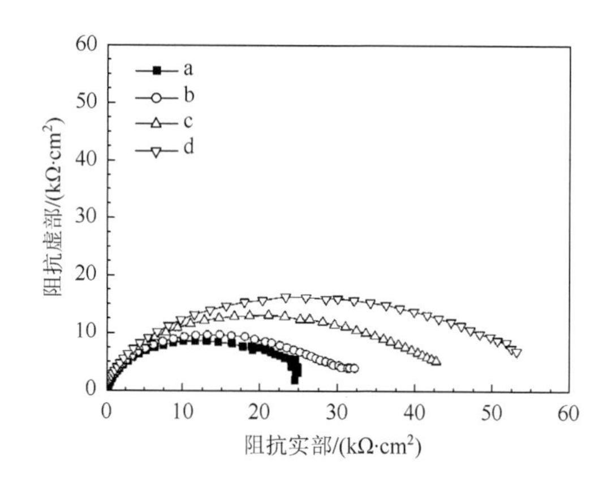

图 5-48　玻碳电极在氧气饱和含不同浓度糖醛酸 3.5% NaCl 溶液中于–0.34V 电位下的 Nyquist 图

a. 0ppm；b. 100ppm；c. 150ppm；d. 200ppm；e. 300ppm

相似地，我们得到–0.40V、–0.68V 和–1.40V 下的 Nyquist 图，如图 5-49 所示。在–0.40V 电位下，葡萄糖醛酸的加入使得阻抗谱由阻挡层扩散特征逐渐转变为有限层扩散，继续提高葡萄糖醛酸的浓度，阻挡层扩散特征消失，表明葡萄糖醛酸的加入抑制超氧离子的生成。阻挡层扩散特征消失时对应的葡萄糖醛酸浓度仅

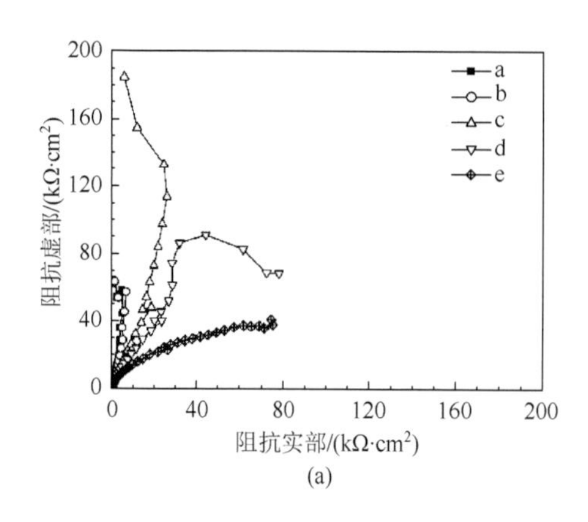

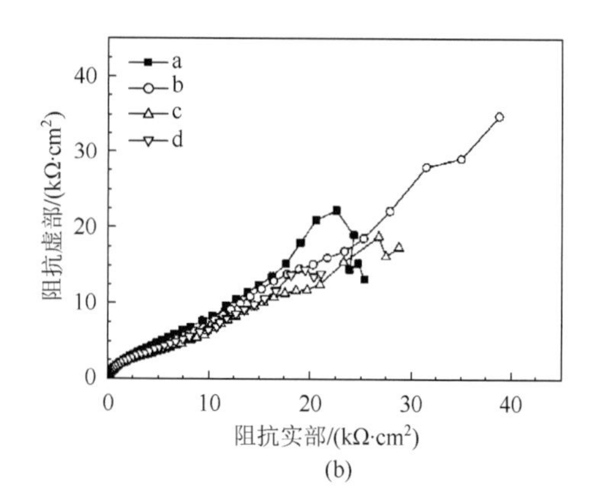

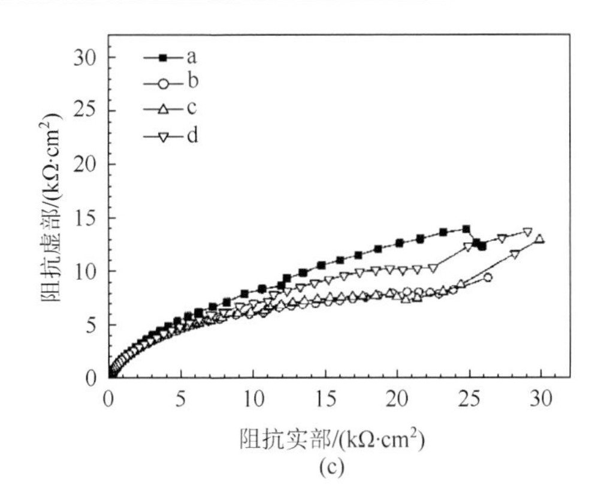

图 5-49　玻碳电极在氧气饱和的含不同浓度 D-葡萄糖醛酸的 3.5% NaCl 溶液于–0.40V（a）、–0.68V（b）和–1.40V（c）电位下的 Nyquist 图

a. 0ppm；b. 1ppm；c. 3ppm；d. 10ppm

为 10ppm，这说明葡萄糖醛酸具有强的吸附活性和大的吸附速率。在–0.68V 电位下，葡萄糖醛酸的加入对弱的有限层扩散特征的影响不明显，因而其对氧的直接二电子还原影响微弱。在–1.40V 电位下，由过氧化氢吸附引起的有限层扩散特征随着葡萄糖醛酸的加入并没有完全消失，因而其对过氧化氢的还原影响比较小。这些与图 5-47 所示的循环伏安曲线结果相一致。

第 6 章　海洋环境中溶解氧还原反应的利用

发生吸氧腐蚀时，金属的阳极溶解过程和溶解氧的阴极还原过程在不同的部位相对独立地进行，而化学电源也以相似的原理将化学能转化为电能。因此，我们可以有效利用腐蚀过程中的电化学反应，转害为利。在海洋环境中，海水金属空气电池和沉积物微生物燃料电池就是利用溶解氧还原反应的典型实例。海水金属空气电池是以活泼金属为阳极，海水为电解液，通过活泼金属的阳极溶解和非溶解金属阴极上的溶解氧还原反应实现供电的装置。与海水金属空气电池相比，沉积物微生物燃料电池的阳极由活泼金属转变为非溶解材料，以海底沉积物中有机物的氧化为阳极反应。随着海洋科学研究和海底勘探等活动的进行，人们需要在海洋环境中能够长时间低功率供电的电源，这两类电池具有高比能和长期稳定工作的特色，恰能满足这方面要求。在本章中我们将从工作原理与特点、研究现状等方面对海水金属空气电池和沉积物微生物燃料电池进行介绍。

6.1　海水金属空气电池

由于阳极材料的不同，海水金属空气电池可划分为海水铝空气电池和海水镁空气电池。虽然两类海水电池有相似性，但也存在各自的特点，因而接下来将分别对其进行介绍。

6.1.1　海水铝空气电池

金属铝是一种强度很高的能量载体，铝的相对原子量为 26.98。金属铝来源丰富，价格低廉，易于加工成型，是开发电池的较好材料。铝在能量储存和转换方面的应用很早就受到人们的重视。早在 1850 年 Hulot 就提出用铝作电极材料的设想，1857 年铝首次作为阳极应用在 $Al/HNO_3/C$ 电池中。有实际意义的铝电池是 20 世纪 50 年代开始研制的 Leclanche 型干电池，即 Al/MnO_2 电池。20 世纪 60 年代，铝空气电池技术可行性的证实推动了这类电池的发展，此后这类电池得到了很大发展，而以海水为电解液的海水铝空气电池已在航标灯等方面得到了实际应用。

1. 工作原理与特点

海水铝空气电池在放电过程中，海水中的溶解氧作为活性物质在三相界面上被电化学还原为氢氧根离子，同时铝阳极发生氧化反应，对应的电池总反应方程式如式（6-1）所示。

$$2Al + 3/2O_2 + 3H_2O \longrightarrow 2Al(OH)_3 \tag{6-1}$$

由于海水铝空气电池以海水作为电解液，其突出特点就是不需要携带电解液，在需要的时候引入海水就可启动电源。基于这一结构特点，海水铝空气电池具有如下突出优势。

（1）不需要携带电解液及专门的储存及控制装置，减少了电池的质量，直接提高了电池的单位能量密度。

（2）避免了携带液态电解液引起的一系列问题，如储存容器稳定性和安全性、电解液的低温结冰流动困难等，使相关结构得到简化。

（3）电解液是流动更新的海水，在一定程度上减小了反应物对电极的极化影响，有利于电极的平稳放电，电极反应也容易达到热力学平衡，提高了电极的效率。

（4）整个电池相对于海水是一个开放体系，与海水外压平衡，电池不需要置于特殊的耐压容器中，结构相对简化，通过海水流动还可以进行热交换，带出电极反应释放的热量，控制了电池体系的温度，可显著提高安全性。

（5）由于为开放体系，适合在不同的深度使用。

2. 铝阳极的研究进展

1）铝阳极存在的问题

虽然海水铝空气电池具有如上所说的诸多优点，但铝阳极的极化和析氢自腐蚀相当严重，这两个问题使海水铝空气电池未能充分发挥其优势。

由于铝和氧之间有很强的亲和力，铝的表面会覆盖一层稳定而致密的氧化膜。虽然金属铝的氧化膜只有几个纳米厚，但会造成阳极极化增大、电位正移和电压滞后现象。Crevecoeur 等研究了在 400℃以上铝的氧化发生的三个阶段：无定形氧化物生长阶段、晶体氧化物形成阶段和氧化变得缓慢阶段[99]。

除了氧化膜之外，工业纯铝不能直接作为电池阳极的另一个重要原因为析氢自腐蚀严重。在电池放电过程中，除铝的阳极氧化溶解外，铝还会发生析氢反应。析氢反应的发生会导致铝阳极库仑效率的降低、电解液导电率的下降和电池欧姆降的增加，从而降低电池的性能。铝阳极在工作过程中，阳极极化会导致其自腐蚀速率大于极化之前，这种现象称为负差效应。目前对负差效应的起因尚无统一认识，可能有三种原因：铝表面膜的破坏而使析氢自腐蚀速率剧烈增加、铝溶解时有未溶解的铝微粒脱落、铝溶解的直接产物是中间价态离子。

杂质也会对铝阳极的析氢自腐蚀速率产生影响，工业铝中主要含有 Fe、Cu、Si 等杂质。杂质 Fe 既会引起铝阳极析氢自腐蚀速率的成倍增加，又会对合金成分活性物质的扩散产生阻碍作用。为此，一般采用加入 Mn 或 Mg 的方法来消除 Fe 的毒害作用。Mn 的加入可以与 Fe、Al 形成 $FeMnAl_6$ 化合物，这一化合物与基体铝的性质基本相同，从而解决了 $FeAl_3$ 化合物使铝基体显阳极性的问题。Mg 的加入可以导致基体铝的阴极极化，使铝电位负移，同时，Mg 还可与 Si 形成化合物来减小与铝基体的电化学活性差，从而降低析氢自腐蚀速率。此外，铝阳极在电解液中的析氢自腐蚀速率和电化学活性还与其晶体结构密切相关。

2）铝阳极的活化与防腐方法

基于铝阳极极化和析氢自腐蚀严重的问题，活化和析氢自腐蚀抑制就成为了铝阳极研究的主要任务。目前，已提出了四种有效的解决方法：合金化、热处理、阴极极化和向电解液中加入添加剂。

往工业纯铝中加入少量的合金元素，能显著改善铝阳极的电化学性能，使其钝化膜在电解液中能顺利溶解，并使其电位负移到–1.0V（相对于标准氢电极）以下，从而为铝在化学电源方面的应用开辟了一条通路。铝阳极最初开发主要是作为牺牲阳极，1952 年，Rohman 在美国获得了 Al-Zn-Hg 阳极的第一个专利。1966 年，Reding 等研究了合金元素对铝阳极的影响，发现 Hg、Ga、In、Tl 等元素的加入可以使铝阳极的电位负移，降低阳极极化；Zn、Sn、Pb、Bi 等高析氢过电位元素的加入可以有效抑制阳极析氢自腐蚀，提高阳极的利用率，而且这些元素以一定比例混合后往往比简单的二元合金的性能要好得多。20 世纪 70 年代以来，随着电动车用铝空气电池的研究，铝阳极的研究也发展到一个新的阶段，铝阳极在电池方面的应用研究得到了长足发展，逐步开发出了用于碱性溶液中的利用率较高的铝阳极。80 年代，Alcan 研究了一系列的多元合金如 Al-Mg-Sn-Ga 等，并提出合适的合金元素可以加快铝阳极的溶解速率从而提高电池的性能，但没有进一步公开报道这些合金更详细的电化学行为。1990 年，Hunter 等申请了一个铝电池专利，其阳极采用 Al-Mg-Mn 或者 Al-Ca-Mn，可以在其中加入 0.01%～0.1%的 Ga，其中 Mg 的最佳浓度为 0.1%～2.0%，纯铝在合金中的含量至少为 99.85%，这些合金具有有效的抗腐蚀性能。2002 年，Iarochenko 等研制出添加有 Ga、In、Sn、Ti、Cd、Pb、Fe 的八元铝合金阳极，在铝空气电池中放电时，电流密度为 $100mA \cdot cm^{-2}$ 时对应的电位达到–1.17V（相对于饱和甘汞电极），电流密度为 $150mA \cdot cm^{-2}$ 时对应的电位达到–0.89V，取得了较好的活化效果，并申请了专利。

我国在 20 世纪 80 年代初期也开始着手对铝阳极的研究，目前已摸索和总结出一些经验，取得了一定的成绩。考虑到各合金元素对铝阳极的作用及影响机理，铝合金阳极的研究主要集中在 Al-Ga 系、Al-In 系和 Al-Ga-In 系的合金上。

热处理会影响合金元素的分布和铝合金的微观结构，从而会对铝阳极的活化和析氢自腐蚀速率产生重要影响。对于不同的合金，热处理的活化效果也不尽相同。纯铝添加 Mg、Zn 经热处理后对阳极没有明显的活化效果；添加 Pb 和 Bi 经热处理后对铝阳极有活化作用，使电位负移、电流增大；添加 0.1%的 In 或 Sn 能使电流显著增加且电位负移，但活化效果不受热处理的影响。热处理的效果与元素在铝中的固溶度有关，当元素的固溶度很低时，其会在合金表面积聚，首先沿着晶界析出，然后由晶界扩散到表面，既与铝基体接触又与氧化层接触，有利于减小表面钝化，活化阳极。而若元素的固溶度高，热处理后低熔点元素并不向表面积聚，对阳极基本无活化作用。

铝合金的析氢自腐蚀速率与其微观结构密切相关，而热处理可以影响晶粒尺寸、晶体缺陷、残余应力等。普遍认为析氢自腐蚀与晶体缺陷及残余应力正相关，晶粒越小，自腐蚀速率越小，电流效率越高，也有人认为经轧制后的纤维组织有利于减小自腐蚀。由于铝合金往往为多元合金，各影响因素的交互作用及热处理对不同的添加元素的影响可能不同，使得这方面的研究变得非常复杂，还有待于进一步深入和研究。

阴极极化也可以提高铝阳极的电化学活性。Wang 等建立的铝氧化膜数学模型表明：表面氧化膜具有高电阻，通过阴极极化，可使铝阳极的氧化膜结构改变，阻碍内层厚度由 2.8nm 突变到 2.0nm 或 1.5nm，多孔外层的多孔率增加到 0.02，从而提高了其活性[100]。

合适的电解液添加剂能够降低铝的析氢自腐蚀速率和活化铝阳极，添加剂既有无机物又有有机物，并由单组分发展到复合添加剂。无机物包括 In（Ⅲ）、Ga（Ⅲ）、Zn（Ⅱ）、SnO_3^{2-}、$HgCl_2$ 或 HgO、MnO_4^{2-} 或 MnO_4^- 等。In（Ⅲ）的加入既可以降低析氢自腐蚀又可以活化铝阳极，且这种作用随 In（Ⅲ）浓度的增大而增强，因为 In 在溶液中会重新分配在晶界、金属与氧化物界面或氧化物层内，从而影响铝的电极过程动力学、析氢动力学、氧化层离子的导电性等。El Shayeb 报道其机理为：在铝表面上的所有氧化膜都含有裂缝，In（Ⅲ）沉积在裂缝处，产生 Al/In 接触[101]。但铝在氧化过程中，In（Ⅲ）的浓度始终保持不变，所以单独的 In（Ⅲ）对铝的活化作用是暂时的，要配合其他添加剂使用。Ga（Ⅲ）可以提高铝阳极的电流密度，降低析氢自腐蚀速率与极化，使开路电位负移 600mV，其机理与 In（Ⅲ）的相似。$HgCl_2$ 或 HgO 具有二重作用，添加微量 $HgCl_2$ 具有明显的抑制析氢自腐蚀的作用，并使铝电位产生较大的负移，因为 Hg^{2+}与铝的表面发生反应而形成 Al-Hg 合金，析氢过电位增加，抑制析氢自腐蚀；同时单质 Hg 累积在铝表面上，使表面变得粗糙，甚至有不规则裂纹，这又使得铝阳极容易钝化。MnO_4^{2-} 或 MnO_4^- 主要是降低析氢自腐蚀速率，在中性盐溶液中，其机理可能与 MnO_4^- 和 Al 反应生成 MnO_2 有关。有机物主要包括有机配位剂、表面活性剂、缓冲体系等。有机配位剂主要起活化作用，如柠檬酸（10%）的加入，可以使铝空气电池在中性盐溶液中的放电时间明显增加，这是由于柠檬酸对 Al^{3+} 具有配合作用而使大量沉淀物的生成被推迟。采用无机添加剂之间的复合，以及无机与有机添加剂之间的复合，可以起到更好的效果。

3）阳极活化机理

随着铝合金的研制开发，世界各国专家学者对铝合金的活化机理进行了研究。目前，主要有“场逆”或“场促进模型”理论、“溶解-再沉积”机理等。

1983 年，Despie 提出了铝阳极活化机理“场逆”或“场促进模型”理论的观点。该理论认为，铝的溶解应在含阳离子特定吸附，结合特定的对合金组元及流过它的离子通量敏感的氧化膜结构的“场逆”或“场促进模型”中找到答案。在铝的可逆电势下，忽略表面电势，在内部电势差没有吸附时，有−1V 的量级，场的方向是从溶液指向金属，金属应带相应的负电荷；而离子在氧化物中的迁移，在此情况下是“逆场”发生的，即正的铝离子从负的金属迁移到正的溶液，而负氧化物离子从正的溶液迁移到负的金属。这种库仑排斥力会阻止迁移的进行。只有当电极的电势漂移到相对零电荷电位呈正值时，才发生阳极溶解，结果场被逆转。该理论把活化溶解归结为阳离子的特殊吸附，但这只是理论上的假设。

1984 年，Reboul 等提出了含 In、Hg、Zn 的铝阳极的活化机理，即著名的溶解-再沉积机理[102]。该理论得到了广泛的验证，并成为很多活化机理的基础。此机理认为：合金元素在铝阳极中以两种形态存在，一是与铝形成固溶体，另一种是以偏析相的形态存在。In、Hg 等元素相对于 Al 来说是阴极性的，故偏析相被 Al 的晶界所保护，当阳极溶解时它们并不溶解。因此，它们并不对铝阳极起活化作用。起活化作用的是铝合金添加元素的固溶体成分。其活化机理可解释为：相对于铝为阴极的阳离子和铝发生置换反应而沉积到铝表面。这个反应局部分离铝上的氧化膜，使铝的电位向负方向移动。因此，对铝阳极，其活化机理可分为三步：氧化电位使铝阳极溶解，同时使和铝形成固溶体的合金元素也被氧化，在电解液中形成金属离子；第一步产生的阴极性的阳离子由电化学置换反应重新沉积到铝的表面；铝的氧化膜局部分离，这和第二步几乎同时发生，氧化膜的分离使铝阳极的电位向纯铝的方向移动，从而使铝阳极活化。该理论还提出该机理是一个自催化机理，因为铝的活化是由阳极溶解产生的阳离子来实现的。此后，孙鹤建、吴益华等也对阳极活化机理进行了研究，虽然解释上有所差异，但都对合金元素的“溶解-再沉积”机理有共同认识[103, 104]。

对于铝合金的电化学性能来说，电解液也是一个不可忽视的重要影响因素，Midden 等提出氯离子的吸附可以导致合金元素起活化作用[105]。该机理认为 In 只有氯离子存在时才能在很负的电位下防止铝阳极的再度钝化，In 和纯铝的接触并不能引起铝阳极的活化。Drazic 等研究了氯离子对铝阳极的作用，他们认为氯离子在铝的氧化膜上有明显的吸附，结果导致不同组分的氢氧化物和氯化物的形成，这些化合物的形成将影响活化合金元素的沉积速度[106]。Chao 认为氯离子进入铝的氧化膜的途径还可能是通过替换取代氧化膜中的氧的晶格，所以即使存在于氧化膜内部的一些缺陷也可能形成闭塞区，并在其中发生点蚀而破坏氧化膜的完整性[107]。

迄今为止，对铝及其合金的活化机理还大多集中于二元合金、三元合金的研究，而且也未能得出一个统一的观点，在合金元素的添加量上大都是经验性的。因此，还有必要在各添加元素之间的相互作用，合金元素和电解液之间的相互作用等方面开展进一步的研究。

3. 空气阴极的研究进展

空气阴极是一种防水透气、导电、有催化活性的薄膜，一般由防水透气层、气体扩散层、催化层和导电层组成。鉴于溶解氧的电化学还原反应是一个复杂而缓慢的过程，溶解氧还原反应催化剂一直是空气阴极研究的重点。综合现有的溶解氧还原反应催化剂，一般将其划分为贵金属催化剂和非贵金属催化剂两类。前者具有催化活性高的优点，但其成本高；后者成本低，但在催化活性和稳定性方面还有待提高。

1）贵金属催化剂

贵金属主要是指第五周期和第六周期的第八副族的元素，包括 Pt、Rd、Ru、Rh 等，它们对很多化学反应都有很高的活性，但成本高。Au 和 Ag 由于成本高的原因，也被纳入贵金属行列。在空气阴极中，研究最多的为 Pt 基材料。

Pt 被认为是最好的空气电池阴极催化剂，因为它对溶解氧的四电子还原具有低的过电位和高的选择性。但其是稀有金属、储量低、成本高，所以如何在保证较高的电催化活性的前提下，尽可能降低 Pt 的使用量一直是空气阴极研究领域的热点。

Pt 上的溶解氧还原反应具有结构敏感性，尤其在含有强吸附的阴离子的溶液中。在硫酸溶液中，不同晶面的 Pt 上的溶解氧还原反应活性顺序为：Pt（111）＜Pt（100）＜Pt（110），Pt（111）活性低可能与硫酸根的强吸附有关。与高氯酸中的溶解氧还原反应活性相比，硫酸中所有 Pt 晶面上的活性均低，但 Pt（111）上的活性抑制最强。尽管硫酸根的吸附能够抑制溶解氧还原反应活性，这种作用有可能通过阻碍氧分子的吸附实现，但并不改变反应路径，溶解氧还原反应依然为四电子过程。在氢氧化钾溶液中，可逆型含氧物种在 Pt 不同晶面上的吸附虽然能够抑制溶解氧还原反应动力学，使得在电荷转移-物质传输混合控制电位范围内，溶解氧还原反应活性顺序为：Pt（100）＜Pt（110）＜Pt（111），这与氢氧根的吸附有关。

在海洋环境中，有大量的氯离子存在，其可能对 Pt 的溶解氧还原反应活性产生影响。图 6-1 给出了氯离子存在时不同晶面 Pt 上溶解氧还原反应的线性伏安曲线，可以看出活性顺序为：Pt（100）＜Pt（110）＜Pt（111），且与不含氯离子的情况相比，氯离子对 Pt（100）的活性抑制作用最强。在 0.3～0.75V（相对于可逆氢电极）的电位范围内，吸附的氯离子与 Pt（100）的作用力强，从而限制了氧分子在表面的吸附导致 O—O 键断裂概率降低。在 Pt（110）表面，虽然氯离子依然具有强的吸附作用，但吸附的氯离子可能位于沟槽内，表面位点依然可以用于氧分子的吸附和 O—O 键的断裂。在 Pt（111）表面，虽然吸附的氯离子抑制了氧分子的吸附，但不影响溶解氧还原反应路径。

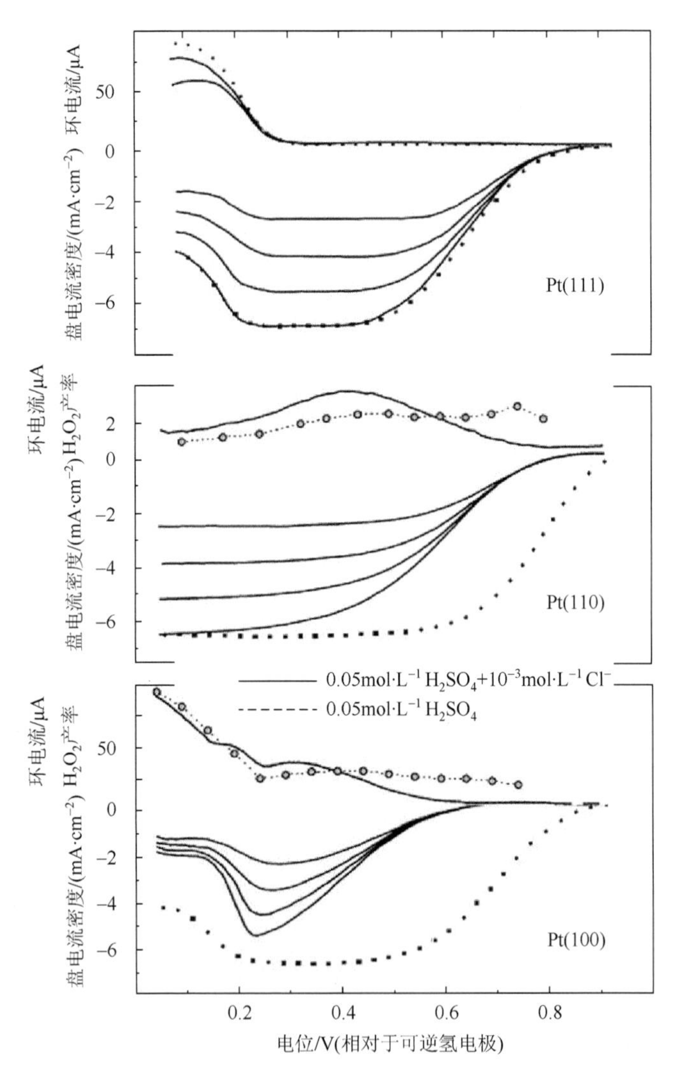

图 6-1　不同晶面的 Pt 于 50mmol·L^{-1} H_2SO_4+1mmol·L^{-1} Cl^-中不同转速下的线性伏安曲线[108]

虚线表示在不含 Cl^-的 50mmol·L^{-1} H_2SO_4中 2500r·min^{-1}下的曲线，圆圈线表示过氧化氢产率

虽然 Pt 的活性高，但其对体系中的污染物敏感，容易中毒失活，如何改善其对污染物的耐受能力，也是科研工作者所关注的一个问题。目前，主要的解决方式为纳米化和合金化。

与体相材料相比，纳米材料具有高的比表面积和高的反应活性，这就使得少量的纳米材料就可以达到好的催化效果，从而大大减少 Pt 的使用量。关于 Pt 颗粒尺寸对溶解氧还原反应催化活性的影响，已经有很多文献报道。Gastiger 等研究了从多晶 Pt 到尺寸为 2nm 左右的纳米 Pt 的溶解氧还原反应催化活性。研究表明，质量活性随着 Pt 颗粒尺寸的减小而增大，在 3nm 左右，达到最大值，进一步减小 Pt 的尺寸，变化很小[109]。这可能是由于随着 Pt 颗粒尺寸的减小，某些含氧物种在颗粒表面的吸附力增强，从而降低了溶解氧还原反应催化活性。所以，单纯通过减小 Pt 颗粒的尺寸，并不能满足质量活性为 $0.45A \cdot mg^{-1}$ Pt 的要求。

为了降低催化剂的成本，克服纳米化中 Pt 纳米颗粒对某些含氧物种有强的吸附力从而限制溶解氧还原反应催化活性的问题等，合金化成为了一行之有效的解决手段。Pt 可与许多过渡金属元素形成双金属合金，如 Fe、Cr、Co、Ni、V、Ti 等。由于制备方式的不同，会造成催化剂在 Pt 与过渡金属原子比例、合金化程度、Pt 和金属氧化物含量、表面组成、颗粒尺寸等方面的差异，从而表现出对溶解氧还原反应催化活性的差异。现已有不少关于 Pt 基合金具有比 Pt 更高的活性的报道，如 Yang 等报道的所制备的颗粒尺寸为 3～4nm 的一定原子比例的 Pt-Cr 合金和 Pt-Ni 合金[110]，Salgado 等制备的 Pt-Co 纳米催化剂[111]，Scott 等制备的 Pt-Fe 合金等[112]。Pt 合金对溶解氧还原反应的催化活性增强的可能原因有：减小了 Pt 原子之间的距离，从而为氧的解离吸附提供更合适的位点；优化晶体取向，从而提高溶解氧还原反应的催化活性；抑制某些含氧物种的形成，从而解决 Pt 纳米化中存在的问题；增加 d-电子空缺，从而为溶解氧的还原提供有利的电子结构等。然而，Pt 基合金在运行过程中，会出现过渡金属溶解的问题，从而造成催化活性的损失，进而缩短使用寿命，因而需要进行处理以提高其稳定性。

除 Pt 外，Ru 基材料在空气电极中也有应用，由于金属 Ru 在低的电位范围内就可形成氧化膜 RuO_x，而 RuO_x 对过氧化氢分解的催化活性低，所以，在 Ru 电极上溶解氧主要被还原为过氧化氢，而不是水。为了获得高的溶解氧还原反应催化活性，一般使用 Ru 基材料，主要包括 Chevrel 相硫系化合物和纳米簇。

Chevrel 相硫系化合物是一类三重的钼基化合物，其通式为 $M_xMo_{6-x}X_8$。式中 M 代表高价过渡金属元素；x 的值在 1 与 4 之间，并与金属元素 M 有关；X 是硫族元素（硫、硒或碲）。最先引起人们的注意，是由于其具有超导性能。1986 年，Vante 和 Tributsch 第一次报道了 Chevrel 相 Ru-Mo 硫系化合物具有高的溶解氧还原反应催化活性并给出了其与氧之间的相互作用机理图（图 6-2）[113]。

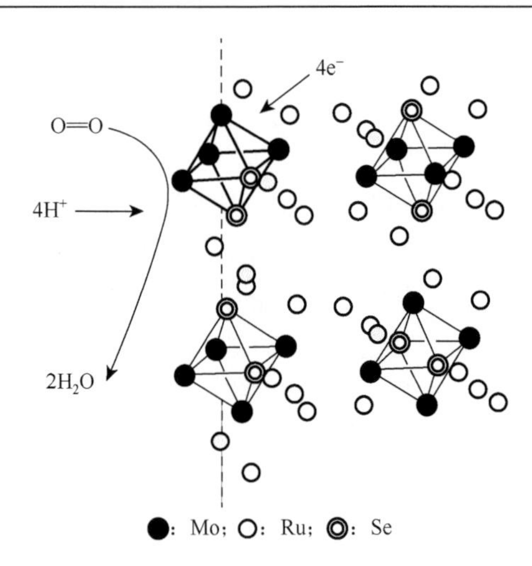

图 6-2　$Ru_{1.8}Mo_{4.2}Se_8$ 与氧的相互作用示意图[113]

此后，一系列的 Chevrel 相材料被相继研究。此类化合物具有高的氧化抗力，且 Ru 与其他过渡金属（如 Mo 等）形成的具有高密度 d 态的八面体原子簇，可作为电子储存库，为所吸附的氧的还原提供便利，因而对溶解氧的四电子还原具有高的催化活性。但是，此类化合物的合成主要通过高温高压固相反应，这就使得其合成过程复杂、合成成本高。为了克服 Chevrel 相硫系化合物在合成方面存在的问题，人们通过有机物的热解、胶体法等低温方法合成了 Ru 基纳米簇。这些纳米簇对溶解氧还原反应表现出较高的催化活性，但对其活性位点、反应机理等的认识还存在争议，还需进一步的研究。

此外，Ag、Au 和 Pd 也经常被用于空气电极催化剂的研究。Ag 由于对过氧化氢的还原具有高的催化活性，从而可以实现溶解氧的四电子还原；Au 对溶解氧的连续的二电子还原具有高的催化活性；Pd 与 Pt 相似，可以实现溶解氧的直接的四电子还原。早期的空气电极常使用 Ag 代替 Pt 作为催化剂，但 Ag 存在容易重结晶等问题。已有很多文献报道 Au 不同晶面、Au 纳米颗粒、Au 基合金的催化活性。Pd 的研究主要集中于其合金纳米材料，如 Pd-Fe、Pd-Co、Pd-Mo 等纳米颗粒。但这方面的研究与 Pt 基材料相比要少，还需进一步地深入。

总之，鉴于成本原因，如何在保证高的溶解氧还原反应催化活性的前提下，尽量减少贵金属的使用量，是贵金属催化剂面临的一大挑战。

2）非贵金属催化剂

为了降低溶解氧还原反应催化剂的成本，除了上文提到的减少 Pt 的担载量以外，开发使用非贵金属催化剂也是一重要途径。目前研究较多的非贵金属催化剂主要包括过渡金属（氢）氧化物、硫系化合物（主要是指硫化物、硒化物和碲化物）、难熔间隙化合物（Ti、W 等的碳化物、氮化物、硅化物和硼化物）、过渡金属大环化合物（如卟啉、酞菁等）、碳材料等。

过渡金属（氢）氧化物，由于它们能够通过 d 轨道与氧形成化学键，而被认为是有望替代贵金属的溶解氧还原反应催化剂。在此类材料中，研究最多的是氧化锰。氧化锰中锰氧原子比不固定，包括 Mn_3O_4、Mn_2O_3、MnO_2 等，此外还区分水合和非水合状态，每一种固定化学结构的氧化锰又有不同的形貌和晶体结构，这就使得不同氧化锰的溶解氧还原反应活性差别很大。人们已经开展了许多研究工作来建立化学成分、形貌、晶体结构等因素与溶解氧还原反应活性之间的关系，如 Mao 等研究了不同的氧化锰材料上的溶解氧还原反应行为，发现活性高低顺序为：$Mn_5O_8 < Mn_3O_4 < Mn_2O_3 < MnOOH$[114]；Cao 等比较了五种氧化锰材料，得到 β-$MnO_2 < \lambda$-$MnO_2 < \gamma$-$MnO_2 < \alpha$-$MnO_2 \approx \delta$-MnO_2 的活性顺序[115]。在这些报道中没有给出氧化锰的形貌信息，所以，很难确定形貌在其中的作用。最近，人们开始关注不同形貌的氧化锰材料对溶解氧还原反应的影响，并通过调控形貌改变电化学行为。但值得注意的是，不同的形貌常常伴随着化学成分和晶体结构的差异，因此需要充分利用多种因素之间的耦合来获得更高的性能。

我们研究组采用水热合成的方法制备了不同形貌、不同化学组分的氧化锰，并研究了其溶解氧还原反应活性。从图 6-3 所示的经不同时间水热处理的氧化锰的扫描电镜照片中可以看出，随着时间的延长，氧化锰的形貌发生了改变，由 0h 的纳米颗粒到 4h 的纳米线，最后到 40h 的微棱体。进一步结合 X 射线衍射表征，可以确定 0h、4h 和 40h 的产物分别为无定形 MnO_x 纳米颗粒、α-MnO_2 纳米线和 β-MnO_2 微棱体。不同氧化锰的溶解氧还原反应活性与稳定性比较如图 6-4 所示，可以明显看出，α-MnO_2 纳米线的溶解氧还原反应活性最高（电流密度大、电子转移数大），无定形 MnO_x 纳米颗粒的次之，β-MnO_2 微棱体的最低。同时，α-MnO_2 纳米线的稳定性高于无定形 MnO_x 纳米颗粒的。由于所制备的氧化锰材料在提高溶解氧还原反应电流密度的同时并没有改变反应电位，所以氧化锰对溶解氧还原反应的作用并非通过 Mn^{4+}/Mn^{3+} 对氧的媒介作用实现，而是与其对过氧化氢的分解效率密切相关。无定形 MnO_x 纳米颗粒所具有的大量晶格缺陷，能够提供高密度的过氧化氢催化分解所必需的 Mn^{3+}/Mn^{4+} 氧化还原对，从而引起修饰电极上大的电流密度。α-MnO_2 纳米线与 β-MnO_2 微棱体性能的差异与晶型和形貌密切相关。根据晶体结构信息进行计算，α-MnO_2 和 β-MnO_2 晶胞的体积分别为 273.56Å^3 和 55.56Å^3。由于大的晶胞体积能够降低 Mn-O 的结合强度促进过氧化氢的分解，从晶型的角度来看，α-MnO_2 对过氧化氢的催化效率要高于 β-MnO_2 的。同时，与微棱体相比，纳米线具有小的尺寸和大的长径比，这有利于其与反应物充分接触。因此，α-MnO_2 纳米线对过氧化氢分解的催化性能高于 β-MnO_2 微棱体的。而无定形氧化锰的低稳定性主要与其所具有的高自由能有关。

图 6-3　经不同时间水热处理获得的氧化锰的扫描电镜照片

（a）0h；（b）0h；（c）4h；（d）4h；（e）40h

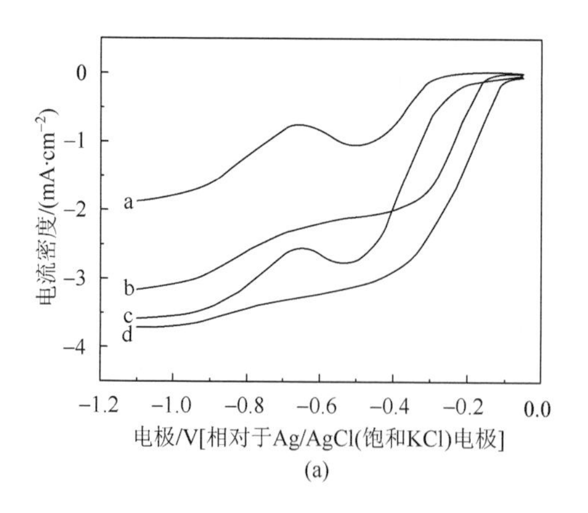

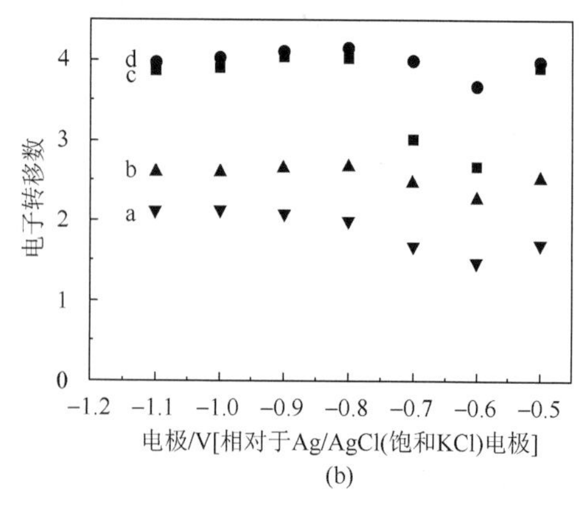

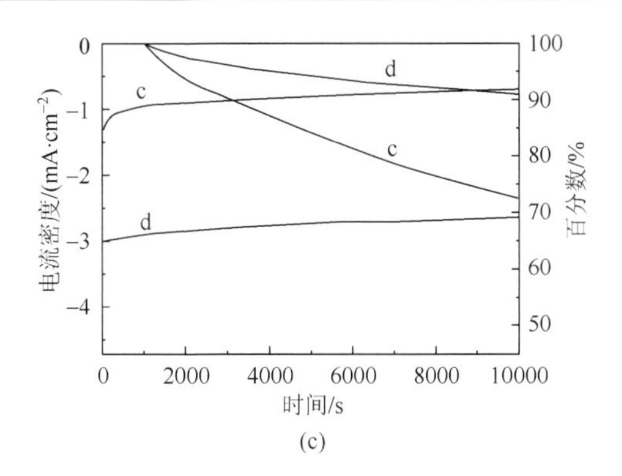

图 6-4　不同电极在 O_2 饱和 0.1mol·L^{-1} KOH 溶液中于 800r·min^{-1} 下获得的线性伏安曲线（a）、相应的电子转移数（b）及–0.4V 电位下的 *i-t* 曲线和剩余活性百分数随时间的变化曲线（c）

a. 空白玻碳；b. β-MnO_2 微棱体修饰玻碳；c. 无定形 MnO_x 纳米颗粒修饰玻碳；d. α-MnO_2 纳米线修饰玻碳

此外，氧化钛、氧化锆、氧化铱、氧化锡、氧化钨、氢氧化钴等也被用于溶解氧的催化还原研究中。（氢）氧化物所显示出来的较好的溶解氧还原反应催化活性，使得人们采取调整合成方法等手段来提高其利用效率，以期获得大的突破。

过渡金属硫系化合物的溶解氧还原反应催化研究，要追溯到 20 世纪 70 年代。1974 年，Baresel 等研究了不同过渡金属硫系化合物对溶解氧还原反应的催化性能，发现 Co-S 和 Co-NiS 系列有最高的催化活性[116]。接着，Behret 等采用动电位和恒电流的方法研究了尖晶石和其他硫化物的催化活性，结果表明 Co、Fe、Ni 的硫化物具有高的活性，其中以 Co 的最高；并且催化活性随着 S 的部分或全部被 O、Se 或 Te 的代替而降低[117]。

近几年，这类化合物又重新受到重视，且主要集中在 Co 的硫系化合物上。Anderson 等用量子化学计算的方法推测了 Co_9S_8 和 Co_9Se_8 上的溶解氧的还原行为，得出它们的（202）晶面对溶解氧还原反应具有高的催化活性[118]。Susac 等研究了由磁控溅射制备的 $Co_{1-x}Se$，FeS_2，（Co、Fe）S_2 和 CoS_2 基薄膜的溶解氧还原反应催化性能和稳定性，并提出了这些材料在使用过程中可能会有多硫化物的形成[119]。最近，Feng 等采用羰基钴分解的方法原位合成了碳支撑的 Co_3S_4 纳米颗粒，经退火处理后，发现其溶解氧还原反应的起始电位为 0.67V（相对于标准氢电极）并显示出好的热稳定性[120]。

与过渡金属氧化物相比，硫系化合物的研究还比较少。硫化物已显示出较高的溶解氧还原反应催化活性，但其化学稳定性较差，在空气中会发生向硫酸盐的转变，这就需要进一步的改进。

难熔间隙化合物的溶解氧还原反应催化研究较早，Giner 和 Swette 于 1966 年就报道了氮化钛在碱性介质中对溶解氧还原反应的催化行为。最近，Zhong 等研究了氮化钼、氮化钨、面心立方结构的氮化铬的溶解氧还原反应催化行为，发现其显示出高的活性，并展现出好的稳定性[121]。Ohgi 等制备了部分氧化的过渡金属碳化物-氮化物作为空气阴极，并得出 Ta 基的催化性能最高、Ti 基和 Zr 基的次之[122]的结论。

考虑到空气电池阴极存在的碳支撑材料的氧化问题，这类材料可被用来修饰碳基体，且这方面的研究比其直接作为溶解氧还原反应催化剂的研究要多。这方面的报道很多，如经碳化钨修饰的碳支撑材料，可以降低溶解氧还原反应的过电位，提高纳米催化剂颗粒的分散性、热稳定性和电化学稳定性；氮化钛作为支撑材料，可以实现催化剂与氮化钛的协同效应。这类化合物作为催化剂支撑材料所显示出来的良好性能，将促使人们在其催化机理和进一步提高与催化剂的协同效应方面做出更多的努力。

生物体内的细胞色素 c 氧化酶和相应的亚铁血红素/铜末端氧化酶可以催化溶解氧的四电子还原，过渡金属 N_4-大环化合物具有与这些酶相似的结构，因而这类化合物被看作有望在空气电池中使用的溶解氧还原反应催化剂。这方面的研究始于 1964 年，Jasinski 发现 Co 酞菁对溶解氧的四电子还原具有高的电催化活性[123]。此后，过渡金属 N_4-大环化合物，就成为了该领域中比较活跃的材料。

这类材料的溶解氧还原反应活性与稳定性取决于多方面因素，主要包括中心金属原子类别、配体结构、溶液 pH、材料在溶液介质中的溶解度、在电极表面的固定方法等，人们围绕前两个因素的影响做了大量工作。中心金属原子类别对溶解氧还原反应的影响与 d 电子数目存在一定的相关性，如图 6-5 所示，电子数为 7 的 Fe 的四磺酸基酞菁上的溶解氧还原反应在电流达到 10μA 时的电位最正，Mn、Cr、Co 的次之[124]。同时，对存在 M(Ⅲ)/(Ⅱ)转变的过渡金属原子的 N_4-大环化合

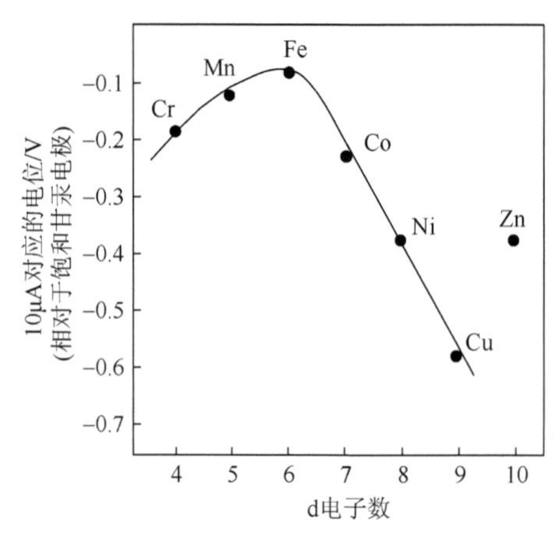

图 6-5 不同过渡金属四磺酸基酞菁的溶解氧还原反应活性对 d 电子数目的关系曲线[124]

物来讲，溶解氧还原反应与 M(Ⅲ)/(Ⅱ)氧化还原电位存在一定的关系，而不同结构的配体也能够影响 M(Ⅲ)/(Ⅱ)的氧化还原电位。

虽然某些 N_4-大环化合物表现出高的溶解氧还原反应活性，但其稳定性差，不能满足实际应用要求。为此，人们采用热处理的方法来提高这类材料的稳定性。N_4-大环化合物经热处理后溶解氧还原反应活性与稳定性均提高，且受热处理温度、气氛、时间等因素的影响。Franke 等研究了不同温度处理的碳载 N_4-大环化合物上的溶解氧还原反应，发现四氮轮烯合钴经 650℃处理后的活性最高（图 6-6）[125]。不同大环化合物的最适处理温度不同，相同配体下 Fe 基材料需要比 Co 基更高的温度来达到最佳溶解氧还原反应活性。Dhar 等就 500℃不同气氛下热处理 30min 后的四氮轮烯合钴上的溶解氧还原反应活性进行了表征，发现活性顺序为：真空＞氮气＞氩气[126]。

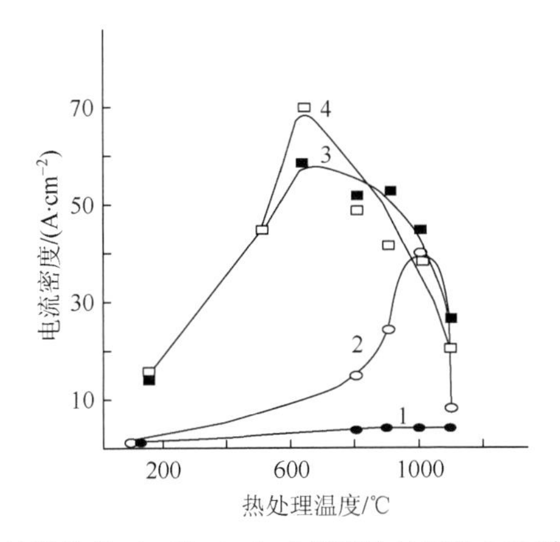

图 6-6　经不同温度处理的经纯化（1 和 3）与未经纯化处理的 P33 碳（2 和 4）担载的不含金属（1 和 2）和含钴的四氮轮烯（3 和 4）上的溶解氧还原反应于 0.7V（相对于可逆氢电极）电位下的电流密度比较[125]

尽管经热处理后大环化合物的结构发生改变，但前驱体的性质对热处理后的材料的溶解氧还原反应活性具有重要影响。热处理使得大环化合物的溶解氧还原反应性能提高，但其性能仍然低于 Pt 的。同时，大环化合物的复杂结构使得其合成复杂、成本高，因而从成本角度考虑也不具备明显的优势。由此，人们发展了以非大环化合物过渡金属源、氮源和碳载体的混合物经高温处理来获得高稳定性和高活性的溶解氧还原反应催化剂的方法，所制备的材料可用 M-N-C 表示，其中，Fe 和 Co 是最常用的金属。这种方法以普通过渡金属盐来取代成本高的 N_4-大环化合物作为前驱物，扩大了原材料的选择空间，降低了成本，同时也使得所制备的 M-N-C 材料的性能的可调控范围变大。

与大环化合物的热处理相似，前驱体的选择和热处理条件的控制对所制备的材料的溶解氧还原反应性能影响大，人们就此做了大量工作，而且不断有新的报道。目前，除了调变前驱体和制备方法与参数以获得高性能的 M-N-C 材料外，活性位点的定义研究对该类材料的发展非常重要。

关于M-N-C的活性位点，最初有三种模型，分别由van Veen、Yeager和Wisener及其合作者提出。van Veen 等认为对 M_4-大环化合物进行热处理后，在最高的溶解氧还原反应活性对应的处理温度（500～600℃）内，大环结构并没有完全被破坏，M-N_4结构依然存在（图 6-7），因而活性位点为 M-N_4[127]。Yeager 等主要研究更高温度下的热解（800～850℃），他们认为 M-N_4大环化合物在 400～500℃就开始分解，在 800℃时，大多数金属以单质和氧化物的形式存在，当与酸性溶液接触时，氧化物发生溶解，产生金属离子能够吸附或耦合在碳表面，形成 C-N_x-M 的结构，该结构为溶解氧还原反应的活性位点，且适用于以过渡金属盐为金属前驱体的情况[128]。Wiesener 等认为 N_4 螯合物中的金属离子能够促进螯合物的分解，在高温下形成 C-N_x结构，该结构为溶解氧还原反应活性位点，金属仅仅充当了中间媒介的作用对溶解氧还原反应没有影响[129]。Dodelet 等在前两种模型的基础上，提出了新的模型。他们认为图 6-8 所示的 FeN_2/C 是一非常重要的活性位点[130]，在 FeN_2/C 位点中，只确定了部分配位结构，随着研究的深入，他们完善了配位结构，即 N-FeN_{2+2}/C（图 6-9）。在 N-FeN_{2+2}/C 中，Fe^{2+}与五个吡啶氮原子配位，其中一个氮原子与另外四个所在的 N_4-面垂直，这使得 Fe^{2+}偏离 N_4-面[143]。虽然 Dodelet 等提出的模型可以很好地解释过渡金属存在条件下的溶解氧还原反应活性，但在最近发展的氮掺杂碳材料上良好的溶解氧还原反应活性的解释有些不适用。因而，这方面的研究还在继续。

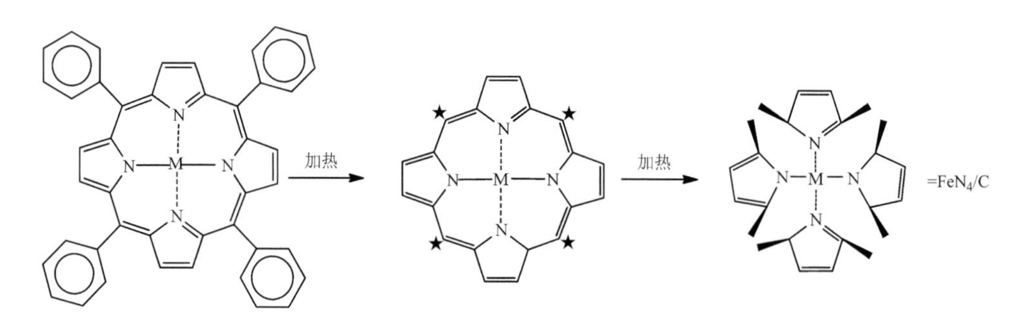

图 6-7　热处理过程中卟啉与碳载体的反应步骤[127]

图 6-8　FeN_2/C 活性位点示意图[130]

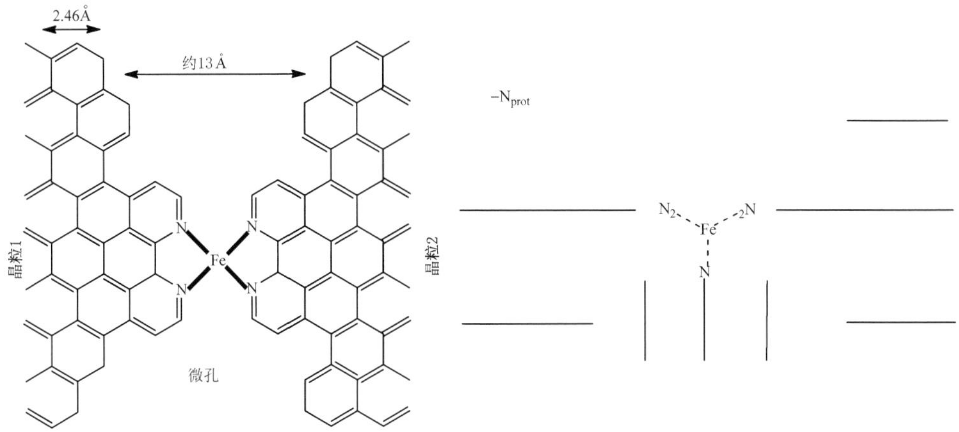

图 6-9　N-FeN_{2+2}/C 活性位点示意图[131]

3）碳材料

溶解氧还原反应过程不仅受催化剂的影响，而且强烈依赖于载体材料的性质，如颗粒尺寸、比表面积、聚集状态等，所以选择合适的载体可以提高催化剂的活性，降低催化剂的用量。载体材料一般需满足以下要求：均匀的多孔结构，透气性能好；电阻率低，电子传导能力强；具有一定的机械强度；具有化学稳定性和热稳定性；制造成本低，性价比高等。尽管有既导质子又导电子的高分子聚合物作为催化剂载体的报道，但从成本等实际应用角度考虑，在空气阴极中，一般选用高比表面积的碳材料作为催化剂载体。最常用的载体为炭黑材料，其中，Cabot 公司的 Vulcan XC-72 是广泛应用的碳载体。然而，炭黑作为阴极催化剂载体在电池的运行过程中会发生氧化形成表面氧化物。随着炭黑的腐蚀，催化剂纳米颗粒会从电极上脱落或者团聚成大的颗粒，同时，也会引起表面疏水性的变化从而使得气体扩散困难。为了克服炭黑腐蚀所导致的电极性能下降的问题，一方面，可以对炭黑进行石墨化处理，但石墨化需要在高温高压等苛刻条件下进行，这就对实验设备有高的要求，同时也增加了成本；另一方面，使用更稳定的碳载体材料，其中，碳纳米管和石墨烯受到了人们的重视。

碳纳米管和石墨烯作为载体材料可以提高溶解氧还原反应活性与稳定性，图 6-10 给出了石墨烯担载 Pt 颗粒的例子。与 Vulcan XC-72 相比，石墨烯的担载提高了电化学表面积和溶解氧还原反应活性，且使得经稳定性测试后电化学表面积和溶解氧还原反应活性的损失率降低，这可能是因为石墨烯具有更多的 π 位点和功能团，能够增强 Pt 颗粒与其的相互作用，抑制 Pt 颗粒的团聚[132]。

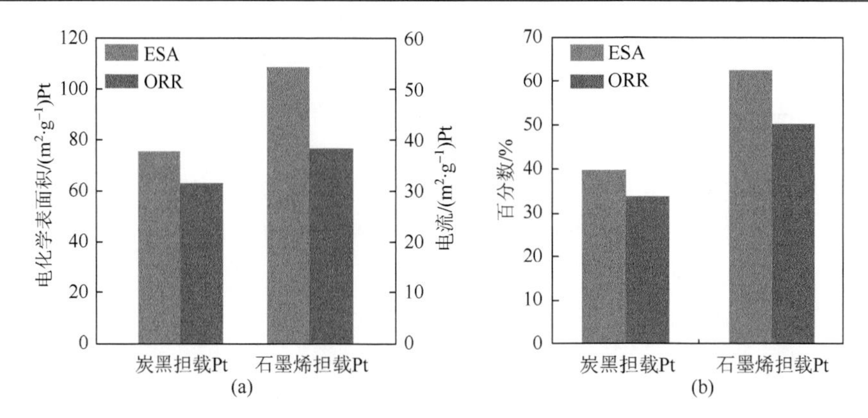

图 6-10 不同碳材料（Vulcan XC-72 与石墨烯）担载的 Pt 颗粒材料上的初始（a）和经 5000 圈循环伏安扫描后（b）的电化学表面积、溶解氧还原反应电流（0.9V，相对于可逆氢电极）的比较[132]

除作为载体材料外，碳材料本身的溶解氧还原反应活性也引起了人们的广泛兴趣。我们研究了化学还原法制备的石墨烯在模拟海水中的溶解氧还原反应活性，得到的旋转圆环-圆盘电极伏安曲线如图 6-11 所示。与空白玻碳电极相

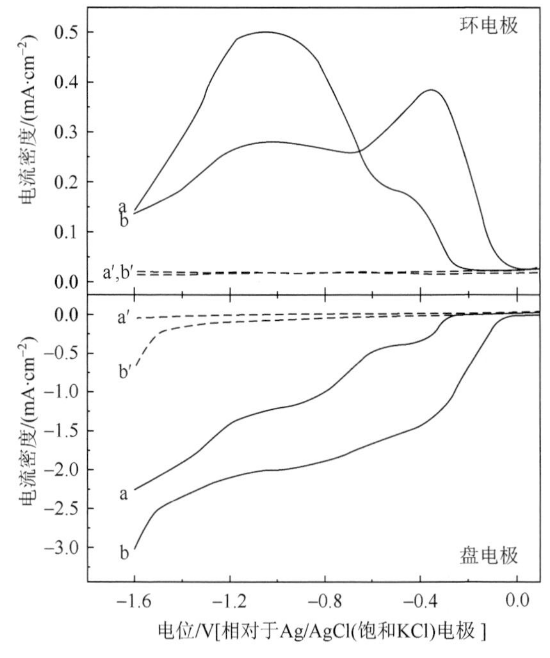

图 6-11 空白玻碳（a 和 a′）和石墨烯修饰玻碳电极（b 和 b′）在氮气（a′和 b′）与氧气饱和的 3.5% NaCl 溶液中（a 和 b）于 $400r\cdot min^{-1}$ 转速下的圆环-圆盘电极伏安曲线

似，石墨烯修饰电极上的溶解氧还原反应可划分为三个阶段，分别对应溶解氧的间接二电子还原、直接二电子还原和过氧化氢的还原。不同的是，石墨烯的修饰使得溶解氧还原反应的起始电位和半波电位正移、电流密度增大，对应的环电流在第一个阶段增大，其他两个阶段减小。进一步计算求得电子转移数，结果如图 6-12 所示。对于玻碳电极来说，曲线可以划分为三个阶段。在正于−0.60V，−0.80V 和−1.00V 之间，负于−1.40V 时对应的电子转移数分别为 1.5，2.0 和 4.0 左右，这与以上提到的三个反应过程相对应。而对于石墨烯修饰的玻碳电极来说，很难将曲线划分为明显的三个阶段。电子转移数在−0.50V 时就在 3 左右，说明生成的一部分过氧化氢可以经石墨烯的催化作用转变为水。而过氧化氢还原为水的反应发生在第三个还原阶段，所以我们将这种转变归属为过氧化氢的分解。在−0.80V 和−1.10V 之间时，电子转移数相对恒定，说明过氧化氢的生成与分解达到平衡。在更负的电位下，电子转移数进一步增加，这是由过氧化氢的还原所导致的。石墨烯能催化过氧化氢的分解，从而使得溶解氧的四电子还原在较低的过电位下可以发生，这对空气阴极的构建是有利的。

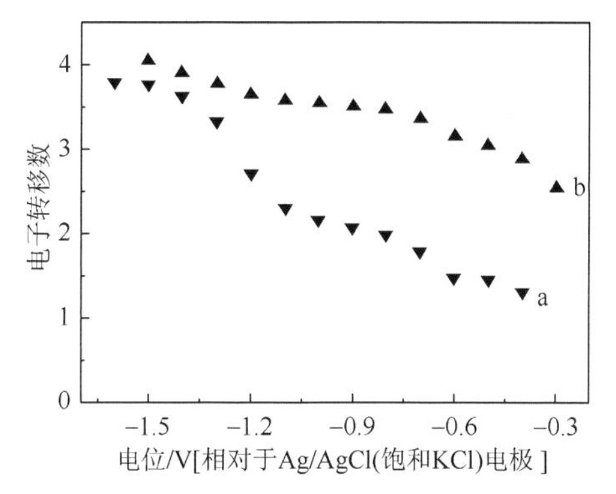

图 6-12　空白玻碳（a）和石墨烯修饰玻碳电极（b）上溶解氧还原反应电子转移数随电位的变化曲线

虽然石墨烯和碳纳米管本身表现出了一定的溶解氧还原反应活性，但与实际应用需要相差较远，为此需进一步提高其性能。目前，最有效的方式为进行杂原子掺杂，在所有掺杂杂原子中，氮是研究最早最深入的一种。戴黎明研究组在这方面做了很多重要工作，他们首次报道了氮掺杂的碳纳米管阵列在碱性介质中表现出比 Pt/C 更高的溶解氧还原反应活性，并将高的活性归因于电负性更高的氮原子使得周围碳原子带正电从而利于氧的吸附和 O—O 键的断裂[133]。氮与碳之间有多种结合方式，结合方式的不同会不会影响氮掺杂碳材料的性能？此外，氮原子的含量是否也有影响？为了回答这两大问题，人们做了大量研究。人们普遍认为不同的碳氮结合方式对溶解氧还原反应作用效果不同，但在就哪种结合方式的氮起作用上还未达成共识。Qu 和 Yang 等认为吡啶和吡咯型氮在氮掺杂石墨烯对溶解氧还原反应的催化中扮有重要角色[134，135]，而 Geng 等认为溶解氧还原反应活性与吡啶和吡咯型氮的含量无关，石墨型氮是活性位点[136]。在氮含量对溶解氧还原反应的影响研究中，不同的研究者给出的结果不同。Boukhvalov 等测试了氮含量为 2%、4%和 50%的氮掺杂石墨烯上的溶解氧还原反应行为，发现当氮含量为 4%时，材料具有最高的活性[137]；Luo 等制备了不同氮含量掺杂的石墨烯，发现溶解氧还原反应活性与氮含量之间不存在正相关性，氮含量为 2.2%的性能高于 6%的，16%的氮含量对应最低的活性[138]；Sheng 等制备了氮含量分别为 6.6%、7.6%、8.4%和 10.1%的氮掺杂石墨烯，发现不同的氮含量没有引起 ORR 活性的差异[139]。这些分歧与合成方法的不同密切相关，氮含量和氮结构只是反映了材料的部分特征，不同方法制备的氮掺杂碳材料在非含氮官能团的种类与数量、微观结构、比表面积等方面也存在差异，这些差异也会影响其溶解氧还原反应活性。

我们研究组以氧化石墨烯和尿素为碳源和氮源，并通过调控两者的质量比[1∶100、1∶200、1∶300、1∶400 和 1∶500（氧化石墨烯∶尿素）]，在水热条件下制得不同氮含量的氮掺杂石墨烯（1∶100 到 1∶500 对应的产物记为 NG-1、NG-2、NG-3、NG-4 和 NG-5），并对不同材料上的溶解氧还原反应活性进行了表征，尝试建立催化活性与材料化学组分、结构等因素之间的关系。不同氮掺杂石墨烯的溶解氧还原反应活性顺序为：NG-2≈NG-3＞NG-1≈NG-4＞NG-5（图 6-13），而不同材料对应的氮含量和 Raman 谱图中 D 带与 G 带的强度比如图 6-14 所示。随着尿素比例的升高，所制得的氮掺杂石墨烯的氮含量增大，从 NG-1 的 6.05%缓慢增加到 NG-5 的 7.65%。D 带与 G 带的强度比可以反映碳材料的微观结构情况，尿素的加入使得比值由石墨烯的 1.06（数据未展示）降到 NG-1 的 0.90，进一步提高反应物中尿素的比例使得其值增大，且 NG-4 和 NG-5 的比值大于石墨烯的。氮掺杂石墨烯的缺陷密度与氧化石墨烯的还原程度和氮掺杂量密切相关，氮掺杂和氧化石墨烯的还原加强对缺陷密度具有相反的影响，前者引入新的缺陷位点，后者降低缺陷密度。当尿素浓度低时，还原加强起主要作用，氮掺杂石墨烯的缺陷密度降低。当尿素含量高时，氮掺杂的影响更大，从而带来高的 D 带 G 带强度比。因此，当氮含量为 7%左右、缺陷密度适中（D 带 G 带强度比在 1 左右）时，氮掺杂石墨烯具有最高的活性（图 6-14）。一定量的氮是引入溶解氧还原反应活性位点的必需，但过多的氮会导致大的缺陷密度而适得其反。由于不同类型氮的含量与反应物质量比之间不存在变化规律，我们难以确定哪种类型的氮在所制备的氮掺杂石墨烯的溶解氧还原反应活性中起作用。

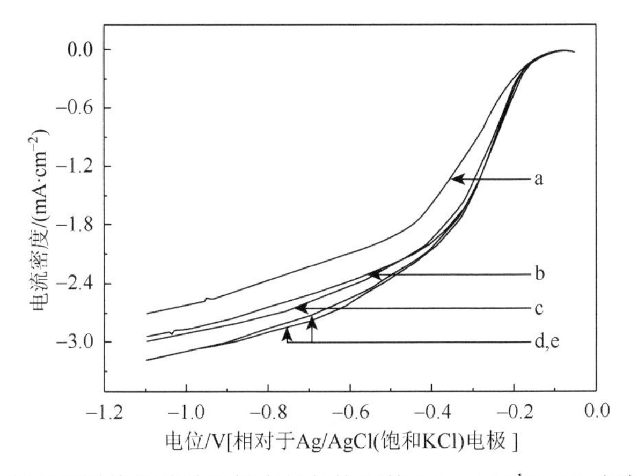

图 6-13　不同氮掺杂石墨烯修饰玻碳电极在氧气饱和的 $0.1\text{mol}\cdot\text{L}^{-1}$ KOH 溶液中于 $800\text{r}\cdot\text{min}^{-1}$ 转速下的线性扫描伏安曲线

a. NG-5；b. NG-1；c. NG-4；d. NG-2；e. NG-3

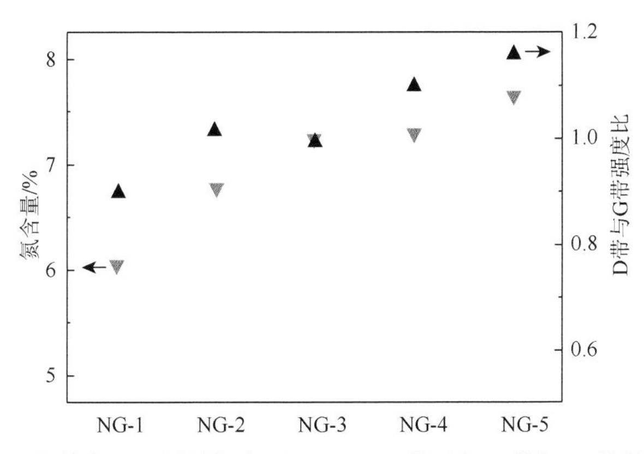

图 6-14　不同氮掺杂石墨烯的氮含量和 Raman 谱图中 D 带与 G 带强度比的比较

鉴于氮掺杂碳材料良好的溶解氧还原反应活性，人们再次将其作为载体材料与其他催化剂进行复合，以期获得更高的性能。

4. 电池结构设计

除了铝阳极和空气阴极溶解氧还原反应催化剂之外，电池结构对海水铝空气电池的性能也有重要影响。

当海水铝空气电池应用于开放的海洋环境时，由于海水中没有足够的溶解氧，所以往往通过增大阴极面积的方法来增大电流密度。为了增大电极面积，有人将海水铝空气电池做成了电缆形状（图 6-15），以铝芯作阳极，外层为阴极，应用于海洋环境中。据报道，直径为 3cm 的电缆电池可长达数百米，每米质量 1kg，质量比能量 640Wh·kg^{-1}，可在水下使用半年之久。Shen 等则采用一个铝阳极配五个空气电极的方式来增大阴极面积，并进行了 70 多天的实海实验。该电池性能稳定，能提供 0.5mA·cm^{-2}（相对于阳极）的电流密度[140]。

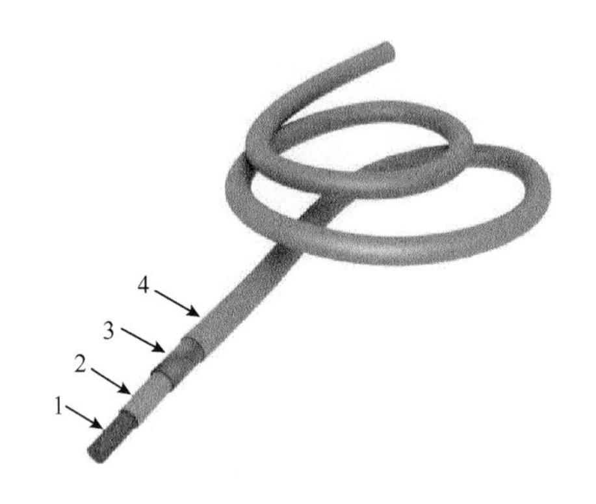

图 6-15　电缆状海水铝空气电池的示意图

1. 铝阳极；2. 隔离物；3. 空气阴极；4. 多孔透水的外保护层

除此之外，选择合适的直流转换器，可以获得较高的电压，以满足实际需要。实际应用中，经常采取海水铝空气电池与可充电电池的组合体系，通过控制程序，实现电池利用效率的提高和供电的稳定性。

虽然人们已经对铝阳极和空气阴极进行了大量的研究，但是开发电化学活性高、析氢自腐蚀速率小的铝阳极和催化活性高、成本低廉的空气阴极的挑战依然存在。同时，与单独的阴阳极研究相比，海水铝空气电池作为一整体的研究还较少。因此，有必要结合已有的研究基础，构建铝空气电池，在海水电解液下研究其性能。然后，根据实验室已有的海水铝空气电池的研究，与实际的海洋环境相结合，解决一些在实际应用中可能遇到的技术问题，推动海水铝空气电池的应用。

6.1.2　海水镁空气电池

海水镁空气电池，与以上提及的海水铝空气电池的主要区别为阳极材料为镁。之所以对海水镁空气电池进行单独的介绍，是因为在冷的海水中，镁的活性比铝的高，能够提供大的电流密度，而且有一些实海应用研究报道。

早在 20 世纪 60 年代，美国 GE 公司就对中性盐镁燃料电池进行了研究，为海水镁空气电池的出现提供了基础。1993 年，挪威国防研发公司证实了海水镁空气电池作为海底无人驾驶飞行器的可行性，推动了此领域的发展。到目前为止，海水镁空气电池在理论研究和实际应用方面都取得了很大的进展。

1. 工作原理与特点

海水镁空气电池与海水铝空气电池相似，阳极发生镁的溶解反应，阴极发生溶解氧的还原反应，对应的总反应方程式如式（6-2）所示。

$$2Mg + O_2 + 2H_2O \longrightarrow 2Mg(OH)_2 \tag{6-2}$$

海水镁空气电池具有上节中提到的海水铝空气电池的优点，同时，由于镁的电位比铝的负，海水镁空气电池具有更高的电压。金属镁非常活泼，在中性的海水中就具有很高的活性，而不必像大功率海水铝空气电池那样需要加入强碱以使铝具有高的活性，避免了腐蚀性碱液对人类和环境的危害。

2. 镁阳极的研究进展

与铝阳极相似，镁阳极也存在着极化和析氢自腐蚀的问题，而且在海水中，镁的析氢自腐蚀速率明显大于铝的，因此，如何减小镁阳极的极化和析氢自腐蚀速率也是镁阳极的研究重点。目前，采用的解决方法主要有合金化和向电解液中加入添加剂。

合金元素的加入，一方面可以细化镁合金晶粒，增大析氢反应的过电位，以降低析氢自腐蚀速率；另一方面可以破坏钝化膜的结构，使得较为完整、致密的钝化膜变成疏松多孔、易脱落的腐蚀产物，从而减轻钝化问题，促进镁阳极活性溶解，提高电化学性能。早在 20 世纪 60～80 年代，人们就开始着手能应用于海水镁空气电池阳极的研究，商业应用的镁合金有 AZ31、AZ61 等。目前研究水平较高的有英国 Magnesium Elektron 公司生产的 AP 65 和 MTA 75 镁合金，其特点是电位高、析氢量低、成泥少，阳极利用率可达 84.6%。

虽然以上镁合金具有良好的性能，但是仍然存在一些问题，如加工性能差、较大的析氢自腐蚀速率和低的电流效率。海水中大量存在的氯离子为镁合金创造了一酸性环境，进一步加速了其析氢自腐蚀速率。因此，有必要进一步提高镁合金的性能。Al 经常被用作合金元素添加到镁阳极中，人们对 Mg-Al 合金的析氢自腐蚀及电化学性能进行了大量研究。研究发现，Mg-Al 合金析氢自腐蚀行为与其所含的 Fe 杂质元素的浓度密切相关。而且，如果晶粒内 Al 的含量低于晶界处，腐蚀发生在晶粒内；如果在晶界处存在大量的 MgAl、Mg_2Al_3、Mg_4Al_3 第二相，会发生晶间腐蚀并引发镁的析氢自腐蚀，导致镁阳极的电化学活性降低。除了 Mg-Al 合金之外，也有 Mg-Mn、Mg-Cu、Mg-Mo 的报道。王宇轩等考察了 Ga 和 X 两种元素对镁阳极性能的影响，发现 Ga 的加入可显著提高镁阳极的析氢过电位，减小析氢自腐蚀；X 的加入能防止反应产物在镁合金的表面形成钝化层，使新鲜的镁表面暴露于液相中，从而降低镁溶解阳极反应和氢析出阴极反应的阻力[141]。据此，其制备了 Mg-Ga-X 三元合金，发现此合金在人造海水中放电时，阳极极化小，析氢量低，腐蚀产物容易脱落，成泥少。根据 Hg、Pb 等元素可增大氢析出反应的过电位，Ga、Sn 等低熔点元素可削弱阳极副反应，Al、Zn、Mn 等元素可提高耐蚀性，Ti、In、Bi、稀土元素等可细化晶粒这些已有结论，邓姝皓等在添加 0.5% Mn 的基础上采用正交试验的方法考察了 Pb、Ga、Sn 和稀土元素对镁合金性能的影响[142]。发现 Ga 和 Sn 对镁电极电位的影响最大，其次为稀土，Pb 的影响最小。Feng 等对 Mg-Hg-Ga 合金进行了广泛的研究，包括不同的 Ga 添加量对第二相的化学组成的影响、不同的热处理温度和时间对第二相的数量和分布情况的影响、热处理与合金的腐蚀行为和电化学活性之间的关系等[143]。Sivashanmugam 等研究了 Li 含量为 13%的 Mg-Li 合金的性能，发现当电流密度增加到 $8.6mA·cm^{-2}$ 时，阳极的利用率仍高达 81%[144]。Cao 等研究了 Mg-Li、Mg-Li-Al 和 Mg-Li-Al-Ce 合金的电化学性能，发现 Mg-Li-Al-Ce 的放电活性和利用效率最高[145]。

在电解质溶液中加入添加剂，也可以减少镁的析氢腐蚀同时抑制或破坏钝化膜的形成，进而提升电池性能。有效的添加剂包括二硫代缩二脲的苯基或甲苯基衍生物、锡酸盐、盐酸三辛基甲基铵等。

此外，与铝阳极相似，人们还对合金元素的活化作用机理进行了研究，这对合金的成分设计具有重要的指导作用。马正青等制备了 Mg-Hg-X 合金，考察了其性能并研究了其阳极活化机理[146]。他们认为合金元素 Hg 和 X，室温下在 Mg 中的固溶度很小，Hg 和 X 大部分以第二相的形式富集在晶界处。在海水介质中，镁合金溶解初期，阴极相第二相化合物与阳极相 Mg 基体耦合，组成腐蚀微电池，加速了第二相周围的 Mg 基体的溶解；同时，第二相随 Mg 的溶解而机械脱落，从而破坏了钝化膜的连续性，降低了 Mg 的阳极极化，使 Mg 不断处于活性溶解状态。随着镁合金阳极反应的进行，一方面，合金化元素的第二相随 Mg 的溶解不断机械脱落；另一方面，第二相离子同时发生溶解反应，生成的离子进入腐蚀介质中，介质中的合金元素与基体 Mg 发生置换反应生成高析氢过电位的单质 Hg 和 X 沉积在点腐蚀蚀坑中，形成不连续、疏松的 Hg、X 沉积层，破坏了腐蚀产物层的结构，使基体 Mg 不断发生电化学反应。这样，通过高析氢过电位合金元素的不断溶解、沉积、再溶解、再沉积，破坏了 Mg 的钝化膜结构，使 Mg 不断活性溶解。因而，Mg-Hg-X 阳极具有较负的电极电位和低的析氢速率。

此外，由于镁合金电极材料比较活泼，在干式储存时，应采取适当的措施防止其在大气条件下的腐蚀。目前，一般采用使镁阳极表面生成铬酸盐的化学转化膜来进行保护。因铬酸盐膜很薄，具有裂缝等缺陷，耐海洋性大气腐蚀能力很差，迟毅等提出采用阳极氧化处理的方法来保护镁阳极[147]。其对 MB8 和 MB3 两种镁合金材料进行了阳极氧化处理，发现具有阳极氧化膜保护的镁阳极的耐蚀性大大优于铬酸盐保护的镁阳极，而且碱性氧化液工艺中生成的阳极氧化膜能满足电压滞后的要求。

3. 空气阴极的研究进展

在前文中我们已对空气阴极的研究进展进行了综述，在此不做赘述，下面主要介绍已经被用作实海实验的海水镁空气电池的阴极材料。

海水中溶解氧的浓度低，这就要求阴极要具有良好的传质性能、大的表面积和高的催化性能，同时由于电池寿命长，电极必须具有良好稳定性。早期的研究主要采用铂黑材料，然而其成本高。为了降低成本，人们提出将 Pt 颗粒分散在高比表面积的碳材料上，提高了 Pt 的利用率。然而，碳载铂的成本依然很高。Shen 等采用碳载 Co_3O_4 作为阴极催化剂，发现当电流密度为 $0.1mA \cdot cm^{-2}$ 时，其表现出与碳载铂相似的性能[148]。除了催化剂之外，人们还探讨了一些常见材料，如石墨、铜和 316 不锈钢的性能，发现石墨电极具有最高的工作电压和电流密度。目前的研究发现，碳纤维是较好的阴极材料。此外，在海洋环境中，海洋生物对阴极的性能影响很大，且具有双面性。一方面，阴极微生物膜的形成可以有效地催化溶解氧还原反应，使得电压增加，电压的增加发生在 4～45 天后，这与电流密度、位置、光照强度、温度等因素有关。另一方面，海洋生物也可以对电极性能产生负面影响，尤其在浅水区。非溶解性阴极的表面很容易生长一层厚的海洋生物膜，其不仅阻碍了海水中的溶解氧向阴极表面的扩散而且减小了阴极的有效工作面积。为了减小海洋生物污损导致的阴极性能下降问题，可以采用铜电极。但是采用碳纤维阴极可获得 1.6V 的工作电压，而铜阴极只有 1.0V，此外，碳纤维阴极还可提供更大的电流密度，因此在生物污损不严重的情况下，最好选用碳纤维阴极。同时，Hasvold 等也尝试过使用不锈钢作为金属-空气-海水电池的阴极，但在实海实验中，由于不锈钢阴极与钛容器壁的偶然接触导致了电偶腐蚀，使电池体系遭到破坏。另外，不锈钢阴极的电阻高、成本高、电压低，所以后来的电池体系均采用碳纤维作为阴极材料[149]。

4. 电路控制体系

由于海水镁空气电池的输出功率小，所以在实际应用中，一般将其与直流转换器、能量控制系统和蓄电池构成一电池体系，为电子仪器供电。Hasvold 等设计的电池体系，可以将海水镁空气电池输出的 1.1～1.6V 的电压，经过直流转换器后，获得 27.6V 的输出电压，并可以向一铅酸蓄电池进行恒压充电[149]。当海水流速低时，为了防止钙在阴极表面沉积导致电池性能下降现象的发生，当海水镁空气电池的电压下降到某一设定值时，电路自动断开，直到其电压值达到一较高值时电路再次闭合。通过各个单元之间的合作，可以保证海水镁空气电池的长寿命和供电系统的稳定性。

5. 应用实例

与实验室条件下单个海水镁空气电池的研究不同，实际应用要考虑其与其他系统的组合、实际组装等问题，以保证供电的稳定性和工作的安全性，因而这方面的工作要复杂得多。1996 年，挪威与意大利的研究人员将海水镁空气电池用作一海底油气井探测控制系统的电源，并应用于海洋环境中。该海水电池采用商业镁合金作阳极，海水作电解液，海水中的溶解氧为氧化剂，阴极用碳纤维制作。其输出能量达到 650kW·h，设计寿命为 15 年。此后，海水镁空气电池经常被用作水下器件的电源。

Hasvold 等将 6 个海水镁空气电池作为 CLIPPER 的电源，每个电池由 6×39=234 个平行连接的镁棒和 5×38=190 个平行连接的碳纤维刷构成(图 6-16)。CLIPPER 可以 $2m\cdot s^{-1}$ 的速度行驶 1600 海里（1 海里=1.852km），可以方便地进行水下观测[150]。Shinohara 等采用由四个海水电池（图 6-17）、一直流转换器、能量控制系统、数据记录器和蓄电池构成的海水电池体系为置于水下 5000m 以下的一地震观测器提供电能，证实了海水镁空气电池在深海区工作的可行性[151]。此电池体系可以为平均功率为 6W 的观测系统提供能量，并可以持续供电 5 年多。从监测资料看，其可以长期提供至少 13W 的功率，能量密度可达 $318Wh\cdot kg^{-1}$。

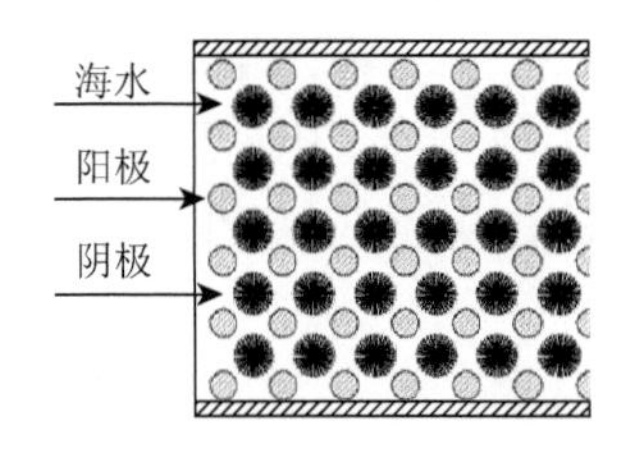

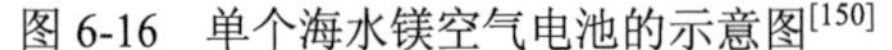

图 6-16　单个海水镁空气电池的示意图[150]

图 6-17　海水镁空气电池框架照片[151]

目前虽然海水镁空气电池在镁阳极和电池结构设计等方面的研究取得了很大进展，但电池性能还远未达到理想状况。还需要优化合金组成、研发优良的电解液添加剂，来抑制镁阳极的析氢自腐蚀和阻止或破坏钝化膜，以提高阳极的放电性能；同时，要优化电池的结构，减小质量与尺寸，降低成本，以实现其更广泛的应用。

6.2　沉积物微生物燃料电池

沉积物微生物燃料电池是微生物燃料电池的一种，在介绍沉积物微生物燃料电池之前，首先对微生物燃料电池的工作原理与特点、应用前景及存在的问题进行简单介绍。

6.2.1　微生物燃料电池

微生物燃料电池是一种通过微生物的代谢作用将蕴藏在有机物中的化学能转化为电能的装置。早在 1911 年，植物学家 Potter 用 Pt 做电极，用酵母菌和大肠杆菌进行实验，发现了微生物可以产电的现象。1931 年，Cohen 构建了一恒电位半电池，并在+0.5V 的电位下获得了 0.2mA 的电流。他发现此装置的性能可以通过在阳极引入铁氰化钾或苯醌作为电子介体的方式得到提高。在 20 世纪 60 年代，微生物燃料电池的研究开始受到重视，因为其可以将有机废物转化为电能，然而当时的研究还不能获得能稳定产电的微生物燃料电池。80 年代，Bennetto 成功地利用微生物燃料电池获得了电能，他采用纯菌种催化有机物的氧化，并在阳极使用外加的电子介体。与此同时，日本科学家专注于利用光能自养菌作为能量转换器。90 年代，由于全球对替代能源的迫切需要，微生物燃料电池的研究引起了更多的关注。然而，当时的实验需要化学介体的参与来实现电子由微生物向电极的传递。直到 1999 年，Kim 等的工作使人们认识到化学介体不是微生物燃料电池的必需，这就使其操作得到简化，进而使微生物燃料电池获得了突破性的进展。此外，科学家们还专注于微生物与电极之间的电子传输过程，提出微生物可以利用可溶性电子介体、细胞膜蛋白、纳米线等来传递电子。

1. 工作原理与特点

微生物燃料电池以微生物作为反应主体，在阳极区，附着于电极表面的微生物膜降解水溶液中的有机物（如葡萄糖、乳酸盐、醋酸盐等）产生代谢产物、电子和质子；产生的电子传递到阳极，经外电路到达阴极，由此产生外电流；产生的质子通过溶液迁移到阴极；在阴极区，电子、质子、氧化物（如铁氰化钾、氧气等）发生反应，从而完成电池内部电荷的传递（图 6-18）。随着阳极有机物的不断氧化和阴极还原反应的持续进行，在外电路获得持续的电流。

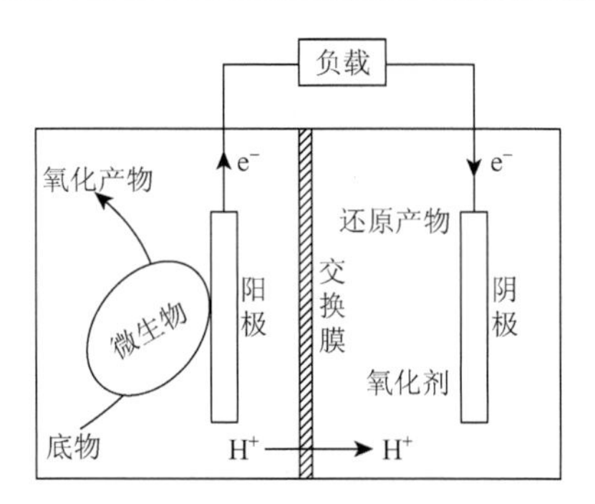

图 6-18 微生物燃料电池的工作原理图

与其他燃料电池相比，微生物燃料电池由于微生物的参与呈现出新的特点。

首先，微生物可以自我复制，这就保证了有机物氧化反应所需催化剂的可持续性。

其次，微生物反应可以在不同的温度范围进行，这就使得微生物燃料电池具有较宽的工作温度范围，可以从中温或室温水平（15～35℃）到嗜热微生物所能耐受的高温（50～60℃）及低温微生物所能生存的低温（＜15℃）。

第三，任何可生物降解的有机物均可用于微生物燃料电池，如挥发性酸、糖类、蛋白质，甚至纤维素等，这就使得其燃料来源广泛。

最后，微生物燃料电池还具有环境友好、应用范围广等优点。

这些优点，驱使人们对微生物燃料电池投入更多的研究精力，并积极寻找其用武之地。

2. 应用前景

作为一项新技术，微生物燃料电池的优异特点，使得其具有美好的应用前景。

1）污水处理

污水中含有大量的有机物，对于一个现代的污水处理厂来说，污水中所蕴藏的能量可达处理这些污水所消耗电量的 9.3 倍。在污水处理方面，与传统处理方法相比，微生物燃料电池具有诸多优势。在处理污水的同时，微生物燃料电池可以作为电源进行能量修复；微生物燃料电池可使污水的 pH 保持中性，不会使污水水质发生酸化；溶液中没有常规厌氧环境发酵产生的甲烷、氢气等具有爆炸性的危险气体，这些优势使得污水处理成为微生物燃料电池最直接而有效的应用。“从废弃物到能量只需一步”这一口号，代表着人们对微生物燃料电池在污水处理方面的美好期望。

2）环境检测

自然环境检测资料可以帮助人们理解和模拟生态系统，而分布在自然环境中的传感器需要能量供给。微生物燃料电池可以为这些设备提供动力，尤其适合于分布在河流、深水等不易更换电池的情况。

3）生物修复

微生物燃料电池可以按照不同的方式进行改进，从而产生新的以微生物燃料电池为基础的技术。经改进后，这些体系可能不再属于真正意义上的电池，因为它们不再向外输出电能，生物修复就是其中的一种体系。微生物燃料电池不再用来供电，而是将能量传递给其他系统来驱动反应以降解有害化学物质，如将可溶性的+6 价的铀转变为不溶性的+4 价的铀。Gregory 等通过将电极电势置于−0.5V，在微生物还原的作用下直接将铀沉积到电极表面[152]。当电极被用作电子供体时，硝酸根可被相应地转化为亚硝酸根。

4）微生物传感器

基于在其他条件保持一致的前提下，微生物燃料电池产生的电流或电量与有机物的浓度之间存在着一定的关系，其可被用作底物的传感器。Kim 等用所设计的微生物燃料电池型传感器分批测定溶液中生物耗氧量的浓度时发现，产生的电量与污水中生物耗氧量之间呈明显的线性关系，相关系数达到 0.99；在低浓度时的响应时间短；重复性好[153]。考虑到实际污水中存在硝酸盐和硫酸盐等具有高氧化还原电势的电子受体、氧气扩散等问题，人们在不断地做改进，以提高微生物燃料电池型传感器的性能。

5）生物制氢

阴极处于无氧状态时，通过对微生物燃料电池施加一小的外部电压，使阳极区有机物氧化所释放的质子与电子在阴极结合生成氢气，这就是利用微生物燃料电池生物制氢的原理。与电解水相比，只需对微生物燃料电池施加 0.25V 的外部电压，即可制得氢气。而且，与传统的生物发酵制氢相比，微生物燃料电池中每 1mol 葡萄糖可以制得 8～9mol 的氢气，远大于发酵制氢的 2mol。此外，微生物燃料电池生物制氢不局限于葡萄糖，任何可被微生物降解来产电的有机物均可用于此体系。

以上提到五方面的应用，展示了微生物燃料电池作为一种新型能源转化装置的美好应用前景。然而，目前仍有很多问题限制了其实用化和规模化，还需要科研人员坚持不懈的努力。

3. 存在的问题和现有改进技术

不考虑成本的话，微生物燃料电池现阶段主要的缺点是输出功率密度还很低。输出功率密度与微生物燃料电池中相关的电子传递过程密切相关，受到底物的供给、微生物对底物的降解速率、电子从微生物到阳极的传递速率、电池内阻、质子到达阴极的传递速率、氧化剂的供给、阴极还原反应速率等因素的影响。针对这些影响因素，人们提出了很多改进措施。

微生物的种类会影响底物的降解速率和电子从微生物到阳极的传递速率。目前已获得了一些产电率较高的菌种，如腐败希瓦氏菌、硫还原地杆菌、脱硫弧菌、铜绿假单胞菌等。虽然这些单一菌种，经常被用作微生物燃料电池的构建，但是其对底物的专一性很强，因此人们一方面在进一步寻找能够利用广泛有机物作为电子供体的高活性菌种，另一方面采用混合菌种来构建微生物燃料电池。混合菌种的来源比较广泛，如生活污水、活性污泥、厌氧颗粒污泥、海底沉积物等。目前，采用混合菌种可以获得更高的底物降解速率和能量输出效率。

电池结构对电池内阻、质子到达阴极的传递速率、底物和氧化剂的供给等具有重要影响。常见的微生物燃料电池有双室和单室之分（图 6-19）。双室微生物燃料电池通过盐桥或交换膜将阴阳极室相连，容易构建且成本低，适合于基本参量的研究，如检验新电极材料的输出功率、微生物菌种对某种有机物的降解速率等，但由于内阻大，这类电池的输出功率低。为了减小电池的内阻，人们组建了单室型的微生物燃料电池，这类电池可以获得高的功率密度，但是需要处理好水渗透、空气向阳极的扩散问题。为了进一步提高微生物燃料电池的功率密度，人们将电池结构设计成能够不断补充阴阳极反应所需的活性物质，并不断带走反应产物的连续模式（图 6-20）。

(a)

(b)

(c)

图 6-19　双室型［（a）和（b）］和单室型（c）微生物燃料电池

阳极、阴极和离子交换膜的材料对电子从微生物到阳极的传递速率、氧化剂的还原速率、电池内阻等具有重要影响。阳极在微生物附着和电子传递方面起着重要作用，这就要求阳极材料具有高的导电性、好的生物兼容性和好的化学稳定性。对金属材料来说，不锈钢可用作微生物燃料电池的阳极，而铜由于对微生物有毒害作用不能作为阳极材料。最常用的为碳材料，其中石墨片或石墨棒是最简单的阳极材料，因为其不仅价格便宜而且容易处理。但由于石墨片或石墨棒的比表面积小，所构建的电池的能量密度低。所以，人们又采用比表面积大的碳材料，如碳纤维、碳纸、碳布等。为了进一步提高阳极的性能，对电极材料进行物理或化学处理成为有效方式。

图 6-20　连续模式微生物燃料电池

微生物燃料电池的阴极氧化剂主要分为两类：氧气和非氧气类，后者主要包括铁氰化物、高锰酸钾等。非氧气类具有不需要催化剂、能量密度较高的优点，但其在空气下不能再生，需要不断地进行补充，这就限制了其实际应用。而氧气在空气中的含量大、不需化学补充，因此，要想实现微生物燃料电池的实际应用，需要以空气中的氧气作为终电子受体。此外，氧气作为终电子受体还具有氧化电位高的优势，但同时，溶解氧还原反应是一个复杂而缓慢的过程。为了解决这一问题，像其他燃料电池一样，开发高性能、低成本催化剂依然是人们的研究热点。

Pt 基材料是微生物燃料电池中普遍应用的溶解氧还原反应催化剂，除了稀缺、成本高、容易受到体系中污染物影响的缺点外，在微生物燃料电池中，由于在阴极区，会发生碱化现象，pH 的增加也会降低 Pt 的催化活性。所以，微生物燃料电池中非 Pt 催化剂的研究受到了人们的重视。目前，应用于微生物燃料电池中的非 Pt 催化剂主要有 Au、过渡金属有机化合物、氧化锰等。除此之外，前文中提到的其他的溶解氧还原反应催化剂，也将有可能应用到微生物燃料电池中，这需要进一步尝试。

微生物燃料电池不同于其他燃料电池的一个重要之处在于其电解液为中性或近中性，这就为生物阴极的使用提供了可能。这里所指的生物阴极，专指微生物，而不包括酶。生物阴极与以上提到的催化剂相比，具有以下几方面的优势：①可以降低微生物燃料电池的构建和运行成本，由于微生物本身作为电子传输的催化剂，而不需要额外的金属催化剂或电子介体，从而降低成本，而且，在某些情况下，微生物可以产生氧气（如绿藻），这就节省了氧气供应所需的成本；②生物阴极可以提高微生物燃料电池的可持续性，生物阴极可以避免 Pt 因硫等污染物而中毒的问题；③微生物在阴极的代谢可以产生有用的产物或消除有害的物质。因而，生物阴极在微生物燃料电池中具有好的发展前景。

早在 20 世纪 60 年代，科学家们就开始尝试构建生物阴极，然而，没有获得实质性的进步。到目前为止，已经应用于微生物燃料电池中作为溶解氧还原反应催化剂的微生物主要有海洋生物膜、阳极生物膜、锰氧化细菌等。有关微生物对溶解氧还原反应的影响我们在第 5 章已进行了概述，在此不再介绍。

目前，大多数微生物燃料电池的构建需要采用离子交换膜将阳极和阴极分隔开。离子交换膜不仅影响电池的内阻，而且其对氧、有机物等的透过情况会对整个微生物燃料电池的性能产生大的影响。目前，使用最多的是 Nafion 膜，但其不但成本高，而且不能很好地解决阴阳极之间的 pH 梯度问题。一般认为这是由于质子穿过 Nafion 膜的速度比质子在阴极还原的速度慢引起的，但也有人认为，微生物燃料电池的电解液中的阳离子除了质子外还有很多盐离子（如 Na^+、K^+、NH_4^+ 和 Ca^{2+}），而且这些盐离子的浓度远大于质子的浓度，导致 Nafion 膜中 99.999% 的磺酸基被盐离子占据，使得膜上质子极少，表现为质子传递受阻。因此，人们尝试用其他膜材料代替 Nafion，例如，Biffinger 等发现相同条件下的尼龙膜和聚醋酸酯膜的产电功率高于 Nafion 膜，并把原因归结为两者的孔径远大于 Nafion 膜的，从而有利于电解液的扩散[154]。膜材料的研究相对于阴阳极材料来说还较少，还需要进一步开展这方面的工作。

微生物燃料电池以其独特的优势，显示出了美好的应用前景。要实现微生物燃料电池的实际应用，提高其产电能力是关键，而这可以通过优化产电微生物和电池结构组成等方式来改进。虽然人们已经在产电微生物、阳极材料、阴极材料、膜材料、电池结构等方面取得了很大进展，但筛选产电效率高的菌种，开发性能高成本低的两极材料与膜材料的挑战依然存在，还需要人们投入更多的研究精力。

6.2.2 沉积物微生物燃料电池

沉积物微生物燃料电池是一种基于沉积物环境体系的微生物燃料电池，其以沉积物中的微生物为催化剂，将有机物中蕴含的化学能直接转化为电能。沉积物以有机碳的形式储存着大量的能量，有机碳的含量一般为 2%，若将其完全氧化，每升沉积物可产生 6.1×10^4J 的能量（$17Wh\cdot L^{-1}$），这就为沉积物微生物燃料电池的发展提供了物质基础。2001 年，Reimers 等率先提出可以通过深海沉积物-海水界面来获取能量[155]，经过近十年的发展，沉积物微生物燃料电池的研究已取得了很大进展。

1. 工作原理

由于海水的电导率高于河水（20℃时，海水和河水的电导率分别为 $50\,000\mu S\cdot cm^{-1}$ 和 $500\mu S\cdot cm^{-1}$），相同条件下，海泥-海水体系的沉积物微生物燃料电池能产生更高的功率密度，所以这方面的研究大多在海泥-海水体系。

普通的微生物燃料电池一般以葡萄糖、乳酸等作为电子供体，而沉积物的组分相当复杂，这就使得沉积物微生物燃料电池与普通的微生物燃料电池在工作原理上有相似之处又有所差异。以海泥-海水体系的沉积物微生物燃料电池为例，其由埋入无氧的海泥中的阳极和悬浮于有氧的海水中的阴极连接而成（图 6-21）。海泥中的产电微生物在氧化有机物和无机物的同时将电子传递给阳极，氧气在阴极接受从外电路传输过来的电子并与从阳极扩散过来的质子相结合形成水，从而产生电能。

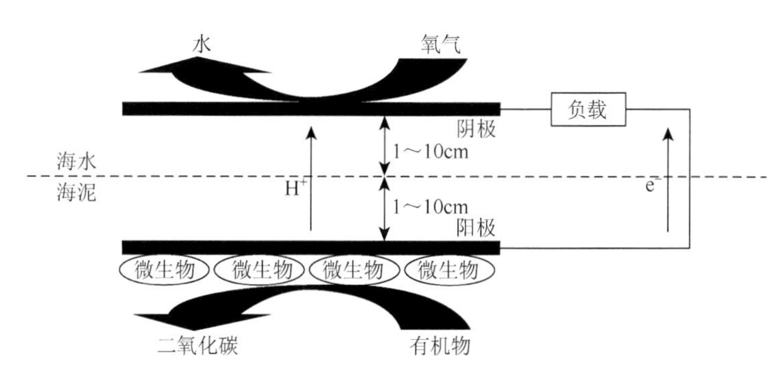

图 6-21　沉积物微生物燃料电池的结构示意图[155]

沉积物微生物燃料电池之所以能产生电能，是因为富含氧化剂的海水与富含还原剂的沉积物之间存在着氧化还原电位梯度，而这种氧化还原电位梯度来源于沉积物中微生物的活性。如图 6-22 所示，沉积物表层的微生物优先还原溶解氧，导致 MnO_2、Fe_2O_3 和 SO_4^{2-} 未被使用。MnO_2 会在第二沉积物层被还原，Fe_2O_3 在第三层，SO_4^{2-} 在第四层。结果，随着沉积物深度的增加，每层会积累过量的还原剂（Mn^{2+}、Fe^{2+}和 S^{2-}）。这些还原剂的存在就导致了沉积物中的阳极和海水中的阴极之间的电位差，即开路电压，并促进了沉积物中有机物的氧化。阳极氧化反应的产物又可以被其他微生物还原，如此形成循环，结果，净反应为沉积物中的有机物被氧气还原[156]。

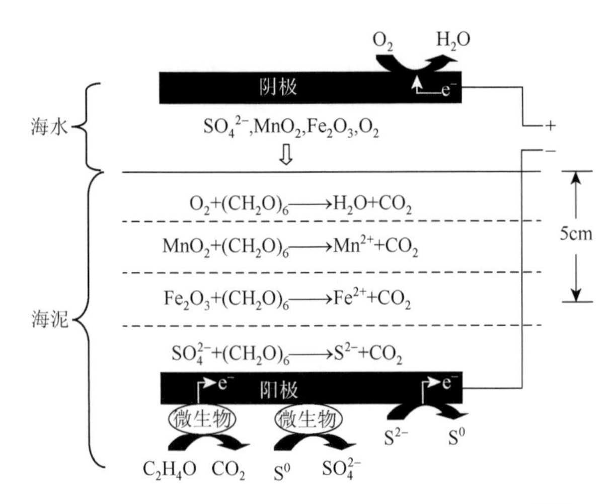

图 6-22　沉积物微生物燃料电池的工作原理图[156]

2. 性能制约因素及改进途径

与普通的沉积物微生物燃料电池相似，目前，沉积物微生物燃料电池的功率密度还不高，这就限制了其商业化。微生物的参与使得沉积物微生物燃料电池的产电能力不仅与电池本身有关，还受到所处环境的影响。所以，下面就从电池本身和环境两方面探讨各因素对沉积物微生物燃料电池产电性能的影响及相应的改进措施。

沉积物微生物燃料电池的产电性能受到自身结构的影响，与普通的微生物燃料电池相比，沉积物微生物燃料电池不需要采用质子交换膜来隔离阴阳极，这就简化了结构并降低了成本。沉积物微生物燃料电池自身结构的影响因素主要包括电极材料、电极设计、外加动力控制、外加电路控制等。沉积物微生物燃料电池的电极包括阳极和阴极，下面就两部分分别进行概述。

与普通的微生物燃料电池相似，沉积物微生物燃料电池的阳极材料需满足导电性、生物兼容性、化学稳定性等方面的要求。目前，沉积物微生物燃料电池最常用的阳极材料也为碳材料，如石墨片、石墨棒、粒状石墨、石墨毡、碳纸、碳布、泡沫碳、碳纤维、网状玻璃碳等。不同的碳材料在形貌、孔隙度和化学组分等方面存在差异，这就会造成沉积物微生物燃料电池产电性能的不同。

石墨片被用作沉积物微生物燃料电池的阳极时，对应的最大功率密度为 20～

$32mW\cdot m^{-2}$（相对于阳极几何面积）。为了提高功率密度，人们开始选择高比表面积的碳材料，如 Hong 等采用石墨毡作为沉积物微生物燃料电池的阳极，使得最大电流密度由石墨片的 $13.9mA\cdot cm^{-2}$ 增加为 $45.4mA\cdot cm^{-2}$[157]。Scott 等比较了四种多孔碳材料——碳布、泡沫碳、碳纤维和网状玻璃碳作为沉积物微生物燃料电池的阳极时的功率密度，发现泡沫碳的最高，可达 $55mW\cdot m^{-2}$，碳布次之，网状玻璃碳最差[158]。此外，由中央的抗腐蚀金属丝及环绕其上的石墨纤维组成的石墨纤维刷由于具有好的导电性和很高的比表面积，经常被用于实海实验中。

为了进一步提高阳极的性能，人们也采用不同的处理方法对以上碳材料进行修饰。Lowy 等采用蒽醌二磺酸、萘醌、含 Mn^{2+}和 Ni^{2+}的石墨陶瓷复合物、含有 Fe_3O_4或 Fe_3O_4和 Ni^{2+}的碳糊来修饰石墨片阳极，结果使得动力学活性提高了 1.5～2.2 倍，并使沉积物微生物燃料电池的电流密度增加了 5 倍[156]。接着，其又考察了石墨片经含 Sb（Ⅴ）的碳糊、预氧化处理和预氧化后再经蒽醌二磺酸修饰后的阳极反应动力学活性，结果发现，最高的可提高 218 倍。然而，将修饰阳极应用于实际自然环境时，还需要对其操作的稳定性和寿命进行检测。

沉积物微生物燃料电池的阴极反应为溶解氧还原反应，阴极材料的选择会极大地影响其性能。目前，阴极采用的材料大多为石墨材料，也有不锈钢的报道，后者主要与生物阴极有关。石墨阴极上的溶解氧还原反应动力学缓慢，导致大的过电位，从而限制了其产电性能。为了提高沉积物微生物燃料电池的阴极性能，一般有两种方式，一是采用催化剂来降低活化能，二是使用高比表面积的碳材料，如石墨毡、石墨碳纤维刷等。

与普通微生物燃料电池相似，对于催化剂，一般采用 Pt，Pt 的使用可使沉积物微生物燃料电池的最大电流密度和平均电流密度均显著增加。然而，Pt 的储量低、成本高，对硫离子等物质敏感，因此开发非 Pt 溶解氧还原反应催化剂对沉积物微生物燃料电池的发展具有重要意义。Scott 等考查了不同阴极材料对沉积物微生物燃料电池产电性能的影响，包括未经修饰的碳材料（泡沫碳、碳布、碳纸、石墨和网状玻璃碳）和经催化剂（Co 卟啉、Fe-Co 卟啉和 Pt）修饰的材料，结果发现 Fe-Co 卟啉阴极具有最高的性能[159]。

除上文提到的催化剂外，由于沉积物微生物燃料电池在自然环境体系中运行，这就为生物阴极的使用提供了有利条件。Dumas 等通过将锌与不锈钢在海水中相连，在不锈钢表面获得了对溶解氧还原反应具有催化活性的海洋生物膜，然后将应用到沉积物微生物燃料电池中，结果获得了 $23mW\cdot m^{-2}$ 的能量[160]。至于在第 5 章中提到的锰氧化细菌，在沉积物微生物燃料电池中，还没有专门的应用报道，但 Shantaram 等提出，如果海水或河水中含有锰氧化细菌的话，它们能够在阴极表面沉积氧化锰，使得阴极电位朝着更正的方向移动[161]。

确定了电极材料之后，结构设计对沉积物微生物燃料电池的性能影响也很大，这方面主要包括阴阳极面积比、电极间距、电极连接方式等。Hong 等考查了阴阳极面积比对沉积物微生物燃料电池产电性能的影响，在实验中，以石墨毡作为电极材料，固定阳极面积，通过减小阴极的面积实现阴阳极面积比从 1∶1，1∶2，1：5 到 1：10 的变化。结果发现，在阴极反应不是主要的限制因素时，减小阴极面积导致的电流密度减小不明显，而当阴阳极面积比小于 1：5 时，电流密度明显减小[162]。所以，在选定了电极材料之后，确定合理的阴阳极面积比，对实现沉积物微生物燃料电池产电性能与成本的最优化具有重要作用。

电极间距的大小会显著影响沉积物微生物燃料电池的内阻，电池的内阻会随着电极间距的增加而增大，从而降低功率密度。在沉积物微生物燃料电池中，阳极一般置于海泥-海水界面以下 5～15cm，阴极的放置位置会影响溶解氧的供应。因此，在保证溶解氧的供应不受限制的前提下，尽可能地减小阴阳极之间的距离，可以增加沉积物微生物燃料电池的电流密度。

为了增大微生物燃料电池的电压，可以将单个电池串联成电池组。然而，这种方法对沉积物微生物燃料电池不适用，因为所有的电极均置于相同的电解液（如海水）中，造成短路。但可以将多个阳极平行连接组成一个大的阳极，来增加电流密度。

沉积物微生物燃料电池的大功率供电和长期供电能力受到沉积物中阳极反应物传输的限制，在自然体系中，物质传输是扩散、对流、沉积物再悬浮、潮汐等作用的结果。针对沉积物中有机物传输速率低的问题，Nielsen 等对所设计的电池用泵进行连续的抽吸，结果发现其可连续输出 $233\text{mW}\cdot\text{m}^{-2}$ 的能量[163]。溶解氧还原反应速率与溶解氧的浓度密切相关，为了提高溶解氧的供应能力，He 等采用旋转阴极，使得沉积物微生物燃料电池的功率密度由未旋转时的 $29\text{mW}\cdot\text{m}^{-2}$ 提高到 $49\text{mW}\cdot\text{m}^{-2}$[164]。泵的抽吸和阴极的旋转，提高了沉积物微生物燃料电池的功率密度，但其本身消耗大的电能，因此，这种方法的可行性还需进一步考查。

目前，绝大多数沉积物微生物燃料电池的功率密度还很低，很难直接给现有的环境监测传感器供电。考虑到环境监测用的传感器对参量的测定往往不是连续性的，Shantaram 等使用电容来存储沉积物微生物燃料电池的能量，电容的使用可以间歇性地提供高密度的电能[161]。接着，Donovan 等开发了一种能量控制系统，它可以存储沉积物微生物燃料电池产生的电能，并以此为无线传感器供电。当沉积物微生物燃料电池的电压达到 320mV 时，就可以向传感器传输电能，直到电压低于 52mV。通过这种能量控制系统，可以实现以平均输出功率为 1～4mW 的沉积物微生物燃料电池来为 11mW 的无线传感器供能[165]。此后，他们又对此系统进行了改进，并在现场条件下，确定了最佳的充电电容和充电电位。基于这些报道，可以看出外加电路控制将有效地推动沉积物微生物燃料电池的实用化。

除以上提到的可供人们调变和控制的各因素外，环境对沉积物微生物燃料电池的产电性能也有很大的影响，所以，依托自然环境，选择合适的位点对提高功率密度具有重要作用。选择环境时，需要考虑到有机物的供应、溶解氧浓度、温度、电导率等。

沉积物中有机物的含量及其传输速率，被认为是目前限制沉积物微生物燃料电池长期供电的主要因素。为了解决有机物含量低的问题，Rezaei 等提出了基体加强的方法[166]。他们向阳极区加入颗粒状的易于被微生物降解的壳多糖和纤维素，使得沉积物微生物燃料电池的功率密度大大提高。然而，此沉积物微生物燃料电池的运行时间短，他们认为可以通过控制有机物的种类、颗粒的尺寸和数量等来进行改善，以达到持续供电的目的。这种方法的实际可行性，还需进一步考查。在没有更好的解决方式之前，尽可能选择有机物含量相对高的位点作为沉积物微生物燃料电池的工作环境是一有效的方法。Nielsen 等通过将所设计的沉积物微生物燃料电池置于蒙特里海底峡谷中，巧妙地利用这里的深海冷渗作用，实现有机物到电极的供给，解决了有机物消耗来不及补充的问题，获得了 56mW 的功率[167]。这种方法的提出，为沉积物微生物燃料电池的实际应用提供了有力的支持。

沉积物微生物燃料电池的产电能力与溶解氧浓度密切相关，Hong 等通过实验发现，其电流密度随着溶解氧浓度的增减而增减[162]。溶解氧浓度受到多种因素的影响，如溶解氧浓度会随着海水深度的增加而减小，到海泥-海水界面时，基本上接近零；溶解氧浓度在一天中的不同时间段也有差异，下午的最高，晚上次之，早上最低。针对溶解氧浓度的不可控性，选择那些溶解氧补给速率高的位点，并与电极间距的选取相结合，是有效的利用方式。

温度可以显著影响化学反应速率，在沉积物微生物燃料电池中表现为对微生物反应活性和溶解氧还原反应速率的影响。温度对水中溶解氧的浓度也有影响，但影响不是很大，Hong 等现场测得的夏季与冬季的溶解氧浓度均在 6～7$mg \cdot L^{-1}$[168]。同时，他们发现，冬季的电流密度为夏季的一半左右，并把这归因于温度对微生物反应活性的影响。所以，单纯从温度的角度考虑，选取温度较高的位点有利于提高沉积物微生物燃料电池的产电性能。

电导率的影响已经在工作原理部分提到，在此不做赘述。值得注意的是，环境中的各因素并不是孤立地对沉积物微生物燃料电池的性能产生作用，而是彼此间相互影响，这就要求在位点的选择上要综合考虑各个因素。与此同时，环境的变化还会对微生物产生重要影响。

在深海沉积物中，脱硫单胞菌属微生物由于高的耐盐性，在微生物群落中占优势；在淡水沉积物中，地杆菌属微生物占优势。沉积物微生物燃料电池的阳极微生物在一些情况下会变得非常复杂，在淡水中，地发菌属微生物，虽然不像地杆菌属微生物那样富集，但可能具有重要作用。在富含硫的沉积物中，脱硫叶菌属微生物在阳极微生物群落中占有重要地位。微生物的种类差异又会导致其与阳极之间的电子传递机制的差异。

3. 应用实例

与前边提到的海水铝空气电池、海水镁空气电池相似，与实验室条件下沉积物微生物燃料电池相比，实海实验由于要考虑自然条件下的可操作性而变得复杂。Tender 等首先在两个不同的水域进行了实海实验，并考查了其持久性和对沉积物化学成分的影响[169]，为沉积物微生物燃料电池的实际应用提供了基础。

环境监测和海洋调查具有长期持续性，为了满足这一要求，所使用的传感器要具有低耗能性，这就为沉积物微生物燃料电池在这方面的应用提供了可能。采用沉积物微生物燃料电池为传感器供电，就能解决传感器寿命受其电池寿命限制、更换电池困难等一系列问题。到目前为止，已经有在自然环境中使用沉积物微生物燃料电池为传感器供电的报道。

Tender 等第一次将沉积物微生物燃料电池用作一可进行空气温度、压力、相对湿度、水温等监测的气象浮标（平均能耗为 18mW）的电源（图 6-23）[170]。与此同时，他们还不断改变电池的构造来提高沉积物微生物燃料电池的性能同时降低成本，到目前为止已经到了第三代。Donovan 等通过上文提到的外加电路控制（图 6-24），实现了对一无线传感器的供电[165]。

图 6-23　Tender 等设计的由沉积物微生物燃料电池供电的气象浮标[170]

沉积物微生物燃料电池作为一种新的能源技术，在作为偏远水域用电设备的替代能源方面有着美好的应用前景。虽然人们从电极本身和环境两方面采取了很多措施来提高沉积物微生物燃料电池的功率密度，但是，功率密度低的挑战依然存在，还需要不断优化。

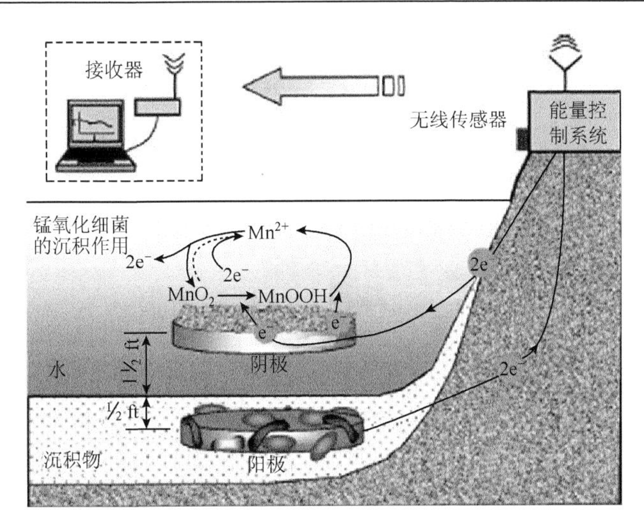

图 6-24　Donovan 等设计的由沉积物微生物燃料电池供电的无线传感器[165]

在电极材料方面，寻求生物兼容性好、导电性好的疏松材料作为沉积物微生物燃料电池的阳极材料，采用高比表面积的阴极材料和高效低廉的溶解氧还原反应催化剂是主要的研究内容。选取合适的阴阳极面积比和电极间距也是提高沉积物微生物燃料电池功率密度的重要手段。环境方面，合理利用自然条件实现有机物供应、溶解氧浓度、电导率、温度等因素的最优结合，以提高沉积物微生物燃料电池的产电性能。

参 考 文 献

[1] Jaske C E. 海洋工程中的金属腐蚀疲劳. 吴荫顺，杨德钧译. 北京：冶金工业出版社，1989.

[2] 侯保荣. 海洋钢结构浪花飞溅区腐蚀控制技术. 北京：科学出版社，2011.

[3] 史洪微，刘福春，王震宇，等. 海洋防腐涂料的研究进展. 腐蚀科学与防护技术，2010，22（1）：43-46.

[4] 曹楚南. 腐蚀电化学原理. 北京：化学工业出版社，2008.

[5] 徐海波，付洪田，赵广宇，等. 铜阳极活性区溶解机制的电化学研究. 中国腐蚀与防护学报，1999，19（1）：27-32.

[6] Damjanovic A，Genshaw M A，Bockris J O. Distinction between intermediates producd in main and side electrodic reactions. Journal of Chemical Physics，1966，45（11）：4057.

[7] Wroblowa H S，Pan Y C，Razumney G. Electroreduction of oxygen：a new mechanistic criterion. Journal of Electroanalytical Chemistry and Interfacial Electrochemistry，1976，69（2）：195-201.

[8] Appleby A J，Savy M. Kinetics of oxygen reduction reactions involving catalytic decomposition of hydrogen peroxide：application to porous and rotating ring-disk electrodes. Journal of Electroanalytical Chemistry，1978，92（1）：15-30.

[9] Zurilla R W，Sen R K，Yeager E. The kinetics of the oxygen reduction reaction on gold in alkaline solution. Journal of The Electrochemical Society，1978，125（7）：1103-1109.

[10] Anastasijević N A，Vesović V，Adžić R R. Determination of the kinetic parameters of the oxygen reduction reaction using the rotating ring-disk electrode：part I. Theory. Journal of Electroanalytical Chemistry，1987，229（1-2）：305-316.

[11] Silva T A，Zanin H，Saito E，et al. Electrochemical behaviour of vertically aligned carbon nanotubes and graphene oxide nanocomposite as electrode material. Electrochimica Acta，2014，119：114-119.

[12] Mai Y J，Wang X L，Xiang J Y，et al. CuO/graphene composite as anode materials for lithium-ion batteries. Electrochimica Acta，2011，56（5）：2306-2311.

[13] Si W，Lei W，Zhang Y，et al. Electrodeposition of graphene oxide doped poly（3，4-ethylenedioxythiophene）film and its electrochemical sensing of catechol and hydroquinone. Electrochimica Acta，2012，85：295-301.

[14] Li W S，Tian L P，Huang Q M，et al. Catalytic oxidation of methanol on molybdate-modified platinum electrode in sulfuric acid solution. Journal of Power Sources，2002，104（2）：281-288.

[15] Wang P，Qiu R，Zhang D，et al. Fabricated super-hydrophobic film with potentiostatic electrolysis method on copper for corrosion protection. Electrochimica Acta，2010，56（1）：517-522.

[16] Chung H T，Won J H，Zelenay P. Active and stable carbon nanotube/nanoparticle composite electrocatalyst for oxygen reduction. Nature Communications，2013，4：1922.

[17] Wu J J，Zhang D，Niwa H et al. Enhancement in kinetics of the oxygen reduction reaction on a nitrogen-doped carbon catalyst by introduction of iron via electrochemical methods. Langmuir，2015，31（19）：5529-5536.

[18] Patrick W A，Wagner H B. Mechanism of oxygen reduction at an iron cathode. Corrosion，1950，6（1）：34-38.

[19] Jovancicevic V，Bockris J O. The mechanism of oxygen reduction on iron in neutral solutions. Journal of the

Electrochemical Society，1986，133（9）：1797-1807.

[20] Stratmann M，Muller J. The mechanism of the oxygen reduction on rust-covered metal substrates. Corrosion Science，1994，36（2）：327-359.

[21] 陈惠玲，李晓娟，魏雨. 碳钢在含氯离子环境中腐蚀机理的研究. 腐蚀与防护，2007，28（1）：17-19.

[22] Baek W C，Kang T，Sohn H J，et al. In situ surface enhanced Raman spectroscopic study on the effect of dissolved oxygen on the corrosion film on low carbon steel in 0. 01 M NaCl solution. Electrochimica Acta，2001，46（15）：2321-2325.

[23] Sanchez M，Gregori J，Alonso C，et al. Electrochemical impedance spectroscopy for studying passive layers on steel rebars immersed in alkaline solutions simulating concrete pores. Electrochimica Acta，2007，52（27）：7634-7641.

[24] 李永娟，张盾，刘学庆，Q235钢在模拟海水环境混凝土孔隙液中阴极氧还原反应的动力学研究. 腐蚀科学与防护技术，2009，21（2）：134-136.

[25] Wroblowa H S，Qaderi S B. Mechanism and kinetics of oxygen reduction on steel. Journal of Electroanalytical Chemistry，1990，279（1-2）：231-242.

[26] Bonnel A，Dabosi F，Deslouis C，et al. Corrosion study of a carbon steel in neutral chloride solutions by impedance techniques. Journal of the Electrochemical Society，1983，130（4）：753-761.

[27] 付玉彬，杨张郭. 添加双氧水对高强度低合金钢在海水中腐蚀影响的研究. 中国腐蚀与防护学报，2013，33（3）：205-210.

[28] Olefjord I，Fischmeister H. ESCA studies of the composition profile of low temperature oxide formed on chromium steels—II. Corrosion in oxygenated water. Corrosion Science，1975，15（6-12）：697-707.

[29] Vago E R，Calvo E J，Stratmann M. Electrocatalysis of oxygen reduction at well-defined iron oxide electrodes. Electrochimica Acta，1994，39（11-12）：1655-1659.

[30] Zečević S，Dražić D M，Gojkovć S. Oxygen reduction on iron——V. Processes in boric acid-borate buffer solutions in the 7. 4～9. 8 pH range. Corrosion Science，1991，32（5-6）：563-576.

[31] Lu Y C，Ives M B. Chemical treatment with cerium to improve the crevice corrosion resistance of austenitic stainless steels. Corrosion Science，1995，37（1）：145-155.

[32] Babic R，Metikoshukovic M. Oxygen reduction on stainless steel. Journal of Applied Electrochemistry，1993，23（4）：352-357.

[33] Le Bozec N，Compere C，L'Her M，et al. Influence of stainless steel surface treatment on the oxygen reduction reaction in seawater. Corrosion Science，2001，43（4）：765-786.

[34] Klapper H S，Goellner J. Electrochemical noise from oxygen reduction on stainless steel surfaces. Corrosion Science，2009，51（1）：144-150.

[35] Gojkovic S L，Zecevic S K，Obradovic M D，et al. Oxygen reduction on a duplex stainless steel. Corrosion Science，1998，40（6）：849-860.

[36] Kim Y P，Fregonese M，Mazille H，et al. Study of oxygen reduction on stainless steel surfaces and its contribution to acoustic emission recorded during corrosion processes. Corrosion Science，2006，48（12）：3945-3959.

[37] Delahay P. A Polarographic Method for the indirect determination of polarization curves for oxygen reduction on various metals II. Application to nine common metals. Journal of the Electrochemical Society，1950，97（6）：205-212.

[38] Balakrishnan K，Venkatesan V K. Cathodic reduction of oxygen on copper and brass. Electrochimica Acta，1979，24（2）：131-138.

[39] King F，Quinn M J，Litke C D. Oxygen reduction on copper in neutral NaCl solution. Journal of Electroanalytical Chemistry，1995，385（1）：45-55.

[40] Deslouis C，Tribollet B，Mengoli G，et al. Electrochemical behaviour of copper in neutral aerated chloride solution. I. Steady-state investigation. Journal of Applied Electrochemistry，1988，18（3）：374-383.

[41] Bjorndahl W D，Nobe K. Copper corrosion in chloride media：effect of oxygen. Corrosion，1984，40（2）：82-87.

[42] Vazquez M V，Desanchez S R，Calvo E J，et al. The electrochemical reduction of oxygen on polycrystalline copper in borax buffer. Journal of Electroanalytical Chemistry，1994，374（1-2）：189-197.

[43] Kear G，Barker B D，Walsh F C. Electrochemical corrosion of unalloyed copper in chloride media-a critical review. Corrosion Science，2004，46（1）：109-135.

[44] Presuel-Moreno F J，Jakab M A，Scully J R. Inhibition of the oxygen reduction reaction on copper with cobalt，cerium，and molybdate ions. Journal of the Electrochemical Society，2005，152（9）：B376-B387.

[45] Jiang T，Brisard G M. Determination of the kinetics parameters of oxygen reduction on copper using a rotating ring single crystal disk assembly. Electrochimica Acta，2007，52（13）：4487-4496.

[46] Colley A L，Macpherson J V，Unwin P R. Effect of high rates of mass transport on oxygen reduction at copper electrodes：implications for aluminium corrosion. Electrochemistry Communications，2008，10（9）：1334-1336.

[47] Ilevbare G O，Scully J R. Oxygen reduction reaction kinetics on chromate conversion coated Al-Cu，Al-Cu-Mg，and Al-Cu-Mn-Fe intermetallic compounds. Journal of the Electrochemical Society，2001，148（5）：B196-B207.

[48] Vukmirovic M B，Dimitrov N，Sieradzki K. Dealloying and corrosion of Al alloy 2024-T3. Journal of the Electrochemical Society，2002，149（9）：B428-B439.

[49] Jakab M A，Little D A，Scully J R. Experimental and modeling studies of the oxygen reduction reaction on AA2024-T3. Journal of the Electrochemical Society，2005，152（8）：B311-B320.

[50] Boto K G，Williams L F G. Rotating disc electrode studies of zinc corrosion. Journal of Electroanalytical Chemistry and Interfacial Electrochemistry，1977，77（1）：1-20.

[51] Wroblowa H S，Qaderi S B. The mechanism of oxygen reduction on zinc. Journal of Electroanalytical Chemistry，1990，295（1-2）：153-161.

[52] Yadav A P，Nishikata A，Tsuru T. Oxygen reduction mechanism on corroded zinc. Journal of Electroanalytical Chemistry，2005，585（1）：142-149.

[53] Pilbath Z，Sziraki L. The electrochemical reduction of oxygen on zinc corrosion films in alkaline solutions. Electrochimica Acta，2008，53（7）：3218-3230.

[54] Dafydd H，Worsley D A，McMurray H N. The kinetics and mechanism of cathodic oxygen reduction on zinc and zinc-aluminium alloy galvanized coatings. Corrosion Science，2005，47（12）：3006-3018.

[55] Donald T，Sawyer L V I. Electrochemistry of dissolved gases：II. Reduction of oxygen at platinum，palladium，nickel and other metal electrodes. Journal of Electroanalytical Chemistry，1961，2（4）：310-327.

[56] Bagotzky V S，Shumilova N A，Samoilov G P，et al. Eletrochemical oxygen reduction on nickel electrodes in alkaline solutions. Electrochimica Acta，1972，17（9）：1625-1635.

[57] Jiang S P，Cui C Q，Tseung A C C. Reactive deposition of cobalt electrodes V. Mechanistic studies of oxygen reduction in unbuffered neutral solutions saturated with oxygen. Journal of the Electrochemical Society，1991，138（12）：3599-3605.

[58] Garcia-Contreras M A，Fernandez-Valverde S M，Vargas-Garcia J R. Oxygen reduction reaction on cobalt-nickel alloys prepared by mechanical alloying. Journal of Alloys and Compounds，2007，434：522-524.

[59] Ams D A，Fein J B，Dong H L，et al. Experimental measurements of the adsorption of Bacillus subtilis and

Pseudomonas mendocina onto Fe-oxyhydroxide-coated and uncoated quartz grains. Geomicrobiology Journal, 2004, 21 (8): 511-519.

[60] Rosenhahn A, Finlay J A, Pettit M E, et al. Zeta potential of motile spores of the green alga Ulva linza and the influence of electrostatic interactions on spore settlement and adhesion strength. Biointerphases, 2009, 4 (1): 7-11.

[61] Gottenbos B, Van der Mei H C, Busscher H J, et al. Initial adhesion and surface growth of Pseudomonas aeruginosa on negatively and positively charged poly (methacrylates). Journal of Materials Science-Materials in Medicine, 1999, 10 (12): 853-855.

[62] Truong V K, Rundell S, Lapovok R, et al. Effect of ultrafine-grained titanium surfaces on adhesion of bacteria. Applied Microbiology and Biotechnology, 2009, 83 (5): 925-937.

[63] Hochbaum A I, Aizenberg J. Bacteria pattern spontaneously on periodic nanostructure arrays. Nano Letters, 2010, 10 (9): 3717-3721.

[64] Yee N, Fein J B, Daughney C J. Experimental study of the pH, ionic strength, and reversibility behavior of bacteria-mineral adsorption. Geochimica Et Cosmochimica Acta, 2000, 64 (4): 609-617.

[65] Fletcher M. Attachment of Pseudomonas fluorescens to glass and influence of electrolytes on bacterium-substratum separation distance. Journal of Bacteriology, 1988, 170 (5): 2027-2030.

[66] Banin E, Vasil M L, Greenberg E P. Iron and Pseudomonas aeruginosa biofilm formation. Proceedings of the National Academy of Sciences of the United States of America, 2005, 102: 11076-11081.

[67] Hinsa S M, Espinosa-Urgel M, Ramos J L, et al. Transition from reversible to irreversible attachment during biofilm formation by Pseudomonas fluorescens WCS365 requires an ABC transporter and a large secreted protein. Molecular Microbiology, 2003, 49 (4): 905-918.

[68] Fletcher M. The effects of culture concentration and age, time, and temperature on bacterial attachment to polystyrene. Canadian Journal of Microbiology, 1977, 23 (1): 1-6.

[69] Gallardo-Moreno A M, Gonzalez-Martin M L, Perez-Giraldo C, et al. The measurement temperature: an important factor relating physicochemical and adhesive properties of yeast cells to biomaterials. Journal of Colloid and Interface Science, 2004, 271 (2): 351-358.

[70] Mollica A T A. Corrosion between the formation of a primary film and the modification of the cathodic surface of stainless steel in seawater. Antibes, France: Proc. 4th Int . Cong, 1976: 351-365.

[71] Scotto V, Dicintio R, Marcenaro G. The influence of marine aerobic microbial film on stainless steel corrosion behaviour. Corrosion Science, 1985, 25 (3): 185-194.

[72] Johnsen R, Bardal E. Cathodic properties of different stainless steels in natural seawater. Corrosion, 1985, 41 (5): 296-302.

[73] Dexter S C, Gao G Y. Effect of seawater biofilms on corrosion potential and oxygen reduction of stainless steel. Corrosion, 1988, 44 (10): 717-723.

[74] Mollica A, Traverso E, Thierry D. European federation of corrosion publi-cations 1997. London: The Institute of Materials, 1997.

[75] Iken H, Etcheverry L, Bergel A, et al. Local analysis of oxygen reduction catalysis by scanning vibrating electrode technique: a new approach to the study of biocorrosion. Electrochimica Acta, 2008, 54 (1): 60-65.

[76] Shi X M, Avci R, Lewandowski Z. Electrochemistry of passive metals modified by manganese oxides deposited by Leptothrix discophora: two-step model verified by ToF-SIMS. Corrosion Science, 2002, 44 (5): 1027-1045.

[77] Vandecandelaere I, Nercessian O, Faimali M, et al. Bacterial diversity of the cultivable fraction of a marine

electroactive biofilm. Bioelectrochemistry，2010，78（1）：62-66.

[78] Faimali M，Chelossi E，Pavanello G，et al. Electrochemical activity and bacterial diversity of natural marine biofilm in laboratory closed-systems. Bioelectrochemistry，2010，78（1）：30-38.

[79] Parot S，Vandecandelaere I，Cournet A，et al. Catalysis of the electrochemical reduction of oxygen by bacteria isolated from electro-active biofilms formed in seawater. Bioresource Technology，2011，102（1）：304-311.

[80] Rabaey K，Read S T，Clauwaert P，et al. Cathodic oxygen reduction catalyzed by bacteria in microbial fuel cells. Isme Journal，2008，2（5）：519-527.

[81] Cournet A，Delia M-L，Bergel A，et al. Electrochemical reduction of oxygen catalyzed by a wide range of bacteria including Gram-positive. Electrochemistry Communications，2010，12（4）：505-508.

[82] Von Wolzogen Kuehr C A H，Van der Vlugt L S. Graphitization of cast iron as an electro-biocatemical process in anaerobic soils. . The Hague，1934，8（16）：147-165.

[83] Booth G H，Tiller A K. Cathodic characteristics of mild steel in suspensions of sulphate-reducing bacteria. Corrosion Science，1968，8（8）：583.

[84] Keresztes Z，Felhosi I，Kalman E. Role of redox properties of biofilms in corrosion processes. Electrochimica Acta，2001，46（24-25）：3841-3849.

[85] Da Silva S，Basseguy R，Bergel A. The role of hydrogenases in the anaerobic microbiologically influenced corrosion of steels. Bioelectrochemistry，2002，56（1-2）：77-79.

[86] Costello J A. Cathodic depolarization by sulfate-reducing bacteria. South African Journal of Science，1974，70（7）：202-204.

[87] Lee W，Characklis W G. Corrosion of mild steel under anaerobic biofilm. Corrosion，1993，49（3）：186-199.

[88] King R A，Miller J D A，Smith J S. Corrosion of mild steel by iron sulphides. Corrosion Engineering，Science and Technology，1973，8（3）：137-141.

[89] Booth G H，Cooper A W，Cooper P M. Rates of microbial corrosion in continous culture. Chemistry and Industry，1967，（49）：2084.

[90] Newman R C，Rumash K，Webster B J. The effect of precorrosion on the corrosion rate of steel in neutral solutions containing sulfide-relevance to microbially influenced corrosion. Corrosion Science，1992，33（12）：1877-1884.

[91] Starosvetsky D，Starosvetsky J，Armon R，et al. A peculiar cathodic process during iron and steel corrosion in sulfate reducing bacteria（SRB）media. Corrosion Science，2010，52（4）：1536-1540.

[92] Hardy J A. Utilization of cathodic hydrogen by sulfate-reducing bacteria. British Corrosion Journal，1983，18（4）：190-193.

[93] Pope D H，Morris E A. Some experiences with microbiologically influenced corrosion of pipelines. Materials Performance，1995，34（5）：23-28.

[94] Antony P J，Raman R K S，Mohanram R，et al. Influence of thermal aging on sulfate-reducing bacteria（SRB）-influenced corrosion behaviour of 2205 duplex stainless steel. Corrosion Science，2008，50（7）：1858-1864.

[95] Hardy J A，Bown J L. The corrosion of mild-steel by biogenic sulfide films exposed to air. Corrosion，1984，40（12）：650-654.

[96] Dinh H T，Kuever J，Mussmann M，et al. Iron corrosion by novel anaerobic microorganisms. Nature，2004，427（6977）：829-832.

[97] Venzlaff H，Enning D，Srinivasan J，et al. Accelerated cathodic reaction in microbial corrosion of iron due to direct electron uptake by sulfate-reducing bacteria. Corrosion Science，2013，66：88-96.

[98] Wan Y，Zhang D，Liu H，et al. Influence of sulphate-reducing bacteria on environmental parameters and marine corrosion behavior of Q235 steel in aerobic conditions. Electrochimica Acta，2010，55（5）：1528-1534.

[99] Crevecoeur C，Dewit H J. The anodization of heated aluminum. Journal of the Electrochemical Society，1987，134（4）：808-816.

[100] Wang M H，Hebert K R. An electrical model for the cathodically charged aluminum electrode. Journal of the Electrochemical Society，1996，143（9）：2827-2834.

[101] EI Shayeb H A，EI Wahab F M A，EI Abedin S Z. Role of indium ions on the activation of aluminium. Journal of Applied Electrochemistry，1999，29（5）：601-609.

[102] Reboul M C，Gimenez P，Rameau J J. A proposed activiation mechanism for Al anodes. Corrosion，1984，40（7）：366-371.

[103] 吴益华. 合金元素在铝基牺牲阳极活化过程中的作用. 中国腐蚀与防护学报，1989，9（2）：113-120.

[104] 孙鹤建，火时中. 铟在铝基牺牲阳极溶解过程中的作用. 中国腐蚀与防护学报，1987，7（2）：115-120.

[105] Mideen A S，Ganesan M，Anbukulandainathan M，et al. Development of new alloys of commercial aluminium（2S）with zinc，indium，tin，and bismuth as anodes for alkaline batteries. Journal of Power Sources，1989，27（3）：235-244.

[106] Drazic D M，Zecevic S K，Atanasoski R T，et al. The effect of anions on the electrochemical behaviour of aluminium. Electrochimica Acta，1983，28（5）：751-755.

[107] Chao C Y，Lin L F，Macdonald D D. A point defect model for anodic passive films I . Film growth kinetics. Journal of the Electrochemical Society，1981，128（6）：1187-1194.

[108] Markovic N M，Schmidt T J，Stamenkovic V，et al. Oxygen reduction reaction on Pt and Pt bimetallic surfaces：a selective review. Fuel Cells，2001，1（2）：105-116.

[109] Gasteiger H A，Kocha S S，Sompalli B，et al. Activity benchmarks and requirements for Pt，Pt-alloy，and non-Pt oxygen reduction catalysts for PEMFCs. Applied Catalysis B-Environmental，2005，56（1-2）：9-35.

[110] Yang H，Alonso-Vante N，Leger J M，et al. Tailoring，structure，and activity of carbon-supported nanosized Pt-Cr alloy electrocatalysts for oxygen reduction in pure and methanol-containing electrolytes. Journal of Physical Chemistry B，2004，108（6）：1938-1947.

[111] Salgado J R C，Antolini E，Gonzalez E R. Carbon supported Pt-Co alloys electrocatalysts for as methanol-resistant oxygen-reduction direct methanol fuel cells. Applied Catalysis B：Environmental，2005，57（4）：283-290.

[112] Scott K，Yuan W，Cheng H. Feasibility of using PtFe alloys as cathodes in direct methanol fuel cells. Journal of Applied Electrochemistry，2007，37（1）：21-26.

[113] Vante N A，Tributsch H. Energy conversion catalysis using semiconducting transition metal cluster compounds. Nature，1986，323（6087）：431-432.

[114] Mao L Q，Zhang D，Sotomura T，et al. Mechanistic study of the reduction of oxygen in air electrode with manganese oxides as electrocatalysts. Electrochimica Acta，2003，48（8）：1015-1021.

[115] Cao Y L，Yang H X，Ai X P，et al. The mechanism of oxygen reduction on MnO_2-catalyzed air cathode in alkaline solution. Journal of Electroanalytical Chemistry，2003，557：127-134.

[116] Baresel D，Sarholz W，Scharner P，et al. Transition-metal chalcogenides as oxygen catalysts for fuel-cells. Berichte Der Bunsen-Gesellschaft-Physical Chemistry Chemical Physics，1974，78（6）：608-611.

[117] Behret H B，Sandstede G. Electrocatalytic oxygen reduction with thiospinels and other sulphides of transition metals. Electrochimica Acta，1975，20（2）：111-117.

[118] Sidik R A，Anderson A B. Co_9S_8 as a catalyst for electroreduction of O-2：quantum chemistry predictions. Journal

of Physical Chemistry B，2006，110（2）：936-941.

[119] Susac D，Zhu L，Teo M，et al. Characterization of FeS_2-based thin films as model catalysts for the oxygen reduction reaction. Journal of Physical Chemistry C，2007，111（50）：18715-18723.

[120] Feng Y，He T，Alonso-Vante N. In situ free-surfactant synthesis and ORR-electrochemistry of carbon-supported Co_3S_4 and $CoSe_2$ nanoparticles. Chemistry of Materials，2008，20（1）：26-28.

[121] Zhong H，Chen X，Zhang H，et al. Proton exchange membrane fuel cells with chromium nitride nanocrystals as electrocatalysts. Applied Physics Letters，2007，91（16）.

[122] Ohgi Y，Ishihara A，Shibata Y，et al. Catalytic activity of partially oxidized transition-metal carbide-nitride for oxygen reduction reaction in sulfuric acid. Chemistry Letters，2008，37（6）：608-609.

[123] Jasinski R A. New fuel cell cathode catalyst. Nature，1964，201：1212-1213.

[124] Vasudevan P，Santosh，Mann N，et al. Transition metal complexes of porphyrins and phthalocyanines as electrocatalysts for dioxygen reduction. Transition Metal Chemistry，1990，15（2）：81-90.

[125] Franke R，Ohms D，Wiesener K. Investigation of the influence of thermal treatment on the properties of carbon materials modified by N_4-chelates for the reduction of oxygen in acidic media. Journal of Electroanalytical Chemistry and Interfacial Electrochemistry，1989，260（1）：63-73.

[126] Dhar H P，Darby R，Young V Y，et al. The effect of heat treatment atmospheres on the electrocatalytic activity of cobalt tetraazaannulenes：preliminary results. Electrochimica Acta，1985，30（4）：423-429.

[127] Bouwkamp-Wijnoltz A L，Visscher W，van Veen J A R，et al. On active-site heterogeneity in pyrolyzed carbon-supported iron porphyrin catalysts for the electrochemical reduction of oxygen：an in situ Mossbauer study. Journal of Physical Chemistry B，2002，106（50）：12993-13001.

[128] Scherson D，Tanaka A A，Gupta S L，et al. Transition metal macrocycles supported on high area carbon：pyrolysis——mass spectrometry studies. Electrochimica Acta，1986，31（10）：1247-1258.

[129] Gupta S，Tryk D，Bae I，et al. Heat-treated polyacrylonitrile-based catalysts for oxygen electroreduction. Journal of Applied Electrochemistry，1989，19（1）：19-27.

[130] Lefevre M，Dodelet J P，Bertrand P. Molecular oxygen reduction in PEM fuel cells：evidence for the simultaneous presence of two active sites in Fe-based catalysts. Journal of Physical Chemistry B，2002，106（34）：8705-8713.

[131] Herranz J，Jaouen F，Lefevre M，et al. Unveiling N-protonation and anion-binding effects on Fe/N/C catalysts for O-2 reduction in proton-exchange-membrane fuel cells. Journal of Physical Chemistry C，2011，115（32）：16087-16097.

[132] Kou R，Shao Y，Wang D，et al. Enhanced activity and stability of Pt catalysts on functionalized graphene sheets for electrocatalytic oxygen reduction. Electrochemistry Communications，2009，11（5）：954-957.

[133] Gong K，Du F，Xia Z，et al. Nitrogen-doped carbon nanotube arrays with high electrocatalytic activity for oxygen reduction. Science，2009，323（5915）：760-764.

[134] Yang S，Zhi L，Tang K，et al. Efficient synthesis of heteroatom（N or S）-doped graphene based on ultrathin graphene oxide-porous silica sheets for oxygen reduction reactions. Advanced Functional Materials，2012，22（17）：3634-3640.

[135] Qu L，Liu Y，Baek J B，et al. Nitrogen-doped graphene as efficient metal-free electrocatalyst for oxygen reduction in fuel cells. Acs Nano，2010，4（3）：1321-1326.

[136] Geng D，Chen Y，Chen Y，et al. High oxygen-reduction activity and durability of nitrogen-doped graphene. Energy and Environmental Science，2011，4（3）：760-764.

[137] Boukhvalov D W，Son Y W. Oxygen reduction reactions on pure and nitrogen-doped graphene：a first-principles

modeling. Nanoscale，2012，4（2）：417-420.

[138] Luo Z，Lim S，Tian Z，et al. Pyridinic N doped graphene：synthesis，electronic structure，and electrocatalytic property. Journal of Materials Chemistry，2011，21（22）：8038-8044.

[139] Sheng Z H，Shao L，Chen J J，et al. Catalyst-free synthesis of nitrogen-doped graphene via thermal annealing graphite oxide with melamine and its excellent electrocatalysis. Acs Nano，2011，5（6）：4350-4358.

[140] Shen P K，Tseung A C C，Kuo C. Development of an aluminium/sea water battery for sub-sea applications. Journal of Power Sources，1994，47（1-2）：119-127.

[141] 王宇轩，李林，黄锐妮，等，合金元素 Ga、X 对镁基负极材料电性能的影响. 电源技术，2006，130（12）：1003-1005.

[142] 邓姝皓，易丹青，赵丽红，等，一种新型海水电池用镁负极材料的研究电源技术. 电源技术，2007，131（5）：402-405.

[143] Feng Y，Wang R C，Peng C Q，et al. Aging behaviour and electrochemical properties in Mg-4. 8Hg-8Ga（wt. %）alloy. Corrosion Science，2010，52（10）：3474-3480.

[144] Sivashanmugam A，Kumar T P，Renganathan N G，et al. Performance of a magnesium-lithium alloy as an anode for magnesium batteries. Journal of Applied Electrochemistry，2004，34（11）：1135-1139.

[145] Cao D，Wu L，Sun Y，et al. Electrochemical behavior of Mg-Li，Mg-Li-Al and Mg-Li-Al-Ce in sodium chloride solution. Journal of Power Sources，2008，177（2）：624-630.

[146] 马正青，庞旭，左列，等，镁海水电池阳极活化机理研究. 表面技术，2008，37（1）：5-7.

[147] 迟毅，杨萍，林秀峰，具有阳极氧化膜的镁合金电极性能的研究. 电化学，1997，3（1）：79-85.

[148] Wilcock W S D，Kauffman P C. Development of a seawater battery for deep-water applications. Journal of Power Sources，1997，66（1-2）：71-75.

[149] Hasvold O，Henriksen H，Melvaer E，et al. Sea-water battery for subsea control systems. Journal of Power Sources，1997，65（1-2）：253-261.

[150] Hasvold O，Lian T，Haakaas E，et al. CLIPPER：a long-range，autonomous underwater vehicle using magnesium fuel and oxygen from the sea. Journal of Power Sources，2004，136（2）：232-239.

[151] Shinohara M，Araki E，Mochizuki M，et al. Practical application of a sea-water battery in deep-sea basin and its performance. Journal of Power Sources，2009，187（1）：253-260.

[152] Gregory K B，Bond D R，Lovley D R. Graphite electrodes as electron donors for anaerobic respiration. Environmental Microbiology，2004，6（6）：596-604.

[153] Kim B H，Chang I S，Gil G C，et al. Novel BOD（biological oxygen demand）sensor using mediator-less microbial fuel cell. Biotechnology Letters，2003，25（7）：541-545.

[154] Biffinger J C，Ray R，Little B，et al. Diversifying biological fuel cell designs by use of nanoporous filters. Environmental Science and Technology，2007，41（4）：1444-1449.

[155] Reimers C E，Tender L M，Fertig S，et al. Harvesting energy from the marine sediment-water interface. Environmental Science and Technology，2001，35（1）：192-195.

[156] Lowy D A，Tender L M，Zeikus J G，et al. Harvesting energy from the marine sediment-water interface II-Kinetic activity of anode materials. Biosensors and Bioelectronics，2006，21（11）：2058-2063.

[157] Hong S W，Chang I S，Choi Y S，et al. Responses from freshwater sediment during electricity generation using microbial fuel cells. Bioprocess and Biosystems Engineering，2009，32（3）：389-395.

[158] Scott K，Cotlarciuc I，Hall D，et al. Power from marine sediment fuel cells：the influence of anode material. Journal of Applied Electrochemistry，2008，38（9）：1313-1319.

[159] Scott K，Cotlarciuc I，Head I，et al. Fuel cell power generation from marine sediments：investigation of cathode materials. Journal of Chemical Technology and Biotechnology，2008，83（9）：1244-1254.

[160] Dumas C，Mollica A，Feron D，et al. Marine microbial fuel cell：use of stainless steel electrodes as anode and cathode materials. Electrochimica Acta，2007，53（2）：468-473.

[161] Shantaram A，Beyenal H，Raajan R，et al. Wireless sensors powered by microbial fuel cells. Environmental Science and Technology，2005，39（13）：5037-5042.

[162] Hong S W，Chang I S，Choi Y S，et al. Experimental evaluation of influential factors for electricity harvesting from sediment using microbial fuel cell. Bioresource Technology，2009，100（12）：3029-3035.

[163] Nielsen M E，Reimers C E，Stecher H A. Enhanced power from chambered benthic microbial fuel cells. Environmental Science and Technology，2007，41（22）：7895-7900.

[164] He Z，Shao H，Angenent L T. Increased power production from a sediment microbial fuel cell with a rotating cathode. Biosensors and Bioelectronics，2007，22（12）：3252-3255.

[165] Donovan C，Dewan A，Heo D，et al. Batteryless，wireless sensor powered by a sediment microbial fuel cell. Environmental Science and Technology，2008，42（22）：8591-8596.

[166] Rezaei F，Richard T L，Brennan R A，et al. Substrate-enhanced microbial fuel cells for improved remote power generation from sediment-based systems. Environmental Science and Technology，2007，41（11）：4053-4058.

[167] Nielsen M E，Reimers C E，White H K，et al. Sustainable energy from deep ocean cold seeps. Energy and Environmental Science，2008，1（5）：584-593.

[168] Hong S W，Kim H J，Choi Y S，et al. Field Experiments on bioelectricity production from lake sediment using microbial fuel cell technology. Bulletin of the Korean Chemical Society，2008，29（11）：2189-2194.

[169] Tender L M，Reimers C E，Stecher H A，et al. Harnessing microbially generated power on the seafloor. Nature Biotechnology，2002，20（8）：821-825.

[170] Tender L M，Gray S A，Groveman E，et al. The first demonstration of a microbial fuel cell as a viable power supply：powering a meteorological buoy. Journal of Power Sources，2008，179（2）：571-575.